重要用户供用电技术

盛万兴　李　蕊　侯义明　著

科 学 出 版 社

北　京

内 容 简 介

本书规定了重要电力用户的界定和分级、供电电源和自备应急电源的配置原则和主要技术条件。从重要用户对供电可靠性的实际需求出发，分析了不同行业重要用户的重要负荷组成、停电允许时间及相应的停电影响，总结了提高重要用户供电可靠性的措施，并对煤矿、化工、冶金、电子及制造业、广播电视、通信、信息安全、供水和污水处理、供气、交通运输、医疗卫生、高层商业办公楼等工业类和社会类重要电力用户的供电电源和应急电源配置进行具体介绍，分别对不同重要电力用户的行业用电概述、重要负荷、供电电源及自备应急电源配置和配置实例进行介绍。

本书可供从事重要电力用户供电电源及自备应急电源配置研究、设计的专业人员使用，也可作为大专院校师生的参考书。

图书在版编目（CIP）数据

重要用户供用电技术 / 盛万兴，李蕊，侯义明著. — 北京：科学出版社，2023.11

ISBN 978-7-03-073549-2

Ⅰ. ①重… Ⅱ. ①盛… ②李… ③侯… Ⅲ. ①用电管理 Ⅳ. ①TM92

中国版本图书馆 CIP 数据核字(2022)第 195184 号

责任编辑：范运年 / 责任校对：王萌萌

责任印制：师艳茹 / 封面设计：陈 敬

科学出版社 出版

北京东黄城根北街 16 号

邮政编码：100717

http://www.sciencep.com

北京中科印刷有限公司印刷

科学出版社发行 各地新华书店经销

*

2023 年 11 月第 一 版 开本：720×1 000 B5

2023 年 11 月第一次印刷 印张：17

字数：342 000

定价：158.00 元

（如有印装质量问题，我社负责调换）

前　言

规范重要电力用户供电电源及自备应急电源的配置与管理，对于提高社会对电力突发事件的应急能力、有效防止次生灾害发生、维护社会公共安全有着重要意义。当前，我国重要电力用户在供电电源及自备应急电源配置方面普遍存在不同程度的隐患，相当一部分重要电力用户甚至尚未配备自备应急电源，同时，很多重要电力用户对自备应急电源的管理也存在诸多问题。

本书依据重要电力用户自身对供电可靠性的实际需求与应急电源的运行特性，提出了重要电力用户供电电源及自备应急电源的配置原则和技术要求，明确了重要电力用户的范围和分类，规范了重要电力用户的供电方式和自备应急电源配置要求，系统地引导重要电力用户科学合理地配置自备应急电源，以较低的社会综合成本减少重要电力用户的断电损失，对不同行业的重要电力用户的供电电源和应急电源配置进行具体介绍，对高效发挥供电企业对重要电力用户的供电保障作用具有重要意义。

本书第1～4章详细写出重要电力用户的特征、界定、重要负荷以及分级分类，同时写出重要电力用户目前研究现状及对供电可靠性的特殊要求。从重要用户对供电可靠性的实际需求出发，分析了不同行业重要用户的重要负荷组成、停电允许时间及相应的停电影响，总结了提高重要用户供电可靠性的措施。同时还介绍了重要电力用户供电电源多路电源、双电源、三电源以及保安电源等主要种类及供电电源配置。针对典型供电模式，进行了供电模式的供电可靠性分析，并对重要电力用户供电电源的配置原则及技术条件进行研究。对于重要电力用户自备应急电源，书中详细介绍了自备应急电源类型，并分析了不同类型应急电源的原理和特点，对不同自备应急电源性能从容量、持续供电时间等参数进行比较，讲述了自备应急电源的配置技术条件及接入和运行技术。

本书分析了不同行业的重要负荷情况、应急电源配置，并分析行业配置实例。第5～8章从煤矿、化工、冶金和电子及制造业等几大工业类重要电力用户的供电电源和应急电源配置进行具体介绍，分别对不同工业类重要电力用户的行业用电概述、重要负荷、供电电源及自备应急电源配置和配置实例进行介绍。第9～16章介绍了广播电视、通信、信息安全、供水和污水处理、供气、交通运输、医疗卫生、高层商业办公楼等社会类重要电力用户的行业用电情况，介绍行业内的重要负荷情况、供电电源和自备应急电源配置，并对社会类各行业实例进行详细介绍。

本书的主要起草单位为中国电力科学研究院，主要起草人为盛万兴、李蕊、侯义明。本书中结果引自作者的项目实例和研究论文。这些研究工作得到国家自然科学基金的资助，借此机会谨向多年来资助我们研究工作的国家自然科学基金委员会表示真挚的感谢。此外，还要感谢科学出版社责任编辑为本书的编辑和出版做了很多细致的工作和提供了很多重要的帮助。

作者

2023.1.10

目　录

第 1 章

概　　述

1.1　重要用户的特征

随着电力在社会各行各业广泛的应用，各类用户生产经营活动的正常进行已与电力的使用密不可分。作为电力系统有机的组成部分，电力用户特别是重要的电力用户已经成为社会稳定和国家经济发展的重要支柱，同时对供电可靠性也提出了较高的要求。

1.1.1　重要电力用户

尽管“重要电力用户”一词常见于各类报道和有关规章当中，但由于人们在理解上存在偏差，我国各地对重要电力用户的认识并不统一。根据用户所从事活动的性质，从政治、经济、社会等方面影响来看，重要电力用户一般至少具有以下特征之一。

(1) 在国家或者地区的相应领域中占有特殊地位，用户本身活动的正常与否可能会影响到社会的安全稳定，例如军事指挥中心、国家广播电台等。

(2) 用户生产工艺或生产流程具有时效性、连续性、不可复制性、不可替代性，重新启动原有的工作内容存在较大的障碍或可能得出完全不同的结果，例如从事天文观测活动的空间研究机构、医院的重症监护中心等。

(3) 用户正常的生产经营活动遭到破坏后，可能会产生人员伤亡、重大经济损失或社会负面影响，且短时间内无法恢复，例如大型石化生产企业、重大赛事比赛场馆等，或出现人员伤亡、环境破坏等恶性事件，例如煤矿等井下作业现场、城市大型污水处理企业等。

1.1.2 重要用户的界定

为了更好地服务于不同类型重要电力用户的供电需求，满足重要电力用户对供电可靠性的更高要求，指导各类行业用户安全合理用电，从国家层面和电力公司层面都越来越重视重要电力用户的安全供电，从国家和地方政府层面相继出台了关于重要电力用户的概念、范围界定及管理的要求。

在国家的《电力供应与使用条例》(国务院令第 196 号)文件中提到，重要用户一般是指在地区(或国家)经济、社会、政治、军事领域中占有重要地位，中断供电将在一定程度上危害人身安全或公共安全、造成社会政治影响、对环境产生污染、带来经济损失的电力用户。

2012 年 12 月 31 日中国国家标准化管理委员会发布了《重要电力用户供电电源及自备应急电源配置技术规范》。在此规范中进一步明确了重要电力用户的定义，重要电力用户是指在国家或者一个地区(城市)的社会、政治、经济生活中占有重要地位，对其中断供电将可能造成人身伤亡、较大环境污染、较大政治影响、较大经济损失、社会公共秩序严重混乱的用电单位或对供电可靠性有特殊要求的用电场所。

虽然以上国家文件和国家标准中都对重要电力用户的界定范围进行了规定，但仍然是对重要用户较为定性的描述。在《关于加强重要电力用户供电电源及自备应急电源配置监督管理的意见》(电监安全〔2008〕43 号)(后文简称《意见》)文中，提出具有一级负荷兼或二级负荷的用户统称为重要用户。一级、二级负荷的提出进一步明确了重要用户的范围，但前提是需要明确不同类型用户的重要负荷，这项工作对于重要用户的供配电规划设计、用户的用电安全等都格外重要。

此外，还经常把煤矿、金属非金属矿山、危险化学品等高危行业的重要用户称为高危用户。

重要电力用户的认定按国务院 599 号令要求，由县级以上地方人民政府电力主管部门组织供电企业和用户统一开展，采取一次认定，每年审核新增和变更的重要电力用户。

1.1.3 重要用户的重要负荷

由上述重要用户的界定知道，要想真正明确重要用户的范围，必须先明确一级负荷、二级负荷等重要负荷(也称关键负荷)的定义和范围。

我国在《供配电设计规范》中给出了一级负荷、二级负荷的规定，本书根据不同重要负荷功能、范围、影响程度等各方面总结出对应一级负荷、二级负荷、三级负荷和保安负荷的定义，如图 1.1 所示。

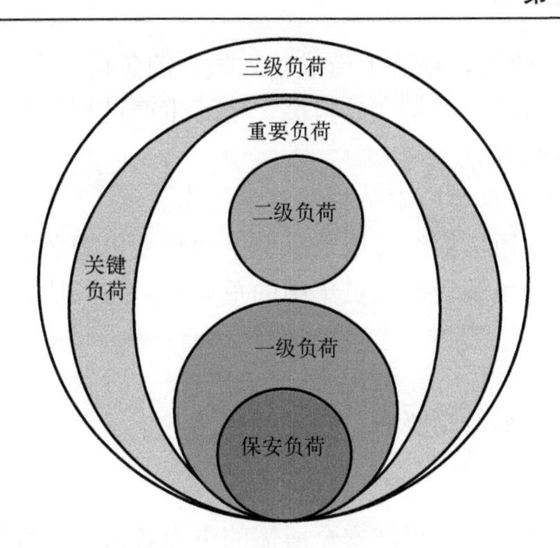

图 1.1　重要负荷的关系

1. 一级负荷

根据《供配电系统设计规范》中第 2.0.1 条的规定，及相关的规定和作者的实地调研，本书认为中断供电将会产生下列后果之一的，称为一级负荷。

(1) 中断供电将造成人身伤亡。

(2) 中断供电将在政治、军事上造成重大影响。

例如：驻华使馆等国际机构，重要的机要单位，重要的军事指挥中心，召开的具有重大影响的国际性会议、活动以及国家级和省级重要政治、经济、文化活动涉及的相关场所等。

(3) 经济上造成重大损失。

例如，重大设备损坏、重大产品报废、用重要原料生产的产品大量报废、国民经济中重点单位的连续生产过程被打乱需要长时间才能恢复等。造成环境严重污染的。

(4) 发生中毒、爆炸和火灾。

(5) 中断供电将影响城市正常运转，造成社会公共秩序严重混乱，严重影响人民生活。

例如：重要通信枢纽、各类指挥调度中心、重要的广播电视台、公用事业(供水、电力、煤气、污水处理)、医院、金融(银行、金库、金融数据中心)、重要的交通枢纽及干线、重要宾馆、经常用于国际活动的大量人员集中的公共场所等用电单位中的重要电力负荷、大型体育场馆、大型超市等。

(6) 其他由政府或上级部门认定的重要负荷。

2. 二级负荷

符合下列情况之一时，应为二级负荷。

(1) 中断供电将在政治、经济上造成较大损失的负荷。

例如：主要设备损坏、大量产品报废、连续生产过程被打乱需较长时间才能恢复、重点单位大量减产等。

(2) 中断供电将影响重要用电单位的正常工作。

例如：交通枢纽、通信枢纽等用电单位中的重要电力负荷，以及中断供电将造成大型影剧院、大型商场等较多人员集中的重要的公共场所秩序混乱。

3. 三级负荷

不属于一级和二级负荷者应为三级负荷。

4. 保安负荷

用于保障用电场所人身与财产安全所需的电力负荷。一般认为，断电后会造成下列后果之一的，为保安负荷。

(1) 直接引发人身伤亡。

(2) 使有毒、有害物溢出，造成环境大面积污染。

(3) 将引起爆炸或火灾。

(4) 将引起较大范围社会秩序混乱或在政治上产生严重影响。

(5) 将造成重大生产设备损坏或引起重大直接经济损失。

简而言之，保安负荷即为不可中断供电、对供电连续性要求最高的负荷。

例如，重要通信枢纽的通信生产设备、重要自来水厂的出水泵、机场的导航灯光和航站楼中的重要负荷、大型金融中心的关键电子计算机系统和防盗报警系统、大型国际比赛场(馆)的计分系统及监控系统等，以及工业生产中正常电源中断时为保证安全生产所必须的通信系统、保证安全停产的自动控制装置、重大生产设备和辅助设备等负荷。

1.2 重要用户的分类和分级

为了更好地服务于不同类型重要电力用户的供电需求，满足重要电力用户对供电可靠性的更高要求，指导各类行业用户安全合理用电，国家层面和电力公司层面都越来越重视重要电力用户的安全供电，从国家和地方政府层面相继出台了关于重要电力用户的概念、范围界定及管理的要求。

电力用户遍布社会的各个角落，对重要用户实行分类管理，可以清晰地反映相应的研究目的和具体特征。参考不同的统计口径，重要用户的分类方法主要有行业属性分类、用电性质分类，以及负荷特征曲线分类、VIP 客户分类、重要程度分类等。

1.2.1 重要用户的分类

1. 按行业属性分类

我国将国民经济三大产业分为 8 大门类，在此基础上又进一步细分为 20 个大类和 500 多个小类，如表 1.1 所示。在 20 个大类行业中，不同行业用户的功能特点往往各不相同，其负荷特性、电力的终端使用需求、对供电数量及质量的要求可能存在较大差别。将重要用户按照所属行业进行分类，一方面由于其行业特点具有较大的相似性使得不同用户之间具有较强的可比性；另一方面也便于和国家现有的行业统计口径相衔接，使得相关工作的开展更易进行。这种分类方法存在的问题是：①分类结果过多，不便于重要用户分类的具体操作；②未考虑重要用户的用电类别及其对供电可靠性要求的差异。

表 1.1 国民经济行业分类

产业分类	门类	类别、名称
第一产业	农、林、牧、渔业	农、林、牧、渔业
第二产业	工业	采矿业
		制造业
		电力、燃气及水的生产和供应业
	建筑业	建筑业
第三产业	交通运输、仓储和邮政业	交通运输、仓储和邮政业
	信息传输、计算机服务和软件业	信息传输、计算机服务和软件业
	商业、住宿和餐饮业	批发和零售业
		住宿和餐饮业
	金融、房地产、商业及居民服务业	金融业
		房地产业
		租赁和商务服务业
	公共事业和管理组织	科学研究、技术服务和地质勘查业
		水利、环境和公共设施管理业
		居民服务和其他服务业
		教育
		卫生、社会保障和社会福利业
		文化、体育和娱乐业

续表

产业分类	门类	类别、名称
第三产业	公共事业和管理组织	公共管理和社会组织
		国际组织

2. 按用电性质分类

根据重要用户在社会、政治和经济生活中的地位和作用，可以将其分为社会组织类、军事类、经济类、公共服务类、其他类五大类。

(1) 社会组织类：包含各级首脑机关和政府机构、各类防灾救灾指挥中心及外国驻华外交机构等。

(2) 军事类：包含各类军事指挥中心和军工基地及航空航天技术研究、生产和发射基地等。

(3) 经济类：包含各类金融中心、证券交易中心和工矿企业等。

(4) 公共服务类：包含交通指挥中心和场站、通信信息传播中心、会议中心、娱乐中心及宾馆、饭店等。

(5) 其他类：不属于上述类别的其他电力用户。

按照用电性质进行分类，其优点在于对供电企业而言，在确定用户相应的供电标准上更具有可操作性；不足之处是未考虑重要用户所在具体行业的负荷组成、负荷性质及保安电力的特点。

3. 重要用户分类的原则

经过调研发现，重要用户一旦断电，将造成两类后果：一是造成严重的政治社会影响，如影响整个城市的正常运转、人民的正常生活以及造成生态环境的破坏；二是对一些企业造成巨大的经济损失，甚至造成重大人身伤亡事故。基于停电后果的考虑，重要用户可以分成工业类、社会影响及民生类(简称社会类)两大类。同时，重要用户分类还应兼顾重要用户的行业属性和用电性质。因此，重要用户分类主要考虑以下因素：

(1) 断电后果。

(2) 行业特点。

(3) 用电性质。

4. 重要用户分类结果

根据目前不同类型重要电力用户的断电后果，将重要电力用户分为工业类和社会类两类，其中工业类分为煤矿及非煤矿山、危险化学品、冶金、电子及制造业、军工 5 类；社会类分为党政司法机关和国际组织、各类应急指挥中心、广播电视、通信、信息安全、公共事业、交通运输、医疗卫生和人员密集场所 8 类，见表 1.2。

表 1.2　重要电力用户所在行业分类

<table>
<tr><td rowspan="15">[A]工业类</td><td rowspan="2">[A1] 煤矿及非煤矿山</td><td>[A1.1] 煤矿</td></tr>
<tr><td>[A1.2] 非煤矿山</td></tr>
<tr><td rowspan="4">[A2] 危险化学品</td><td>[A2.1] 石油化工</td></tr>
<tr><td>[A2.2] 盐化工</td></tr>
<tr><td>[A2.3] 煤化工</td></tr>
<tr><td>[A2.4] 医药化工</td></tr>
<tr><td colspan="2">[A3] 冶金</td></tr>
<tr><td rowspan="3">[A4] 电子及制造业</td><td>[A4.1] 芯片制造</td></tr>
<tr><td>[A4.2] 显示器生产</td></tr>
<tr><td>[A4.3] 机械制造</td></tr>
<tr><td rowspan="2">[A5] 军工</td><td>[A5.1] 航天航空、国防试验基地</td></tr>
<tr><td>[A5.2] 危险性军工生产</td></tr>
<tr><td rowspan="17">[B]社会类</td><td colspan="2">[B1] 党政司法机关、国际组织、各类应急指挥中心</td></tr>
<tr><td colspan="2">[B2] 通信</td></tr>
<tr><td colspan="2">[B3] 广播电视</td></tr>
<tr><td rowspan="2">[B4] 信息安全</td><td>[B4.1] 证券数据中心</td></tr>
<tr><td>[B4.2] 银行</td></tr>
<tr><td rowspan="5">[B5] 公共事业</td><td>[B5.1] 供水、供热</td></tr>
<tr><td>[B5.2] 污水处理</td></tr>
<tr><td>[B5.3] 供气</td></tr>
<tr><td>[B5.4] 天然气运输</td></tr>
<tr><td>[B5.5] 石油运输</td></tr>
<tr><td rowspan="3">[B6] 交通运输</td><td>[B6.1] 民用运输机场</td></tr>
<tr><td>[B6.2] 铁路、轨道交通、公路隧道</td></tr>
<tr><td>[B6.3] 地铁</td></tr>
<tr><td colspan="2">[B7] 医疗卫生</td></tr>
<tr><td rowspan="4">[B8] 人员密集场所</td><td>[B8.1] 五星级以上宾馆饭店</td></tr>
<tr><td>[B8.2] 高层商业办公楼</td></tr>
<tr><td>[B8.3] 大型超市、购物中心</td></tr>
<tr><td>[B8.4] 体育馆场馆、大型展览中心及其他重要场馆</td></tr>
</table>

注：1) 本分类未涵盖全部行业，其他行业可参考本分类。

2) 不同地区重要电力用户分类可参照各地区发展情况确定。

为便于对重要电力用户范围的界定，表 1.3 列出了部分重要电力用户及断电影响。

表 1.3 重要电力用户断电影响

重要电力用户类别		重要电力用户范围	断电影响
[A] 工业类	[A1.1] 煤矿	井工煤矿	可能引发人身伤亡
	[A1.2] 非煤矿山	井工非煤矿山	可能引发人身伤亡
	[A2.1] 石油化工	以石油为原料的化工企业	可能引发人身伤亡、中毒、爆炸或火灾等重大安全事故、造成重大经济损失和严重环境污染
	[A2.2] 盐化工	以粗盐为原料的化工企业	可能引发人身伤亡、中毒、爆炸或火灾等重大安全事故、造成重大经济损失和严重环境污染
	[A2.3] 煤化工	以煤为原料的化工企业	可能引发人身伤亡、中毒、爆炸或火灾等重大安全事故、造成重大经济损失和严重环境污染
	[A3] 冶金	黑色金属和有色金属的冶炼和加工企业	可能引发人身伤亡、爆炸或火灾等重大安全事故、造成重大经济损失
	[A4.1] 芯片制造	对电能质量要求高的电子企业	可能造成重大经济损失
	[A4.2] 机械制造	汽车、造船、飞行器、发电机、锅炉、汽轮机、机车、机床加工等机械制造企业	可能引发人身伤亡、造成重大经济损失
	[A5] 军工	航天航空、国防试验基地、危险性军工生产企业	可能造成重大政治影响和重大社会影响、可能引发人身伤亡
[B] 社会类	[B1] 党政司法机关、国际组织、各类应急指挥中心	国家级首脑机关的办公地点，外国驻华使馆及外交机构，省级党政机关、地市级党政机关和一些重要的涉外组织；以及气象监测指挥和预报中心、电力调度中心、重要水利大坝、重要的防汛防洪闸门、排涝站、地震监测指挥预报中心、防汛防灾等应急指挥中心、消防(含森林防火)指挥中心、交通指挥中心、公安监控指挥中心等重要应急指挥中心	可能造成重大政治影响和重大社会影响
	[B2] 通信	国家级和省级的枢纽、容灾备份中心、省会级枢纽、长途通信楼、核心网局、互联网安全中心、省级 IDC 数据机房、网管计费中心、国际关口局、卫星地球站	可能造成大的社会影响
	[B3] 广播电视	国家级和省级广播电视机构及广播电台、电视台、无线发射台、监测台，卫星地球站等	可能造成大的政治影响和社会影响
	[B4.1] 证券数据中心	全国性证券公司、省级证券交易中心、市级证券交易中心	可能造成大的经济损失和社会影响
	[B4.2] 银行	国家级银行、省级银行一级数据中心和营业厅、地市级银行营业网点	可能造成大的经济损失和社会影响

续表

重要电力用户类别		重要电力用户范围	断电影响
[B] 社会类	[B5.1] 供水、供热	供水面积大的大、中型水厂(用水泵进行取水)、重要的加压站以及大型供热厂	可能造成社会公共秩序混乱
	[B5.2] 污水处理	国家一级污水处理厂、中型、小型污水处理厂	可能造成环境污染
	[B5.3] 供气	天然气城市门站、燃气储配站、调压站、供气管网等	可能造成安全事故和环境污染
	[B5.4] 天然气运输	天然气输气干线、输气支线、矿场集气支线、矿场集气干线、配气管线、普通计量站等	可能造成安全事故和环境污染
	[B5.5] 石油运输	石油输送首站、末站、减压站和压力、热力不可逾越的中间(热)泵站、其他各类输油站等	可能造成安全事故和环境污染
	[B6.1] 民用运输机场	国际航空枢纽、地区性枢纽机场及一些普通小型机场	可能引发人身伤亡、造成重大安全事故、造成大的政治影响和社会影响
	[B6.2] 铁路、轨道交通、公路隧道	铁路牵引站、国家级铁路干线枢纽站、次级枢纽站、铁路大型客运站、中型客运站、铁路普通客运站；城市轨道交通牵引站、城市轨道交通换乘站、城市轨道交通普通客运站	可能造成安全事故和大的社会影响
	[B7] 医疗卫生	三级医院	可能引发人身伤亡、造成社会影响和公共秩序混乱
	[B8.1] 五星级以上宾馆饭店	特殊定点涉外接待的宾馆、饭店及其他五星级及以上高等级宾馆	可能造成政治影响和社会公共秩序混乱
	[B8.2] 高层商业办公楼	高度超过 100m 的特别重要的商业办公楼、商务公寓、购物中心	可能引发人身伤亡和社会公共秩序混乱
	[B8.3] 大型超市、购物中心	营业面积在 $6000m^2$ 以上的多层或地下大型超市及大型购物中心	可能引发人身伤亡和社会公共秩序混乱
	[B8.4] 体育馆场馆、大型展览中心及其他重要场馆	国家级承担重大国事活动的会堂、国家级大型体育中心；举办世界级、全国性或单项国际比赛；举办地区性和全国单项比赛、举办地方性、群众性运动会展会；承担国际或国家级大型展览的会展中心； 承担地区级展览的会展中心	可能引发人身伤亡、可能造成重大政治影响和社会公共秩序混乱

注：(1)本范围未涵盖全部行业，其他行业可参考执行。

(2)不同地区重要电力用户范围可参照各地区发展情况确定。

1.2.2 重要用户的分级

重要用户分级对于供电企业和电力用户分别具有不同的意义。对供电企业而言，在重要用户分类的基础上实现分级管理，可以确定电力用户重要程度的差异，便于其采取不同的管理方法，保障其安全可靠供电。对于电力用户而言，一方面可以确定其合理的用电方式，为其向供电企业提出用电申请提供依据；另一方面也是对重要用户个体行为的约束，要求用户自身须承担必要的社会责任，通过配备必要的应急措施尽量降低外部电网意外停电所引起的损失。

根据供电可靠性的要求及供电中断的危害程度，重要电力用户可分为特级、一级、二级重要电力用户和临时性重要电力用户。

(1)特级重要电力用户，是指在管理国家事务中具有特别重要的作用，供电中断将可能危害国家安全的电力用户。

(2)一级重要电力用户，是指供电中断将可能产生下列后果之一的电力用户。

①直接引发人身伤亡的。

②造成严重环境污染的。

③发生中毒、爆炸或火灾的。

④造成重大政治影响的。

⑤造成重大经济损失的。

⑥造成较大范围社会公共秩序严重混乱的。

(3)二级重要电力用户，是指供电中断将可能产生下列后果之一的电力用户。

①造成较大环境污染的。

②造成较大政治影响的。

③造成较大经济损失的。

④造成一定范围社会公共秩序严重混乱的。

(4)临时性重要电力用户，是指需要临时特殊供电保障的电力用户。

1. 电力负荷的分级

电力负荷分级是确定重要用户范围和对重要用户进行分级的基础。电力负荷通过分级可以正确地反映它对供电可靠性的界限，以便恰当地选择符合我国实际水平的供电方式，满足经济社会发展的需要，提高投资的效益。

区分电力负荷对供电可靠性的要求主要是从停电在政治或经济上造成的损失或影响程度的角度进行分析：损失越大，对供电可靠性的要求越高；损失越小，对供电可靠性的要求越低。

从上节对电力负荷定义与级别的划分标准不难看出，一级负荷和二级负荷的差异主要在于表现程度不同，一级负荷在发生停电事故后所产生的后果比二级负荷程度更深、范围更广。表 1.4 从设备损坏情况、生产恢复时间、生产经营影响程度、经济损失和社会影响共 5 个方面对二者进行了对比分析。

表1.4 一级负荷与二级负荷的差异

负荷级别	负荷发生停电事故后产生的后果				
	设备损坏情况	生产恢复时间	生产经营影响程度	经济损失	社会影响
一级	重大设备损坏	长时间才能恢复生产	重大产品大量报废，重要原料生产的产品大量报废	造成重大经济损失	造成重大社会影响
二级	主要设备损坏	较长时间才能恢复生产	产品大量报废，大量减产	造成较大的经济损失	造成较大社会影响

2. 重要用户分级的原则

重要用户尽管与其相应的分级负荷之间存在较大关联性，但是考虑到二者之间仍存在一定的差异，重要用户的分级不应完全参照其中负荷分级的概念，应更加强调用户全部负荷的整体含义。此外，重要用户的分级还需考虑用户对供电质量的要求，并兼顾所属行业的一些特殊规定。因此，与电力负荷的分级不同，重要用户的分级主要是从以下原则出发。

(1) 整体性原则。大型用户各个单元的用电负荷等级通常并不完全相同，用户的重要级别应该根据其中主要负荷或关键负荷的等级来确定。

(2) 缺电成本原则。由于不同用户停电后对社会所造成的政治影响或经济损失并不相同，影响面较广或者付出代价较大的用户通常对可靠性要求较高，相应用户的重要级别也较高。

(3) 供电质量原则。供电质量包括供电可靠性和电能质量两方面。在供电可靠性方面，不同用户所属行业类别和生产经营环境差别较大，为保持正常工作的连续性，用户所允许供电中断的时间也各不相同，可允许停电时间越短，用户在同行业中的重要程度就越高。在电能质量方面，随着微电子器件与电力电子技术的广泛应用，用电负荷日趋多样化和复杂化，用户对电能质量提出了更高要求。例如芯片制造、精密加工这一类对电能质量非常敏感的用户，它们的重要程度相对更高。

(4) 政策性原则。一些特殊用户由于在社会中的重要地位和影响意义，因国家政策或地方性法规的强制要求，其在电能质量、供电可靠性等方面需要达到相应的安全标准，这类重要用户的重要级别一般相对较高。

(5) 时效性原则。由于国家宏观环境的变化和经济社会发展目标的调整，重要用户的级别不是一成不变的，需要定期或不定期地进行重新评估并合理归类。

3. 重要用户分级的指标体系

重要用户分级属于多目标决策分析问题，具有典型的多层次、多指标特征。为了实现重要用户的分级目的，必须考虑对重要用户分级有影响的各种因素及因素之间的相互关系，从而形成具有一定层级结构的分级指标体系，以便对重要用户级别进行定量评价。

根据重要用户的分级原则，分级指标体系可归为四类指标子体系：负荷组成、用电规模、供电质量及停电成本。相对独立的各个指标子体系反映了重要用户重要程度的某一个侧面，在每个指标子体系下还有各自的指标。因此，重要用户的分级指标体系构建如下。

(1)负荷组成：用户一级负荷比重、二级负荷比重、关键负荷的级别。

(2)用电规模：用电量、受电变压器容量、电压等级。

(3)供电质量：用户可接受的停电频率、停电持续时间、电压偏差、频率偏差。

(4)停电成本：用户因停电所造成的直接损失和间接损失。

考虑到不同类型的重要用户与各类指标子体系的关联程度可能不同，表 1.5 给出了重要用户分级指标体系的适用范围。

表 1.5 分级指标体系的适用范围

重要用户的分类	重要用户分级指标			
	供电质量	用电规模	负荷组成	停电成本
高危工业类	√	√	√	√
其他工业类	√	√	√	√
社会影响及民生类	√		√	√

注：打√表示该类重要用户与此因素的关联度较大，可作为分级的依据。

1.2.3 重要用户的分级方法

1. *层次分析法*

根据重要用户的分级指标体系，采用层次分析法研究重要用户的分级问题。层次分析法把研究对象作为一个系统，按照分解、比较判断、综合的思维方式进行决策，是一种定性和定量相结合，将人的主观判断用数量形式表达出来并进行科学处理的方法。

运用层次分析法的步骤如下。

(1)建立层次结构。根据重要用户的所属类别，将与之有关的分级指标按目标层、准则层和指标层进行分组，然后以连线表示各层次元素之间的关系，构成一个从上至下的递阶层次结构。以高危类的重要用户为例，它的层次化结构如图 1.2 所示。

(2)建立判断矩阵。依据已有资料和专家意见，通过两两比较的方法，确定同一层次因素对于上一层次中相关因素的相对重要性，建立判断矩阵。判断矩阵按九标度法进行赋值，九标度法含义见表 1.6。

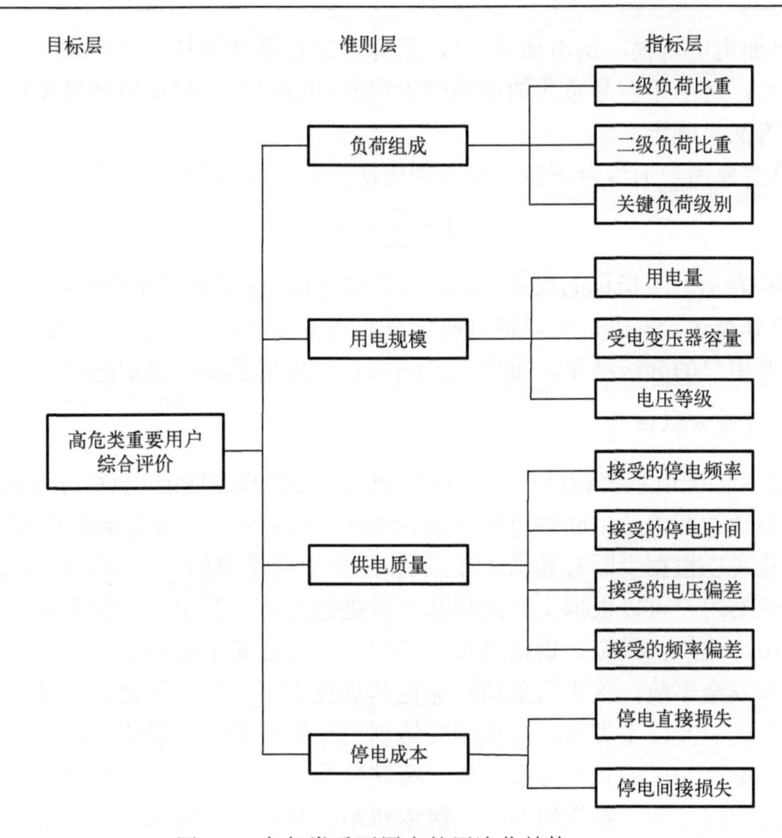

图 1.2 高危类重要用户的层次化结构

表 1.6 九标度法含义

指标 A/指标 B	含义
1	指标 A 与指标 B 相比，两者同等重要
3	指标 A 与指标 B 相比，前者比后者稍重要
5	指标 A 与指标 B 相比，前者比后者明显重要
7	指标 A 与指标 B 相比，前者比后者强烈重要
9	指标 A 与指标 B 相比，前者比后者极端重要
2、4、6、8	表示上述相邻判断的中间值

(3) 层次单排序及一致性检验。计算判断矩阵的特征值最大值及其对应的特征向量。得到的特征向量经过归一化，即为同一层次因素对于上一层次中相关因素相对重要性的排序权重。排序权重是否合理，仍需通过判断矩阵的一致性检验加以确认。

(4) 组合权重计算。计算所有指标层元素相对于目标层的相对权重值。

(5) 确定分级指标值。分级指标值的确定可以采用两种方式：对于容易量化的影响因素(如用电规模、供电质量等)，指标值通过数理统计、数值计算等方法直接给出量化值；对于不容易量化的影响因素(如停电损失)，指标值通过模糊数学、专家打分等方法来确定。

(6)重要用户的综合评价。综合评价法的数学模型如下：

$$Y = \sum W_i X_i \tag{1.1}$$

式中，W_i表示分级指标的权重；X_i表示分级指标值；Y表示重要用户的综合评价值。

(7)分级评价标准。可以通过确定分级边界条件或者综合评价结果排序的方式，确定重要用户的分级结果。重要用户的综合评价值越高，级别越高。

2. 行业分级法

依据《供配电系统设计规范》(GB/50052—2009)的规定，负荷分级的依据是“对供电可靠性的要求及中断供电在政治、经济上所造成损失或影响的程度”。因此，重要用户也可以根据中断对其供电在政治、经济上所造成的损失或影响程度进行分级。

工业类用户可以根据生产规模和产量进行分级。其中，工业类用户中的煤矿及非煤矿山、化工、冶金、钢铁等行业的用户在突然断电的情况下，会造成重大的人身伤亡和安全事故。这类高危用户无论其规模大小，都必须划为一级。

社会影响及民生类用户，根据实地调研结果得知，一般的社会职能的重要用户行业内部都有相关的行业分级。如，医院分为一、二、三级甲乙丙三等，共三级十等；通信部门分为一级枢纽站、二级枢纽站、基站；交通部门(铁路、机场)也分为干线枢纽站、次级枢纽站、大型站、普通站。因此，这一类重要用户也可以通过用户本身的行业级别进行分级。

3. 两种分级方法的对比

层次分析法和行业分级法两种方法比较而言，行业分级法简单易行，可通过相关行业的统计资料及相关设计规范，迅速获得重要用户的分级结果。在缺乏统计资料的情况下，行业分级法是唯一可行的分级方法。但是行业分级法也存在明显缺点：其分级结果仅适用于行业内部，不适用于某一大类重要用户分级的需要；行业分级法无法体现重要用户分级的时变特征，其分级结果是固定不变的。而层次分析法是将定性分析与定量计算有机结合的多属性决策方法，具有系统性、灵活性、科学性的特点，随着研究的深入、资料的充实，层次分析法的优势将逐渐体现。

1.3 重要用户在国民经济中的地位

重要电力用户是社会经济发展的主要支柱，是城市的生命线。重要电力用户占我国电力用户的比例不到 1%，其用电量却超过了 70%，对国民经济生产总值的贡献超过了 40%。一旦重要电力用户停电或供电受到扰动，不仅会危及社会的公共安全、人民的人身安全，而且会在政治或经济上造成重大的损失或影响，社会甚至可能会处于瘫痪状态。尤其在自然灾害等极端情况下，在电网非常脆弱的时刻，保证重要电力用户的可靠供电尤显突出。

1.4 重要用户的供电现状

1.4.1 重要用户总体情况

根据调研统计，全国重要用户共 38000 余家，其中特级、一级和二级重要用户分别占全部重要用户的 0.4%、31.0%和 68.6%。

从行业分布看，煤矿、非煤矿山、医疗卫生、政府机关等行业和领域重要用户数量排在前四位，占全部重要用户数量的 49%左右；冶金、煤矿、电子、地铁城铁、铁路等行业和领域的重要用户供电容量相对较大，占全部重要用户供电容量的 56%左右。

1.4.2 重要用户供电电源配置情况

根据调研统计，特级、一级和二级重要用户供电电源配置达到《意见》要求的比例(以下简称“达标率”)分别为 23%、45%和 50%左右，双路及以上供电电源配置率分别为 79%、63%和 50%左右。

我国各地区、各省份之间重要用户供电电源配置情况存在较大差异，东部经济发达地区的达标率明显高于中西部地区，江苏省、浙江省达标率最高，其中江苏省一级重要用户达标率为 80%左右，二级重要用户达标率达 96%。西北、华中地区的达标率相对较低，其中西北地区一级、二级重要用户达标率分别只有 32%和 15%左右，华中地区一级、二级重要用户达标率分别只有 27%和 33%左右。

从行业分布看，证券数据中心、地铁城铁、铁路、电子、民用机场等行业或领域的重要用户达标率相对较高，双路及以上供电电源配置率高于 70%。学校、城市供水、国防部门、石油化工、非煤矿山等行业或领域的重要用户达标率相对较低，双路及以上供电电源配置率不足 40%。

1.4.3 重要用户自备应急电源配置情况

根据调研统计，全国特级、一级和二级重要用户自备应急电源配置率分别为 40%、52%和 52%左右。个别省份自备应急电源的配置率非常高，如江苏省一级重要用户配置率为 100%，二级重要用户配置率均为 96%左右。其他地区的重要用户自备应急电源配置的地区差异并不十分明显，山东省一、二级重要用户，甘肃省、山西省的一级重要用户自备应急电源配置率较低，平均在40%以下。

从行业分布看，医疗、通信、银行等行业的重要用户自备应急电源配置率较高，平均超过70%，城市供水、污水处理、地铁城铁、证券数据中心等行业或领域重要用户自备应急电源配置率较低，平均在30%以下。

从调研统计来看，可以得出以下两个结论。

(1)全国约有一半以上的重要用户供电电源配置未达标，其中相当一部分重要用户只有一路电源供电，这种情况对重要用户供电安全构成潜在影响。

(2)全国几乎一半的重要用户未配置自备应急电源，对电网大面积停电情况下重要用户自救能力和全社会应急处置工作的带来一定程度的影响。

第2章

重要电力用户对供电可靠性的特殊要求

重要用户涉及各行各业。重要用户在生产过程中，供电电源的中断是重要的一种危险因素。各行业关于供电应急的行业规范良莠不齐，有的欠缺，有的在实际执行中有可能不到位,供电企业有责任和义务在该类用户接入电网及运行中予以指导。

本章从重要用户对供电可靠性的实际需求出发,明确与传统供电可靠性的区别,分析不同行业重要用户的重要负荷组成、停电允许时间及相应的停电影响，总结提高重要用户供电可靠性的措施。

2.1 允许停电时间

与电网相比，重要用户对供电可靠性有特殊的需求，因此本章所论述的重要用户供电可靠性需求是指重要用户在一次停电故障中最大的允许停电时间，一般从几个周波至几小时不等，本书研究的对象主要是重要用户的一级负荷和二级负荷。

允许停电时间是根据用电设备、生产工艺、用电机构的功能及人们的心理忍受程度，对供电连续性的要求，负荷所能容忍的最长断电时间决定的。该时间决定于负荷性质、行业性质、社会经济水平、政治影响及人们的心理因素等诸多方面的因素。

2.2 与系统供电可靠性的区别

传统的供电可靠性是指运行条件下电网向负荷连续供电的能力，其评价指标是统计时间(通常是一年)内全网或某区域电网所有用户的平均值。供电可靠性水平的高低由用户平均停电次数和用户单次停电持续时间共同决定。

本章所论述的供电可靠性需求是特指一次停电故障中重要用户对供电连续性的要求，即最大的允许停电时间，其评价指标是一次停电事故中单个重要用户的最大允许停电时间。

表 2.1 从基本定义、评价单位、指标形式、评价指标和主要保障途径等方面，分析了本章所讨论的重要用户供电可靠性需求和传统供电可靠性的区别。由于重要用户的供电可靠性需求与传统供电可靠性的这些区别，重要用户更有必要配置应急电源，而且配置应急电源的种类也要有所差别。

表 2.1 重要用户供电可靠性需求与传统供电可靠性的区别

名称	传统供电可靠性	重要用户供电可靠性需求
基本定义	运行条件下电网向负荷连续供电的能力	一次停电故障中重要用户对供电连续性的要求
评价单位	多个用户或整个电网	单个重要用户
指标形式	统计时间内的平均值	一次停电故障中的最大值
评价指标	平均供电可用率(average service availability index，ASAI) 系统平均停电持续时间(system average interruption duration index，SAIDI) 系统平均停电频率(SAIFI) 用户平均停电持续时间(CAIDI) 用户平均停电频率(CAIFI)	重要用户的最大允许停电时间
主要保障途径	尽量采用高质量元件，降低元件故障率； 尽量改善元件的运行条件，提高运行维护水平； 提高电网自动化水平，缩短故障后恢复供电的时间； 适当增加备用元件，加强冗余结构	提高公用电网的容量裕度和冗余度； 提高电网自动化水平，缩短故障后恢复供电的时间； 配置充裕的应急电源

2.3 工业类重要用户的供电可靠性要求

根据不同类型重要用户对供电可靠性的要求(最大允许停电时间)，分析在停电情况下，尤其是超过允许停电时间后对不同类型重要用户所造成影响。

工业类重要用户停电所造成的影响主要包括 7 类：人身伤亡(爆炸、坠落、飞车、疏散)、环境污染(爆炸、泄露)、设备损坏、生产重置(几小时、几天)、产生次品、原料报废和数据丢失。

根据重要用户的一级负荷和二级负荷对停电时间的敏感程度和特殊需求，将重要用户的允许停电时间可分为 7 段，包括周波级、秒级、1min、10min、20min、30min、

60min。不同类型重要用户的一级负荷和二级负荷在超过允许停电时间后的停电影响如表2.2所示。

表2.2　工业类重要用户的停电影响

<table>
<tr><th rowspan="2">重要用户类别</th><th rowspan="2">类型</th><th colspan="3">重要负荷</th></tr>
<tr><th>负荷名称</th><th>允许停电时间</th><th>停电影响</th></tr>
<tr><td rowspan="20">[A1]煤矿及非煤矿山</td><td rowspan="20">一级负荷</td><td>应急照明</td><td>小于1min</td><td>危及人员及财产的安全，严重影响对进行着的生产、工作及时操作和处理，造成灾害或事故的蔓延</td></tr>
<tr><td>消防用电</td><td>小于1min</td><td>危及人员及财产的安全，严重影响对煤矿的生产、工作及时操作和处理，造成灾害或事故的蔓延</td></tr>
<tr><td>通风设备</td><td>小于1min</td><td>井下的CO_2和瓦斯气体造成的人身伤亡，以及煤尘爆炸</td></tr>
<tr><td>制氮设备</td><td>小于1min</td><td>采空区浮煤自燃，造成煤矿火灾</td></tr>
<tr><td>副井提升设备</td><td>小于1min</td><td>人身伤亡</td></tr>
<tr><td>矿井监测监控系统</td><td>小于1min</td><td>煤矿生产和安全保护系统停止运转，导致人身伤亡和重大经济损失</td></tr>
<tr><td>排水设备</td><td>小于10min</td><td>地下或者地表水涌入矿井，造成矿井坍塌和人员伤亡</td></tr>
<tr><td>井下消防洒水给水系统</td><td>小于1min</td><td>导致消火栓给水系统、自动喷水灭火装置、井下防尘洒水系统以及各类设备用水停止运转，给人身安全和生产造成严重隐患</td></tr>
<tr><td>液压支架</td><td rowspan="12">小于10min</td><td>导致矸石进入回采工作面和推进输送机，造成设备损坏和影响生产</td></tr>
<tr><td>采煤机</td><td rowspan="5">影响正常生产，造成较大的经济损失</td></tr>
<tr><td>掘进机</td></tr>
<tr><td>工作面运输机</td></tr>
<tr><td>转载机</td></tr>
<tr><td>缩胶带转送机</td></tr>
<tr><td>压风设备</td><td>导致风动凿岩机、喷浆机等风动设备和风镐等其他风动工具失去动力，影响正常生产，造成较大的经济损失</td></tr>
<tr><td>胶带输送机</td><td>影响正常生产，造成较大的经济损失</td></tr>
<tr><td>单滚筒绞车(直流供电)</td><td>导致矿井液压支架、矸石及条长材料升降不能正常工作，影响正常生产，造成较大的经济损失</td></tr>
<tr><td>换装站(起重机，调度绞车，矿车侧翻装置及电池电机车)</td><td rowspan="3">影响正常生产，造成较大的经济损失</td></tr>
<tr><td>胶带运输机</td></tr>
<tr><td>防爆胶轮车</td></tr>
</table>

续表

重要用户类别		类型	重要负荷		
			负荷名称	允许停电时间	停电影响
[A1]煤矿及非煤矿山		一级负荷	支架搬运无轨胶轮车	小于10min	影响正常生产，造成较大的经济损失
			工业场地生产供水系统		造成地面生产系统用水中断，影响正常生产
		二级负荷	制冷系统(包括通风)	0.5h	对生活造成影响
			污水处理、防汛排涝系统		
[A2]危险化学品	[A2.1]石油化工	一级负荷	消防用电	小于1min	石化企业易燃易爆品多，断电则有可能导致事面蔓延
			紧急停车及安全连锁系统	几个周波	增加发生恶性事故的概率
			DCS设备	几个周波	影响到产品的质量
			裂解环节	小于1min	裂解炉是乙烯装置的核心
			裂解气压缩环节		温度过高后裂解气焦化，产品报废
			乙烯制冷环节和丙烯深冷环节		任何一个环节停车都会导致整个乙烯生产线停车
			急冷环节		发生二次反应，原料报废，无法生产乙烯
			石油的常减压蒸馏环节		如果此环节断电，会影响所有下游企业的生产
			催化裂化环节		是产生汽油的重要步骤
			热裂化环节		是生产汽油、炼厂气的重要步骤
		二级负荷	石油产品精制环节	10min～20min	若断电则无法生产润滑油
			原油预处理环节		若断电则无法除去原油中的水和盐，易对设备造成腐蚀
			炼厂气加工环节		能生产部分产品，断电会对最终产品的产量有一定影响
	[A2.2]盐化工	一级负荷	消防用电	小于1min	在发生事故的情况下无法及时疏散现场人员
			紧急停车及安全连锁系统	几个周波	增加发生恶性事故的概率
			DCS设备	几个周波	影响到产品的质量
			监视设备	小于1min	对重要设备和产品原料等失去监控
			氯处理环节	小于1min	影响到生产人员的生命安全，甚至会导致车间发生爆炸
			化学品库	小于10min	温度过高容易发生爆炸
			聚合环节	几个周波	断电会造成产品报废，经济损失巨大
			电解环节	小于10min	导致后续设备停车，经济损失巨大
			盐水精制环节	小于10min	可能造成爆炸威胁安全
			氯乙烯合成环节	几个周波	无法产生目标产品
		二级负荷	乙炔生成及提纯环节	小于10min	生产线停止运行

续表

<table>
<tr><th colspan="2" rowspan="2">重要用户类别</th><th rowspan="2">类型</th><th colspan="3">重要负荷</th></tr>
<tr><th>负荷名称</th><th>允许停电时间</th><th>停电影响</th></tr>
<tr><td rowspan="27">[A2]
化工</td><td rowspan="2">[A2.2]
盐化工</td><td rowspan="2">二级负荷</td><td>氯乙烯的压缩冷凝环节</td><td>小于 30min</td><td>导致氯乙烯产量降低、经济性影响较大</td></tr>
<tr><td>聚氯乙烯压缩干燥环节</td><td>小于 30min</td><td>影响聚氯乙烯的纯度</td></tr>
<tr><td rowspan="12">[A2.3]
煤化工</td><td rowspan="9">一级负荷</td><td>应急照明及疏散照明</td><td>小于 1min</td><td>在发生事故的情况下无法及时疏散现场人员</td></tr>
<tr><td>DCS 系统</td><td>几个周波</td><td>造成醋酸生产过程中进料、温度等失控，影响醋酸的生产甚至造成紧急停车</td></tr>
<tr><td>循环泵</td><td>小于 1min</td><td>防止反应系统过热</td></tr>
<tr><td>车间监控设备</td><td>小于 1min</td><td>失去对高危设备和易燃物品的监视，易发生火灾</td></tr>
<tr><td>紧急停车系统</td><td>几个周波</td><td>易造成恶性事故</td></tr>
<tr><td>醋酸合成环节</td><td rowspan="4">小于 10min</td><td>目标产物在该环节产生，若失负荷导致生产线停产</td></tr>
<tr><td>脱氢环节</td><td>无法脱去乙醛等羰基化合物，严重影响醋酸的品质</td></tr>
<tr><td>脱碘环节</td><td>若失负荷则易造成催化剂中毒，经济损失巨大</td></tr>
<tr><td>闪蒸罐内的降温环节</td><td>若失负荷则无法将醋酸及反应液分离，并影响催化剂的浓度</td></tr>
<tr><td rowspan="3">二级负荷</td><td>甲醇进料环节</td><td>小于 10min</td><td>无法将甲醛送入合成釜</td></tr>
<tr><td>精馏环节</td><td></td><td>无法除去丙酸及碘元素，影响醋酸的纯度</td></tr>
<tr><td>脱水环节</td><td></td><td>影响醋酸的纯度</td></tr>
<tr><td rowspan="13">[A2.4]
医药化工</td><td rowspan="10">一级负荷</td><td>纯净水制备系统</td><td>小于 10min</td><td>药品被污染</td></tr>
<tr><td>车间监控设备</td><td>小于 1min</td><td>可能发生火灾事故</td></tr>
<tr><td>空气净化设备</td><td>小于 10min</td><td>药品被污染</td></tr>
<tr><td>反应釜</td><td>几个周波</td><td>无法进行药品合成</td></tr>
<tr><td>循环水设备</td><td rowspan="8">10～20min</td><td>无法对高温储藏设备降温、无法对工作人员进行净化</td></tr>
<tr><td>灭菌柜</td><td>药品被污染</td></tr>
<tr><td>药用干燥设备(离心机)</td><td>不能干燥药品，无法得到成品，可能导致药品报废</td></tr>
<tr><td>药用筛分机械</td><td>无法对药品进行筛分，后续工作无法进行</td></tr>
<tr><td>结晶设备</td><td>药品无法结晶，可能导致药品报废</td></tr>
<tr><td>药品过滤设备</td><td>影响药品的纯度，有可能造成药品的污染</td></tr>
<tr><td rowspan="3">二级负荷</td><td>制冷设备</td><td>导致原料药厂温度过高</td></tr>
<tr><td>铝塑泡罩包装机</td><td>无法对原料药进行密封包装，可能造成药品的污染</td></tr>
<tr><td>喷码机</td><td>无特殊规定</td><td>对原料药进行表示</td></tr>
</table>

续表

重要用户类别		类型	重要负荷		
			负荷名称	允许停电时间	停电影响
[A2]化工	[A2.4]医药化工	二级负荷	污水处理设施	1h 以内	无法对药厂排放的污水进行处理，导致水污染
[A3]冶金		一级负荷	消防设施	小于 1min	冶金行业属于高危行业，容易发生火灾，断电则可能导致事故蔓延
			紧急停车系统	几个周波	断电则可能造成恶性事故
			高频电弧炉及应急事故照明	小于 1min	电弧炉突然断电，低压保护装置动作，生产终止，损失重大
			电炉系统：LF 炉外精炼炉、VD 真空脱气炉、钢包底吹氧装置、喂丝设备和六流圆坯连铸用电设备等	几个周波	突然断电有可能造成爆炸、烧坏设备的危险
			轧管工艺：轧机，旋扩管机组，冷轧冷拔机组，热扩管机组	几个周波	停产后大量减产
			热处理工艺：8 条热处理线，其中 1 条光亮热处理线，1 条固熔热处理线	小于 1min	停产后大量减产
			管加工系统：20 台管体车丝机，14 台接箍车丝机，配套设备有 10 台水压机，11 套称重测量装置及切管机、倒棱机、接箍拧接机、接箍磷化装置、墩粗机等		停产后大量减产
			开口机		高炉即将出铁时，突然停风，必须把铁水及时放出，如此时突然停电，会造成铁水灌风口，烧坏风口水套
			泥炮机		在正常工作时突然停电，堵不住铁口，造成喷铁喷渣，会产生灼伤事故
			热风炉助燃风机		突然停电时，煤气可能倒灌入风机引起爆炸
			铸铁机链条传动和铁水灌倾翻卷扬机		工作时突然停电会造成铁水外溢事故，要求两者之间有电气联锁
			铸铁机喷涂料水泵		工作时突然停电会造成铁块不能脱模，造成铁水外溢事故
			电动高炉鼓风机及蒸汽透平鼓风机的用电设备		突然停电后，高炉发生“坐”料必须把铁水及时放出，会造成铁水灌风口，烧坏风口水套
			鼓风机润滑油泵		在鼓风机停车时突然停电，会烧坏鼓风机轴承，当时高位油箱时可为二级

续表

重要用户类别	类型	重要负荷		
		负荷名称	允许停电时间	停电影响
[A3]冶金	一级负荷	炉体冷却水泵	小于 1min	突然断电会烧坏炉壁、炉壳、风口、渣口和铁口水套等设备，使生产遭受重大损失
		汽化冷却装置水泵		突然停电后如不能及时恢复，会烧坏被冷却的设备(在采用电动水泵强迫循环时)
		煤气洗涤水泵		突然停电后如不能及时恢复，会导致煤气中大量灰尘堵塞洗涤塔，甚至迫使高炉停产，并难以恢复正常生产
		吹氧管升降机构		在吹炼时突然停电吹氧管提不起来将会烧坏吹氧管并引起严重爆炸事故
		烟罩升降机构		要出钢时突然停电，将影响出钢时间。如电源不能及时恢复，将造成凝炉事故
		氧气顶吹转炉炉体倾动机构、钢水包车和渣罐车		要出钢时突然停电，将影响出钢时间。如电源不能及时恢复，将造成凝炉事故
		废气净化装置引风机(除尘风机)		突然停电后如不能及时恢复，转炉废气无法向车间外排出，严重影响炼钢生产甚至引起其他事故
		侧吹转炉倾动装置和风机		在吹炼时风机突然停电后，必须立即把转炉倾动，使风嘴置于安全位置，以免发生钢水倒灌入风管的事故，要求风机的电源与倾动装置的电源分开
		平炉装料机		装料杆伸入炉内时突然停电，如不能及时恢复，会烧坏装料杆
		平炉倾动装置		出钢时突然停电会造成跑钢事故
		兑铁水吊车和铸锭吊车		突然停电后如不能及时恢复，将会造成凝包事故。小型企业内的兑铁水吊车和铸锭吊车可分为二级
		余热锅炉给水泵		突然停电如不能及时恢复，将烧坏锅炉
		供炉体、吹氧管、烟罩等冷却用的水泵		突然停电后会烧坏炉体，吹氧管及烟罩等重要设备
		汽化冷却装置水泵		突然停电后如不能及时恢复，将烧坏冷却的设备(在采用电动水泵强迫循环时)
		大型连续钢板轧机		停电会造成重要设备的损坏，造成的损失巨大
		均热炉的钳式吊车		当夹钳深入炉内夹钢锭时突然停电，如不能及时恢复会烧坏夹钳
		热风炉助燃风机		烧煤气或烧油的加热炉，突然断电时，煤气或油气可能倒灌入风机引起爆炸
		加热炉等设备的冷却水泵		突然停电会烧坏加热炉或损坏设备

续表

重要用户类别		类型	重要负荷		
			负荷名称	允许停电时间	停电影响
[A3]冶金		一级负荷	汽化冷却装置水泵	小于 1min	突然停电后如不能及时恢复，将烧坏冷却的设备(在采用电动水泵强迫循环时)
			电极升降机构		突然停电后需提升电极，以防止电极与炉料凝结
			电炉冷却水泵		突然断电会烧坏电炉
			浇注间吊车		浇注时突然停电，将造成凝包事故
			回转窑		突然停电后窑身不能转动，如不能即时恢复，会产生热变形，无法继续生产；当有其他非电性措施时为二级
		二级负荷	粗苯油泵	10～20min	停电后会造成产品报废
			精苯油泵		停电后会造成产品报废
			焦油蒸馏泵		突然停电后蒸馏釜的油管内无油，釜内高温将烧坏设备
			结晶机		长时间停电将造成物料在结晶机内凝固，再溶化相当困难
			储煤场皮带机、粉碎机等		备煤系统的配煤槽、贮煤塔等一般均有8～16h的贮煤量，短时停电不会影响焦炉生产
[A4]电子及制造业	[A4.1]芯片制造	一级负荷	IT CIM 设备	不允许断电	严重影响产品质量
			自动送板机		生产无法正常进行
			刮锡机		
			焊膏印刷机		
			高速贴片机		
			波峰焊炉		
			测试设备		影响产品质量
			制程排风系统	小于 1min	不能及时换气，可能导致设备温度过高，影响设备运行
			制程冷却系统		不能及时冷却，可能导致设备温度过高，影响设备运行
		二级负荷	冷却水系统	小于 1min	空调无法制冷
	[A4.2]显示器生产	一级负荷	光刻工艺(涂布机曝光机)	不允许断电	造成产品品质下降，甚至报废
			取向排列工艺(摩擦机)		取向效果的好坏对于液晶显示器的均一性、视角、响应速度、阈值电压等基本性能都有重要影响
			丝印制盒工艺(丝网印刷机、喷粉机、贴合机、热压机)		对液晶面板的显示质量有着最重要的影响
			切割工艺(切割机和裂片机)		在切割/裂片工序，断电是影响产品良品率的主要因素之一

续表

重要用户类别		类型	重要负荷		
			负荷名称	允许停电时间	停电影响
[A4] 电子及制造业	[A4.2] 显示器生产	一级负荷	液晶灌注及封口工艺（液晶灌注机和整平封口机）	不允许断电	液晶灌注不良将导致液晶显示面板的品质急剧下降甚至不可用，从而导致大量次品的出现甚至造成出产的面板大量报废，使后段生产无法进行
			贴片工艺（切片机、贴片机、偏光片除泡机）		LCD 生产后工序的关键设备，一定程度上决定着 LCD 产品的最终质量
			净化系统的空调（冷冻机、冷却泵、热水泵、空气处理单元）	小于 10min	若断电，产品的质量将受影响
		二级负荷	污水处理设施	10～20min	污染环境
	[A4.3] 机械制造	一级负荷	测试台	0s	突然断电会造成飞车事故，造成人身安全事故和生产中的发动机、测试台损坏
			高频炉	10min	高炉如果不能及时冷却，就会出现爆炸的危险
			动平衡机	0s	产品报废
		二级负荷	精密制造车间（高频炉、真空炉，谐波严重）	毫秒	产品报废
			表面处理车间（谐波严重）		
			自动化设备超过 50%，如数控机床等		

2.4　社会类重要用户的供电可靠性要求

社会影响及民生类重要用户停电所造成的影响主要包括 4 类：人身安全、社会政治影响、生态环境影响和经济损失。

根据重要用户的一级负荷和二级负荷对停电时间的敏感程度和特殊需求，将重要用户的最大允许停电时间分为 6 个时间段，包括几个周波（毫秒级）、2s（秒级）、10min、20min、30min 和 120min。不同类型重要用户的一级负荷和二级负荷在超过允许停电时间后的停电影响如表 2.3 所示。

由表 2.3 可见，①社会影响及民生类重要用户的停电影响大部分为人身安全和社会政治影响，只有公用事业重要用户的停电会造成生态环境影响，医疗卫生重要用户的停电会造成经济损失；②大部分重要用户的允许停电时间为秒级。

表 2.3 社会影响及民生类重要用户的停电影响

<table>
<tr><th colspan="2" rowspan="2">重要用户类别</th><th colspan="4">重要负荷</th></tr>
<tr><th>类型</th><th>负荷名称</th><th>允许停电时间</th><th>停电影响</th></tr>
<tr><td colspan="2">[B1] 党政司法机关、国际组织、各类应急指挥中心</td><td>一级负荷</td><td>办公室、会议室、总值班室、档案室、客梯电源、主要通道照明及计算机系统电源</td><td rowspan="3">小于1min</td><td rowspan="3">影响通信设备正常工作，也会造成通信中断</td></tr>
<tr><td colspan="2" rowspan="2">[B2] 通信</td><td rowspan="2">一级负荷</td><td>开关电源、传输设备、上网数据设备、上网用交换机设备、语音交换数据设备、计算机系统、机房空调</td></tr>
<tr><td>服务器、传输设备、交换机、空调</td></tr>
<tr><td colspan="2" rowspan="3">[B3] 广播电视</td><td rowspan="2">一级负荷</td><td>播控中心</td><td>毫秒</td><td rowspan="3">传媒单位断电造成的政治影响较大；断电后造成卫星电视及转播节目停播</td></tr>
<tr><td>电视演播厅、控制室、录像室、中心机房、微波机房及其发射机房</td><td>毫秒</td></tr>
<tr><td>二级负荷</td><td>录播节目</td><td>小于1min</td></tr>
<tr><td rowspan="2">[B4]信息安全</td><td>[B4.1] 证券数据中心</td><td>一级负荷</td><td>微波传输设备、程控交换机、移动集群通信、调度中心、卫星通信设施</td><td>小于1min</td><td>国家防灾减灾系统的信息受到中断，短时断电影响灾害信息的传送，增加了灾害的损失</td></tr>
<tr><td>[B4.2] 银行</td><td>一级负荷</td><td>服务器、交换机、磁盘阵列、通讯终端、一般银行的防盗照明、大型银行营业厅及门厅照明、应急照明、机房的精密空调</td><td>小于1min</td><td>数据中心的数据会因断电发生丢失，引起金融信息错误政治经济影响巨大</td></tr>
<tr><td rowspan="6">[B5]公共事业</td><td rowspan="2">[B5.1] 供水、供热</td><td rowspan="2">一级负荷</td><td>取水泵站</td><td>2h</td><td>引起城市大面积停水，影响正常生活和生产，造成大的经济损失</td></tr>
<tr><td>加压泵站、送水泵站</td><td>1～2h</td><td>造成管网内压力下降，影响服务区内的生产和生活用水</td></tr>
<tr><td rowspan="2">[B5.2] 污水处理</td><td>一级负荷</td><td>进水泵、鼓风机、离心机</td><td>2h</td><td rowspan="2">引起污水溢流造成周围环境污染，社会影响比较严重</td></tr>
<tr><td>二级负荷</td><td>污泥泵、搅拌器</td><td>1～2 天</td></tr>
<tr><td rowspan="2">[B5.3] 供气</td><td rowspan="2">一级负荷</td><td>煤气压缩机、SCADA 控制系统，一氧化碳报警器、电动阀门</td><td>小于1min</td><td rowspan="2">影响安全生产</td></tr>
<tr><td>水泵、电动机</td><td>10min</td></tr>
<tr><td rowspan="3">[B6]交通运输</td><td rowspan="3">[B6.1] 民用运输机场</td><td>保安负荷</td><td>指挥调度、安保监控、站坪照明</td><td>小于1min</td><td rowspan="3">造成混乱，对飞行安全、人身安全造成威胁，造成一定的经济损失和政治影响</td></tr>
<tr><td rowspan="2">一、二级负荷</td><td>助航灯光</td><td>小于1min</td></tr>
<tr><td>候机楼系统、航空管制、导航、通信、气象、助航灯光系统设施和台站电源；边防、海关的安全检查设备的电源；航班预报设备的电源；三级以上油库的电源；为飞行及旅客服务的办公用房及旅客活动场所的应急照明</td><td>小于1min</td></tr>
</table>

续表

重要用户类别		重要负荷			
		类型	负荷名称	允许停电时间	停电影响
[B6]交通运输	[B6.1] 民用运输机场	二级负荷	扶梯、自动步道、普通照明、停车场照明、办公用电、安检设备、空调、供水、污水处理、防汛排涝系统	30min	
	[B6.2] 铁路、轨道交通、公路隧道	一级负荷(运输)	现场阀门、输油泵机组、加热炉系统(10～20min)	毫秒	造成设备损坏
		一级负荷(铁路)	铁路牵引负荷、自用变、通讯终端、信号、控制系统、电动岔道	小于1min	造成铁路交通的停运
	[B6.3] 地铁	一级负荷	牵引	小于1min	造成地铁的停运，人员滞留，秩序混乱
			信号系统、售票系统		
		二级负荷	站台厅、办公、隧道普通照明、动力(通风、排水、空调)	2h	
[B7] 医疗卫生		一级负荷	大型手术室、无影灯、磁导航净化设备	小于1min	严重威及病人生命
			重症监护、呼吸科、急诊、血液科的净化仓、烧伤外科、血透透析、血库、婴儿室(保温箱)、氧气站	小于1min	
			实验室	30min	
			重要设备(PET-CT 扫描仪系统、核磁共振仪、双源 CT、分子加速器、心血管 DSA、磁导航)	毫秒	
			计算机系统(开药、挂号、处方)，机房交换机	小于1min	造成医院系统瘫痪
			太平间动力、消防泵等消防安全设施、应急照明、疏散照明等、电梯等动力负荷	小于1min	在紧急情况下无法及时疏散现场人员，引起秩序混乱
[B8] 人员密集场所		一级负荷	红外线探测、电视监视、经营管理用计算机系统电源、高级客房、水泵房、弱电设备、部分电梯、门厅、主要通道及营业厅部分照明	小于1min	断电会造成的业务中断，紧急情况下人员疏散困难、严重影响人们的正常生活秩序和安全监控

在不同允许停电时间内，会造成停电影响的行业如下所述。

(1)毫秒级：广播、运输安全(输气)、医疗卫生。广播行业的卤素灯、运输安全的现场阀门以及医疗卫生的 PET-CT 扫描仪对电能质量的要求很高，其中现场阀门对电压波动、闪变的要求较高；PET-CT 扫描仪对电压要求很高，电压下降 5V，所有数据将丢失，系统需重新恢复，程序重新设置的花费约为 2 万元。

(2)秒级：除通信、运输安全(输气)外的其他行业重要用户。

(3)分钟级：通信、供气、公共交通(机场)、医疗卫生。

(4)小时级：供水、公共交通(地铁)、医疗卫生。

2.5 提高重要用户供电可靠性的措施

提高重要用户供电可靠性的措施一般有3种。

1. 公用电网

提高公用电网(供电企业电网)的容量裕度和冗余度，如优化网络结构，采用环网结构、双回或多回线供电等；提高公用电网的自动化水平，缩短故障后恢复供电的时间。

公用电网主要是重要用户接入公用电网的供电方式和配电网的网络结构。①公用电网的坚强是保证用户连续供电的基础，其中涉及网络结构、设备元件、自动化水平等诸多方面；对于电网设备、自动化水平对于电网可靠性的影响，例如采用高可靠性的开关、中压裸导线绝缘化率、提高网络的继电保护及安全自动装置水平、逐步推广配网自动化范围等，其结果对于供电可靠性的提高是不言而喻的。②从电力系统的不同层级的网络结构分析，目前国内较典型的城市电网的拓扑结构是主网架单、双环网，高压配网辐射，中压配网环网设计开环运行。中压配电网的拓扑却相对复杂，而且其可靠性水平也直接影响到了接入的社会类重要用户。

2. 重要用户的自备电源

充分利用柴油发电机组、燃气轮发电机组、不间断电源装置(uninterruptible power supply，UPS)和应急电源装置(emergency power supply，EPS)等既有的相对独立的发电设施，以应对用电突发情况，可以达到供电的自给自足，提高城市供电的安全性和稳定性。

自备电源的作用就是在用户的主供电源连续供电出现问题时，自备电源继续连续稳定工作或立即投入使用，为负荷提供可靠的电源。因此，无论是大容量应急电源还是小容量的自备电源，都会立即为目前服务的用户发挥效力。除了大容量应急电源服务对象的范围比小容量应急电源的范围大以外，大容量应急电源中的较大型的分布式电源和自备电厂还可以作为当大电网出现系统“全黑”的大面积断电事故时的黑启动电源，并为邻近负荷供电。

3. 非电保安措施

根据《供电营业规则》第十一条规定，有重要负荷的用户在取得供电单位供给的保安电源的同时，还应有非电性质的应急措施，以满足安全需要求。如煤矿人员撤离的斜井、为高炉冷却的高位水塔等。本书主要侧重前两种提高重要用户供电可靠性需求的措施。

第3章

供电电源对重要电力用户供电可靠性的影响

由于重要用户对允许断电时间的要求很高，其断电影响非常大，所以重要用户的供电电源配置也有别于一般用户，对其进行供电电源配置时，要求对公用电网各种高可靠性网络结构、不同供电方式的可靠性比较以及电网运行时对重要用户的应急保障都进行详细分析。本章对双电源供电方式进行了研究，从电源点位置、进线类型、运行方式等方面着重分析了双电源的供电可靠性差异，并给出了理论分析的过程。

电源侧和负荷侧之间的电气联系越紧密，中间环节越少，也就越能保障负荷的连续供电；但是值得注意的是，即使电源和负荷采用直接联接的拓扑结构，由于发电机元件本身的故障引起的供电中断的风险仍然存在，所以，对于那些特别重要的负荷有时还必须考虑采用所谓的“非电保安”措施。

3.1 含重要用户的配电系统供电可靠性分析

供电可靠性是指电力系统按可接受的质量标准和所需数量不间断地向电力用户供应电力和电能量的能力的量度，包括连通性(connection)、充裕性(adequacy)及安全性(security)三个层次，如图3.1所示。

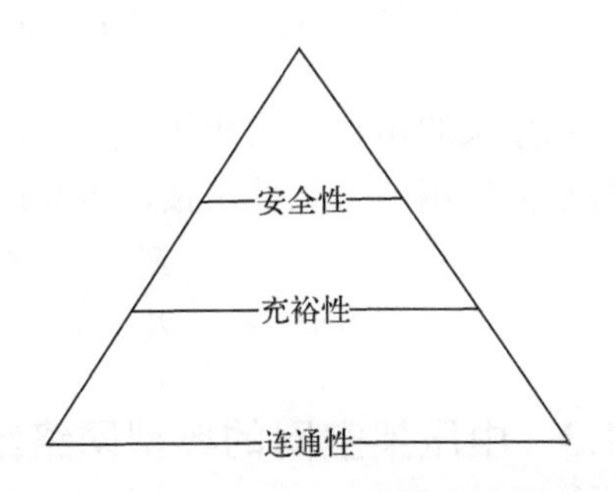

图3.1 电力系统供电可靠性的三个层次

其中，连通性是指系统电源侧至负荷侧网络拓扑结构的互联；充裕性是指电力系统维持连续供给用户总的电力需求和总的电能量的能力，充裕性包括电源充裕和电网充裕两个方面，也称之为静态可靠性；安全性是指电力系统承受突然发生的扰动，如突然短路或未预料到的失去系统元件的能力，也称为动态可靠性。

重要用户的供电方式研究，主要是分析系统在正常运行或者由于检修或故障导致元件推出运行后的网络拓扑的连通和充裕度，即可靠性的前两个层次。

3.1.1 不含本地电源的配电系统可靠性

供电可靠性从网络拓扑结构上分析，包括了发电、输电、配电、用电四个组成部分；如果忽略接入配电网的地方电源及用户的自备电源，从发电侧至用电侧可以看作是一个串联系统，这就意味着四个组成部分都必须正常运行才能保证终端负荷的供电可靠性，如图 3.2 所示。

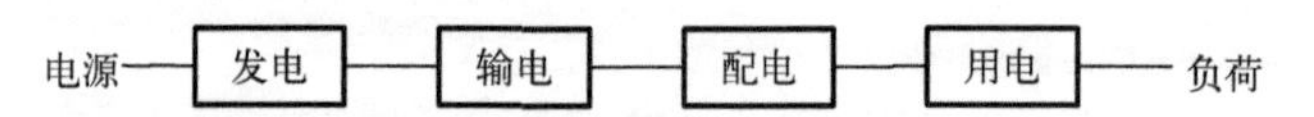

图 3.2 电力系统传统四个组成部分的串式结构

将发电、输电、配电、用电等值为四个元件，并令 R_G、R_T、R_D、R_C 分别表示其成功运行的概率，则整个系统成功的概率(即可靠度)为

$$R_s = R_G \cdot R_T \cdot R_D \cdot R_C$$

3.1.2 含本地电源的配电系统可靠性

如果考虑到配电网接入地方电源 DG(热电机组、小水电、新型分布式能源等)，则系统拓扑结构如图 3.3 所示，则整个系统成功的概率(即可靠度)为

$$R_s' = (R_G \cdot R_T + R_{DG} - R_G \cdot R_T \cdot R_{DG}) \cdot R_D \cdot R_C$$

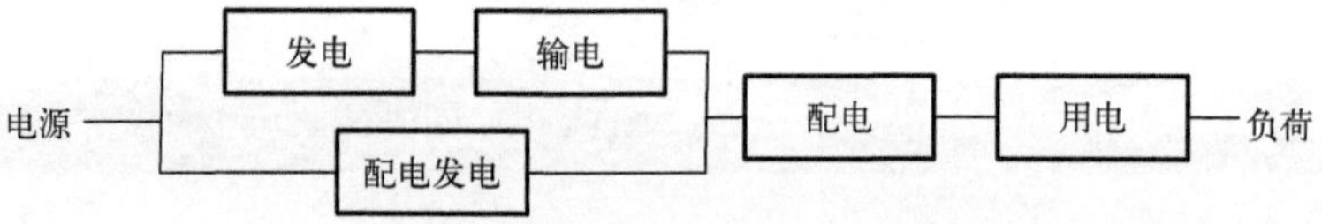

图 3.3 考虑地方电源接入配电网后的供电拓扑结构

和原来的拓扑结构相比，在发输两元件串接基础上，加入了地方电源的并接后，再与后面配用两个元件串接，可靠度提高了：

$$\frac{R_s'}{R_s} - 1 = \frac{R_{DG}(1 - R_G \cdot R_T)}{R_G \cdot R_T} \geqslant 0 \tag{3.1}$$

3.1.3 中压架空网的典型网络结构

电力公用电网是保证用户连续供电的基础，其中涉及网络结构、设备元件、自动化水平等诸多方面；对于电网设备、自动化水平对于电网可靠性的影响，诸如采用高可靠性的开关、中压裸导线绝缘化率、提高网络的继电保护及安全自动装置水平、逐步推广配网自动化范围等，其结果对于供电可靠性的提高是不言而喻的，本书不再赘述。

从电力系统的不同层级的网络结构分析，目前国内城市电网较典型的拓扑结构包括：①220kV主网架单、双环网；②110(66、35)kV高压配网辐射；③10(20)kV中压配网环网设计，开环运行。

主网架及高压配电网的拓扑结构较简单；而中压配电网却相对复杂，而且其可靠性水平也直接影响到了接入的社会类重要用户；据统计，约70%的电力系统故障发生在中压配电网，由此，本书对不同的中压网络结构的可靠性详细分析如下。

(1)辐射式接线方式：在正常运行条件下，网络以一组辐射形馈线方式运行；干线可分为2～3段，在一定程度上可以缩小事故和检修停电范围；但是这种接线方式电源本身不满足*N*–1，仅可用于一般重要用户双电源的一路进线。

(2)链式接线方式(手拉手)：在馈电点之间形成链式互联关系，即所谓的“手拉手”正常情况下联络开关断开，以辐射式方式运行；如果其中一个电源点退出运行，则合上联络开关恢复对失电段的供电；如果某段线路发生故障，隔离故障点后仍可恢复对大部分负荷的供电。

(3)双电源双T接线：重要用户可以通过两回馈线T接取得电源，其中两路电源互为备用。

3.1.4　中压电缆网的典型网络结构

由于中压电缆网的故障定位及排除较架空网时间较长，一般都将电缆配电线路连成环网，环网内应有两个及以上的电源环入，正常时开环运行，当一回线路停电时可从其他线路倒供。

(1)双放射接线方式：此接线方式运行灵活，操作简单。两个电源，互为备用。

(2)开环运行的单环网：单环网由环网单元组成，开环运行。单环网虽然只提供单个运行电源，但在故障时可以在较短时间内倒入备用电源，恢复非故障线路的供电。

3.1.5　高可靠性的网络结构

1. 多电源多联络架空网

在手拉手接线方式的基础上，通过增加线路分段，引入多路联络电源，形成多电源多联络接线方式，如图3.4所示。国内较通用的为“三分段三联络”接线方式，电源安全标准可满足*N*–2。

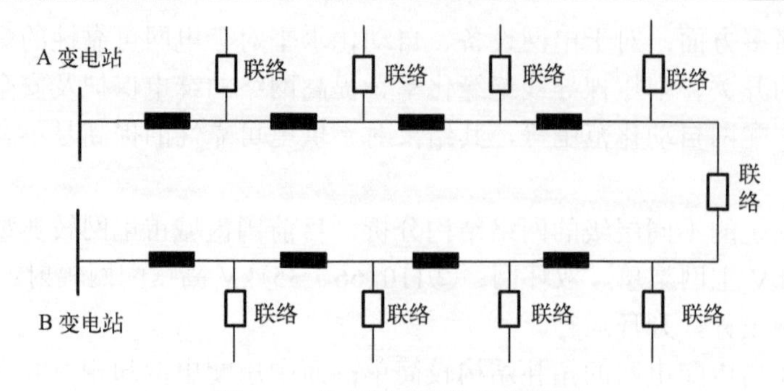

图 3.4 多电源多联络接线模式

2. 双环电缆网

双环电缆网可以由双射或单环电缆网过渡而来，如图 3.5 所示，具有很高的运行灵活性和供电可靠性(满足 N–2，甚至 N–3)。

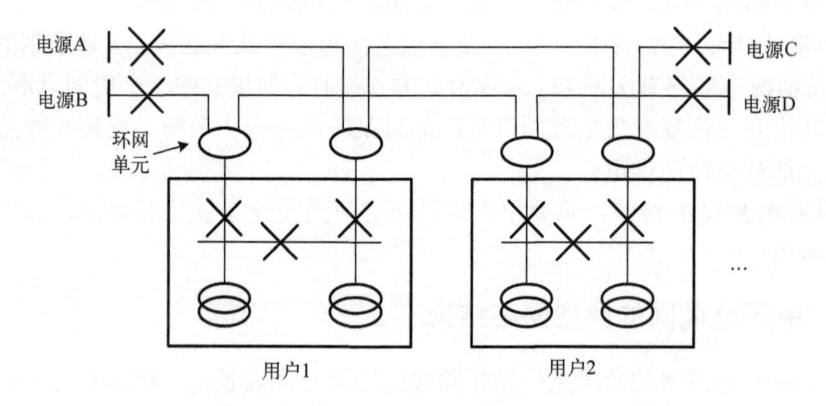

图 3.5 双环网接线结构

3. “n 供一备”接线方式

如图 3.6 所示，n 为 2～4，可以提高电源和线路的利用率以及配电网的可靠性：二供一备(满足 N–2)接线电源Ⅰ、电源Ⅲ可带足负荷，电源Ⅱ在正常状态下不带负荷；根据网络情况电源Ⅱ电源还可馈出作为电源Ⅳ、电源Ⅴ电源的备用电源，就扩展为四供一备(满足 N–3，甚至 N–4)。

4. “4×6”网格型接线方式

如图 3.7 所示，四个电源点之间用联络开关组成全连接，正常运行分段开关闭合，联络开关打开；当某个电源故障时，该电源负荷可向其余 3 个非故障电源转移，该接线模式要求四个电源的容量、线路型号要基本相同，正常运行时线路上所带负荷也要尽量均衡，供电可靠性可达到 N–3。

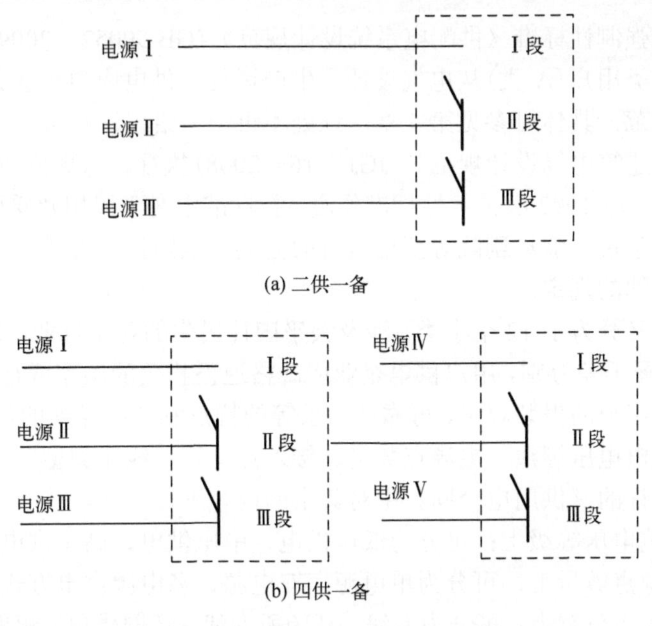

(a) 二供一备

(b) 四供一备

图 3.6 “二供一备”与“四供一备”接线方案

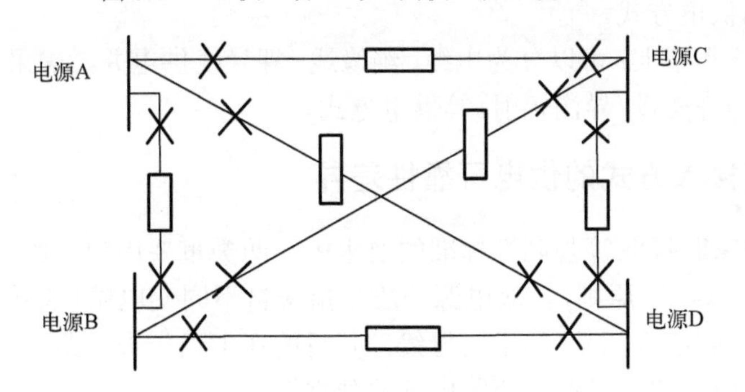

图 3.7 “4×6”网格型接线方式

3.2 供电电源可靠性影响因素

3.2.1 重要用户供电方式的确定依据

重要用户向供电企业申请报装用电属于供电公司的业务扩充部分，简称“业扩”。供电企业通过对电力客户经过详细的调查了解后，结合电网的实际情况，首先要制定出用户接入系统的供电方案；在客户进行业扩报装整个过程中，供电方案是依据相关法规要求制定的一个特别重要的文本，是下一步进行供配电设计、工程施工的主要依据。

根据国家强制性标准《供配电系统设计规范》(GB 50052－2009)中对三类负荷的定义，生产类用户(A 类)从电气设计、生产运行、供电应急一套完整的国家或行业的强制性规范，具体可参见第 4 章，该处不再一一给出；社会类用户的供电方式应遵照《民用建筑电气设计规范》(JGJ/T 16—2008)执行，该规范 2008 年刚刚修订为强制性标准，原 1992 版推荐性标准作废，新标准中对于民用建筑中政府机关、医院、博物馆、学校、歌舞剧院等重要负荷的分类，电网接入方式，以及应急电源的配置进行了详细的规定。

两类重要又分为了 12 个小类，涉及关乎国计民生的各个行业，报装容量、负荷性质、用电位置千差万别，用户供电企业应严格遵循相关的国家或行业强制性标准，根据不同重要用户的报装容量、可靠性需求等的特点制定出详细的供电方案。其中，要着重明确供电电压等级、电源点数量、接入点位置、线路类型等四方面的内容，并要在双方签订的《供用电合同》中对其中的内容进行确认。

(1) 从供电电压等级上：可分为低压供电、中压供电、高压供电等。

(2) 从电源点数量上：可分为单电源、双电源、多电源供电方式。

(3) 从接入点位置上：可分为专线、开闭所专线、环网供电、辐射网供电等可靠性依此递减的供电方式。

(4) 从线路类型上：可以分为电缆、绝缘线、裸导线供电并考虑采用同杆架设(同沟辐射)或者异杆架设(异沟辐射)等供电方式。

3.2.2 不同接入方式的供电可靠性差异

在上述国家和行业等强制性标准的要求中，两类重要用户一般均要求采用双电源供电方式(“$N-1$”原则)。双电源一般是指来自不同变电站(或开闭站)的两路电源或同一变电站(或开闭站)的不同母线，其目的在于当失去一路电源后保证另一路应能够持续供电，即尽量保证两路电源的独立性。

然而，同样都是双电源的供电方式，甚至是同样的专线供电，不同的公网接入点位置对供电可靠性都有较大的影响。以下分别从电源点位置、接入线路的架(敷)设方式、双电源运行方式，以及自动化装备水平几个方面来描述双电源供电不同接入方式的可靠性差异。

1. 双电源不同电源点位置的可靠性差异

根据接入点的不同位置，各路电源的可靠性存在着一定的差异性；同时，各路电源之间的相关性也直接影响到用户的供电可靠性。例如：即使两路电源来自不同的变电站，如果为其供电的上级变电站为同一变电站，并且其发生故障时也不能保证该终端用户的双电源不同时失电，即使采用更多路电源也是如此。所以，双电源供电的系统接入点位置的独立性越高，双电源的同因失效率也就越低，其可靠性级别如表 3.1 所示。

表 3.1　双电源供电的不同电源点位置的可靠性级别

类别	供电方式	接入点位置	可靠性依次降低
1	专线	不同变电站母线，上级为两个变电站供电	↓
2	专线	不同变电站母线，上级为一个变电站供电	
3	专线	同一变电站的不同母线分段	
4	开闭所专线	开闭所的不同母线分段	
5	环状配电网供电	环网柜出线或联络架空线 T 接	
6	辐射状配电网供电	电缆分支箱出线或架空线 T 接	

2. 双电源不同线路架(敷)设方式的可靠性差异

一般而言，根据相关统计资料和城市电网的实际运行经验，电缆网的故障率较架空网要低很多，架空绝缘线的故障率要低于架空裸导线；另外，对于双电源的接入线的架(敷)设方式，应尽量采用异杆架设或异沟敷设方式，以降低双电源的同因失效率，其可靠性级别如表 3.2 所示。

表 3.2　双电源供电的不同线路架(敷)设方式的可靠性级别

类别	线路架(敷)设方式	可靠性依次降低
1	电缆线路异沟敷设	↓
2	一条架空绝缘线，一条电缆出线	
3	电缆线路同沟敷设	
4	一条架空裸导线，一条架空绝缘线	
5	架空绝缘线异杆架设	
6	架空裸导线异杆架设	
7	架空绝缘线同杆架设	
8	架空裸导线同杆架设	

3. 双电源不同运行方式的可靠性差异

重要用户采用双电源供电，根据变压器台数、容量的区别一般可分为双供互备、一主供一热备、一主供一冷备三类；结合不同的自动化水平，其可靠性差异如表 3.3 所示。

表 3.3　几种典型供电方式的可靠性差异

类别	双电源运行方式	自动化装备水平	可靠性依次降低
1	双供互备	内桥接线高压联络开关或线变组接线的变压器低压联络开关备自投	↓
2	一主供一热备	双电源自动切换	
3	一主供一冷备	双电源进线手动切换	

3.3 重要用户供电电源配置要求

3.3.1 重要用户供电方式的区别

按照第 2 章对重要用户的分类，生产类和社会类两类重要用户尽管都有较高的供电可靠性需求，但是由于其报装容量的巨大差异，在选择供电方式上也有较大的区别。

对于生产类用户，由于该类用户报装容量较大，多从高压配网(35kV、66kV、110kV)接入，部分化工、冶金类用户甚至接入电网 220kV 电压等级；其供电方式多采用从变电站母线间隔出线的专线供电方式，形式较为单一。而对于社会类用户，报装容量相对较低，大多采用中压供电；除了少数采用变电站或开闭所出专线接入外，其他大部分接入中压公用电网，其结构模式如图 3.8 所示。

图 3.8 重要用户接入公用电网的结构模式

根据产权分界点做出的划分，供电企业负责输配电公用电网的规划、建设、运行和维护，保证其安全可靠运行。

3.3.2 重要电力用户供电电源配置原则

(1) 重要电力用户的供电电源应依据其对供电可靠性的需求、负荷等级、用电设备特性、用电容量、供电距离、当地公共电网现状、发展规划及所在行业的特定要求等因素，通过技术经济比较后确定。

(2) 重要电力用户电压等级和供电电源数量应根据其用电需求、负荷特性和安全供电准则来确定。

(3) 重要电力用户应根据生产特定、负荷特性等，合理配置非电性质的保安措施。

(4) 在地区公共电网无法满足重要电力用户的供电电源需求时，重要电力用户应根据自身需求，按照相关标准自行建设或者配置独立电源。

3.3.3 重要电力用户供电电源配置技术条件

(1) 重要电力用户的供电电源应采取多电源、双电源和双回路供电。当任何一路和一路以上电源发送故障时，至少仍有一路应能满足保安负荷不间断供电。

(2) 特级重要电力用户宜采取双电源或多路电源供电：一级重要电力用户应采用

双电源供电；二级重要电力用户应采用双回路供电。重要电力用户典型供电模型，包括适用范围及供电方式见表 3.4。

表 3.4　各典型供电模式的适用范围表

供电模式		适用的重要电力用户类别
模式Ⅰ	Ⅰ.1	具有极高可靠性需求，中断供电将可能危害国家安全的特别重要的电力用户，如党中央、全国人大、全国政协、国务院、中央军委等最高首脑机关办公地点等
	Ⅰ.2	具有极高可靠性需求涉及国家安全，但位于城区中心，电源出线资源非常有限且不易改造的特别重要电力用户，如党和国家领导人及来访外国首脑经常出席的活动场所等
	Ⅰ.3	具有极高可靠性需求涉及国家安全，但地理位置偏远的特别重要电力用户，如国家级的军事机构和军事基地
模式Ⅱ	Ⅱ.1	具有很高可靠性需求，中断供电将可能造成重大政治影响或社会影响的重要电力用户，如省级政府机关、国际大型枢纽机场、重要铁路牵引站等
	Ⅱ.2	具有很高可靠性需求，中断供电将可能造成人身伤亡或重大政治社会影响的重要电力用户，如国家级广播电台、国家级铁路干线枢纽站、国家级通信枢纽站、国家一级数据中心、三级医院等
	Ⅱ.3	具有很高可靠性需求，中断供电将可能造成重大政治社会影响的重要电力用户，如城市轨道交通牵引站、承担重大国事活动的国家级场所、国家级大型体育中心、承担国际或国家级大型展览的会展中心、地区性枢纽机场等
	Ⅱ.4	具有很高可靠性需求，中断供电将可能造成重大社会影响的重要电力用户，如铁路大型客运站、城市轨道交通大型换乘站等
	Ⅱ.5	具有很高可靠性需求，中断供电将可能造成较大范围社会公共秩序混乱或重大政治影响的重要电力用户，如特别重要的定点涉外接待宾馆等、举办全国性和单项国际比赛的场馆等人员特别密集场所等
	Ⅱ.6	不具备来自两个方向变电站条件，具有较高可靠性需求，中断供电将可能造成人身伤亡、重大经济损失或较大范围社会公共秩序混乱的重要电力用户，如石油输送首站和末站、天然气输气干线、大型的井工煤矿、石化、冶金等高危企业、供水面积大的大型水厂、污水处理厂等
	Ⅱ.7	不具备来自两个方向变电站条件，有较高可靠性需求，中断供电将可能造成重大经济损失或较大范围社会公共秩序混乱的重要电力用户，如天然气输气支线、中型的井工煤矿、石化、冶金等高危企业、中型水厂、污水处理厂等
模式Ⅲ	Ⅲ.1	不具备来自两个方向变电站条件，具有较高可靠性需求，中断供电将可能造成较大社会影响的重要电力用户，如市政府部门、各市广播电视总台及发射塔、普通机场等
	Ⅲ.2	不具备来自两个方向变电站条件，具有较高可靠性需求，中断供电将可能造成较大社会影响的重要电力用户，如国家二级通信枢纽站、国家二级数据中心、一般市及省辖市的重点医院等重要电力用户
	Ⅲ.3	不具备来自两个方向变电站条件，具有较高可靠性需求，中断供电将可能造成重大经济损失或一定范围社会公共秩序混乱的重要电力用户，如汽车、造船、飞行器、发电机、锅炉、汽轮机、机车、机床加工等机械制造企业、达到一定供水面积的中型水厂、污水处理厂等

续表

供电模式		适用的重要电力用户类别
模式Ⅲ	Ⅲ.4	不具备来自两个方向变电站条件，具有较高可靠性需求，中断供电将可能造成较大经济损失或一定范围社会公共秩序混乱的重要电力用户，如一定规模的重点工业企业、高度超过100米的特别重要的商业办公楼等

(3) 临时重要用电用户按照用电负荷重要性，在条件允许情况下，可以通过临时敷设线路等方式，满足双回路或者两路以上电源供电条件。

(4) 重要电力用户供电电源的切换时间和切换方式应满足重要电力用户允许断电时间的要求。切换时间不能满足重要负荷允许断电时间要求的应自行采取技术手段解决。

(5) 重要电力用户供电系统应当简单可靠，简化电压层级。如果用户对电能质量有特殊需求，应当自行加装电能质量控制装置。

(6) 双电源或者多路电源供电的重要电力用户，宜采用同级电压供电，但根据不同负荷需求及地区供电条件，亦可采用不同电压供电。

3.3.4 重要电力用户供电电源的主要方式

重要电力用户供电电源的主要方式通常按照不同负荷等级区分，分为一级负荷、二级负荷和三级负荷。

1. 一级负荷供电电源的主要方式及配置要求

(1) 一级负荷必须具备多路或两路独立电源供电条件，当一路电源或其中两路电源发生故障时，另一路或第三路电源不应同时受到损坏，每路电源均应有承担该用户全部一级负荷及一级负荷中的最关键负荷的能力。

(2) 双电源、多电源供电时宜采用同一电压等级电源供电。

(3) 应根据客户的负荷性质及其对用电可靠性要求和城乡发展规划，两路电源至少一路应采用专门线路供电，敷设方式尽量选择采用电缆线路、或架空－电缆混合线路供电，运行方式采用双备互供方式。

(4) 一级负荷应在最末一级配电装置处自动切换，没有条件的一级负荷可在适当的配电点自动互投后用专线送到用电设备或者用电设备的控制装置上，切换时间应满足设备允许中断供电的要求。

(5) 应急负荷中的消防负荷，应采用专用回路供电，必须在最末一级配电装置处自动切换。

2. 二级负荷供电电源的主要方式及配置要求

(1) 二级负荷必须具备两回线路供电的条件，有条件应采用双电源供电。

(2) 在负荷较小或地区供电条件困难时，二级负荷可由一回路由变电所引出可靠的6kV及以上专用的架空线路或电缆供电，并配置能满足要求的自备应急电源。当采用架空线时，可为一回路架空线供电；当采用电缆线路时，应采用两根电缆组成的线路供电，其每根电缆应能承受100%的二级负荷，且互为热备用。

(3)二级负荷应在最末一级配电装置处自动切换，无条件的二级负荷可在适当的配电点自动互投后用专线放射式送到用电设备或者用电设备的控制装置上(消防设备不适用)，小容量负荷可以用一路电源加不间断电源装置，或一路电源加设备自带的蓄电池组在末端实现切换，切换时间应满足设备允许中断供电的要求。

(4)应急照明等比较分散的小容量用电负荷可以采用一路电网电源加EPS，也可采用一路电源与设备自带的(干)蓄电池(组)在设备处自动切换。

3. 三级负荷供电电源的主要方式及配置要求

三级负荷供电电源的主要方式一般采用单回路或者单电源供电，和普通负荷供电电源的方式相同，无特殊配置要求。

3.3.5 重要电力用户的典型供电模式

结合上节对重要电力用户供电电源主要方式的分析，本节给出了供电方式的几种典型模式以及对于两类重要用户的适用推荐。

1. 典型供电模式推荐

综合考虑以上重要用户供电可靠性的影响因素，可规划出14种适应于重要电力用户的典型供电模式。按照供电电源回路数，将这14种典型供电模式划分为Ⅰ、Ⅱ、Ⅲ三类典型供电方式，分别代表三电源、双电源、双回路供电模式。三类典型供电模式描述如下：

1)三电源供电模式——模式Ⅰ

Ⅰ.1：三路电源来自三个变电站，全专线进线。

Ⅰ.2：三路电源来自两个变电站，两路专线进线，一路环网/手拉手公网供电进线。

Ⅰ.3：三路电源来自两个变电站，两路专线进线，一路辐射公网供电进线。

2)双电源供电模式——模式Ⅱ

Ⅱ.1：双电源(不同方向变电站)专线供电。

Ⅱ.2：双电源(不同方向变电站)一路专线、一路环网/手拉手公网供电。

Ⅱ.3：双电源(不同方向变电站)一路专线、一路辐射公网供电。

Ⅱ.4：双电源(不同方向变电站)两路环网/手拉手公网供电进线。

Ⅱ.5：双电源(不同方向变电站)两路辐射公网供电进线。

Ⅱ.6：双电源(同一变电站不同母线)一路专线、一路辐射公网供电。

Ⅱ.7：双电源(同一变电站不同母线)两路辐射公网供电。

3)双回路供电——模式Ⅲ

Ⅲ.1：双回路专线供电。

Ⅲ.2：双回路一路专线、一路环网/手拉手公网进线供电。

Ⅲ.3：双回路一路专线、一路辐射公网进线供电。

Ⅲ.4：双回路两路辐射公网进线供电。

2. 典型供电模式的适用范围

综合考虑各典型供电模式的供电可靠性和经济性，以及各类重要电力用户对供电可靠性的实际需求，可明晰各典型供电面模式的适用范围，如表 3.4 所示。

3. 典型供电模式的供电方式

由于供电回路较多，每种重要电力用户典型供电模式都具有多种供电方式，特别是在故障条件下，可通过倒闸操作，转移故障负荷，减少停电范围和停电时间。表 3.5 给出了各典型供电模式在正常/故障情况下的电源供电方式，以为重要电力用户供电模式运行方式提供实际指导。

表 3.5 各典型供电模式的电源供电方式

<table>
<tr><th colspan="2">供电模式</th><th>正常/故障情况下电源供电方式</th></tr>
<tr><td rowspan="3">模式Ⅰ</td><td>Ⅰ.1</td><td>三路电源专线进线，扩大桥接线方式，两供一备，两路主供电源任一路失电后热备用电源自动投切；任一路电源在峰荷时应带满所有的一二级负荷</td></tr>
<tr><td>Ⅰ.2</td><td>三路电源两路专线进线，一路环网/手拉手公网供电，扩大桥接线方式，两供一备，两路主供电源任一路失电后热备用电源自动投切；任一路电源在峰荷时应带满所有的一二级负荷</td></tr>
<tr><td>Ⅰ.3</td><td>三路电源两路专线进线，一路辐射公网供电，扩大桥接线方式，两供一备，两路主供电源任一路失电后热备用电源自动投切；任一路电源在峰荷时应带满所有的一二级负荷</td></tr>
<tr><td rowspan="7">模式Ⅱ</td><td>Ⅱ.1</td><td>两路电源互供互备，任一路电源都能带满负荷，而且应尽量配置备用电源自动投切装置</td></tr>
<tr><td>Ⅱ.2</td><td>可采用专线主供、公网热备运行方式，主供电源失电后，公网热备电源自动投切，两路电源应装有可靠的电气、机械闭锁装置</td></tr>
<tr><td>Ⅱ.3</td><td>可采用专线主供、公网热备运行方式，主供电源失电后，公网热备电源自动投切，两路电源应装有可靠的电气、机械闭锁装置</td></tr>
<tr><td>Ⅱ.4</td><td>可采用双电源各带一台变压器，低压母线分段运行方式，双电源互供互备，要求每台变压器在峰荷时至少能够带满全部的一二级负荷</td></tr>
<tr><td>Ⅱ.5</td><td>双电源可采用母线分段，互供互备运行方式；公网热备电源自动投切，两路电源应装有可靠的电气、机械闭锁装置</td></tr>
<tr><td>Ⅱ.6</td><td>由于用户不具备来自两个方向变电站条件，但又具有较高可靠性需求，可采用专线主供、公网热备运行方式，主供电源失电后，公网热备电源自动投切，两路电源应装有可靠的电气、机械闭锁装置</td></tr>
<tr><td>Ⅱ.7</td><td>由于涉及一些地点偏远的高危该类用户，进线电源可采用母线分段，互供互备运行方式；要求公网热备电源自动投切，两路电源应装有可靠的电气、机械闭锁装置</td></tr>
</table>

续表

供电模式		正常/故障情况下电源供电方式
模式Ⅲ	Ⅲ.1	两路电源互供互备，任一路电源都能带满负荷，而且应尽量配置备用电源自动投切装置
	Ⅲ.2	两路电源互供互备，任一路电源都能带满负荷，而且应尽量配置备用电源自动投切装置
	Ⅲ.3	由于部分是工业类重要电力用户，采用专线主供、公网热备运行方式，主供电源失电后，公网热备电源自动投切，两路电源应装有可靠的电气、机械闭锁装置
	Ⅲ.4	由于该类用户一般容量不大，可采用两路电源互供互备，任一路电源都能带满负荷，且应尽量配置备用电源自动投切装置

3.4 不同供电模式的供电可靠性分析

计算重要用户各供电模式的可靠性，可根据供电模式的拓扑结构和各元件的可靠性参数，采用等效的方法将各供电模式的可靠性指标转化到重要用户的低压侧母线上。

常见的系统元件参数如表 3.6 所示。

表 3.6 元件可靠性参数

设备		MTTR	MTTM
母线	10kV	2	5
	0.4kV	1	0
变压器	电缆网络	60	10
	架空网络	60	10
架空线路		10	35
电缆线路		17.5	9
上级变电站		10	0
其他用户		—	—

注：MTTR 指平均修复时间，MTTM 指平均维护时间。

故障分析可采用改良的配电系统可靠性评估方法，需要计算重要用户低压母线的可靠性。由于电力设备同时故障的概率较小，故障状态可仅分析一阶故障和二阶故障。其中，二阶故障包括一元件检修另一元件故障的情况。

本书针对 14 种供电模式逐一进行了分析，其中每种模式的分析过程中还考虑了三种不同的运行水平。

(1) 重要用户由多路电源供电，任意一路电源均可以带满重要用户中的全部负荷，应急电源可以带满重要用户中的应急负荷。

(2) 重要用户由多路电源供电，任意一路电源能满足重要用户中的部分负荷(包括全部应急负荷)的供电需求。例如，当三电源供电时，任意两路电源可以带满重要用户的全部负荷，任意一路电源能满足重要用户中的部分负荷(包括全部应急负荷)的供电需求。当双电源供电时，一路电源可以带满重要用户中的全部负荷，另一路电源只能带重要用户中的部分负荷(包括全部应急负荷)，应急电源可以带满重要用户中的应急负荷。

(3) 重要用户由多路电源供电，任意一路电源只能带重要用户中的应急负荷的供电需求。例如，当三电源供电时，任意两路电源可以带满重要用户的全部负荷，任意一路电源只能带重要用户中的应急负荷，双电源供电时，一路电源可以带满重要用户中的全部负荷，另一路电源只能带重要用户中的应急负荷，应急电源可以带满重要用户中的应急负荷。

此外，针对实际情况，在计算各供电模式的可靠性指标时还需考虑如下几种情况。

(1) 对于相同的供电模式，无论是否考虑容量约束，其等效故障率都不会发生变化。

(2) 应急电源的接入对重要电力用户的故障率也没有影响，但是可以有效地减少重要用户每次停电时间，提高供电可靠性。应急备用电源分为热备用和冷备用，它们的主要区别在于切换时间的不一样。

(3) 部分供电模式是多电源多线路接入重要用户，但其正常运行时，是按照单电源、单回路或者辐射式，所以对于可以隔离的故障，对应的负荷的恢复供电时间为切换到备用电源时间，其只能改变停电恢复时间，不能改变其故障率。

(4) 电力系统中的设备都具有较高的可靠性，所以计算各供电模式的可靠性指标时一般只计算一阶和二阶故障便足以满足要求，其中二阶故障模式包括两元件故障模式、一元件检修一元件故障模式。

(5) 在考虑检修情况时，由于检修一般都是按计划的，所以当一条线路上的元件需要检修时，其对应的低压侧母线可事先通过倒闸操作使另一条低压母线为之供电，从而保证在正常检修情况下不停电，即检修不影响其可靠性指标。

(6) 对于含有公网线路的供电模式，公网上的其他元件发生故障会对其可靠性产生影响，所以将环网公网上其他元件故障上行等效，将其对重要用户的影响上行等效在相应的节点上。

(7) 由架空线路和电缆线路的各自特点，其可靠性区别主要表现在：架空线路受环境影响较大，其故障率高，而电缆线路埋于地下，其受环境影响小，故障率低，但架空线路的故障定位及故障修复时间较比电缆线路短。

3.4.1 供电模式Ⅰ.1——三电源(三个变电站、全专线进线)

图 3.9 所示为三路电源来自三个变电站、全专线进线供电模式，该供电模式由三条专线对重要用户供电，各条进线互相独立。

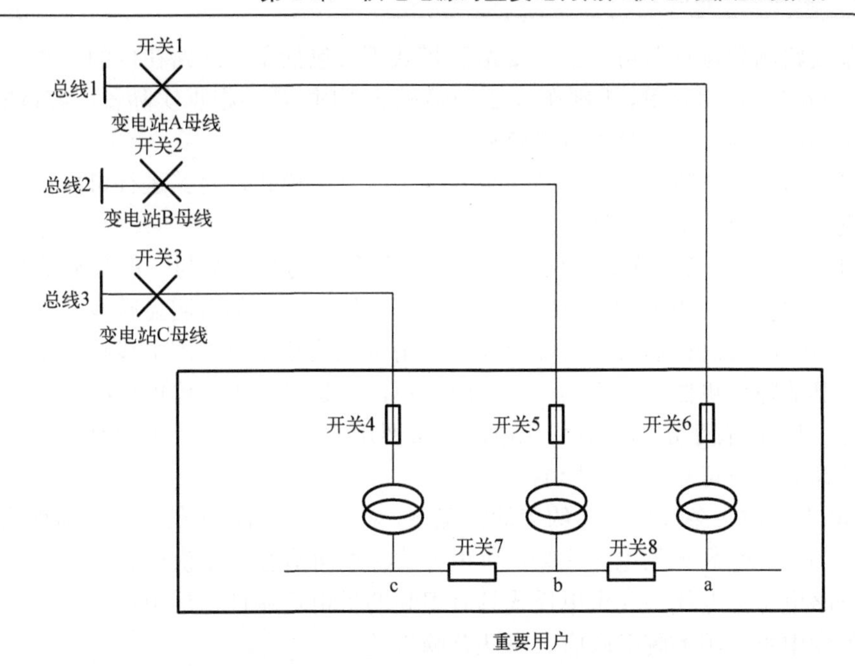

图 3.9　三路电源来自三个变电站，全专线进线、不带应急备用电源供电模式

正常运行时低压侧母线联络开关都是打开的，各条线路互为备用。在 *N*–1 故障模式下(供电方式①)，当两边线路出现故障或者检修时，则通过闭合联络开关可由中间线路供电。中间线路出现故障时，通过闭合联络开关可以由两边任意一条线路继续供电，但此种运行方式要求各电源(三变电站)和各条线路均需要有 50%的备用容量。在 *N*–1 故障模式下，对三电源全专线进线供电模式，当任意一电源或者线路出现故障或者检修时，均可同时闭合低压侧的两分段开关，由另外两条线路同时供电，此供电模式只需要各条线路拥有 33%的备用容量。在 *N*–2 故障模式(供电方式②)下，即三条专供线路其中两条同时发生故障，或者一条线路检修一条线路出现故障时，重要用户内所有负荷均由非故障线路承担。在 *N*–2 故障模式下，则每条线路的备用容量需达到 66%，才能满足供电要求，否则需要考虑切除重要用户内部分次重要负荷。

三电源的三专线供电模式还可以采用 *N*–1 主备供电模式(供电方式③)。*N*–1 主备供电模式是多条线路中的一条作为备用线路，其在正常运行时作为备用线路，非备用线路满载运行，当其中一条出现故障或者检修时，则通过分段开关把备用线路投入运行。对三电源三专线供电模式，当采用 *N*–1 主备供电模式即为两供一备供电模式，正常运行时，重要用户内的所有负荷由其中两条线路承担，其中一个作为备用，其在正常情况下处于空载运行此时两条线路相对于非 *N*–1 主备供电模式时的理论负载率的 33%上升到 50%。在 *N*–1 故障模式下，备用线路的备用容量为 50%，其他两条线路满载运行即可；在 N–2 故障模式下，包括备用线路在内的三条线路则均需要有 66%的备用容量，否则在 N–2 故障模式下时，需要根据实际备用容量的情况，切除重要用户内部的部分次重要负荷。

对三路电源来自三个变电站、全专线进线供电模式，对其进行可靠性计算，通过仿真计算，可获得如下结论。

(1) 由于应急负荷配置了应急电源，应急负荷的故障率与一般负荷的故障率相同，但应急负荷的年平均停电时间和平均停电持续时间都有明显减少。

(2) 在同一种供电方式下，配电线路采用电缆线路相对于配电线路采用架空线路来说，其故障率更低，年平均停电时间更短，但是平均单次停电持续时间变长。

(3) 对于配置了足够容量应急电源的重要用户，供电方式的不同对重要用户中的应急负荷的供电可靠性没有影响。

(4) 在考虑每条线路容量约束的情况下，对于重要用户中的一般负荷而言，供电方式①的可靠性高于供电方式②，供电方式②的可靠性高于供电方式③。

三路电源全专线进线供电模式具有很高的供电可靠性，适用特别重要的电力用户，如党中央、国务院等政府、军队首脑机关。

3.4.2 供电模式Ⅰ.2——三电源(两个变电站、两路专线、一路环网公网)

图 3.10 和图 3.11 为三电源来自两个变电站，两路专线进线、一路环网公网进线供电模式。图 3.10 所示为配电线路采用架空线进线，图 3.11 所示为配电线路采用电缆线进线。该供电模式由两条来自相对独立变电站的专线和一条来自公共电网的公用线路，三条线路相互独立，公网线路也可由这两个相对独立变电站分别供电。

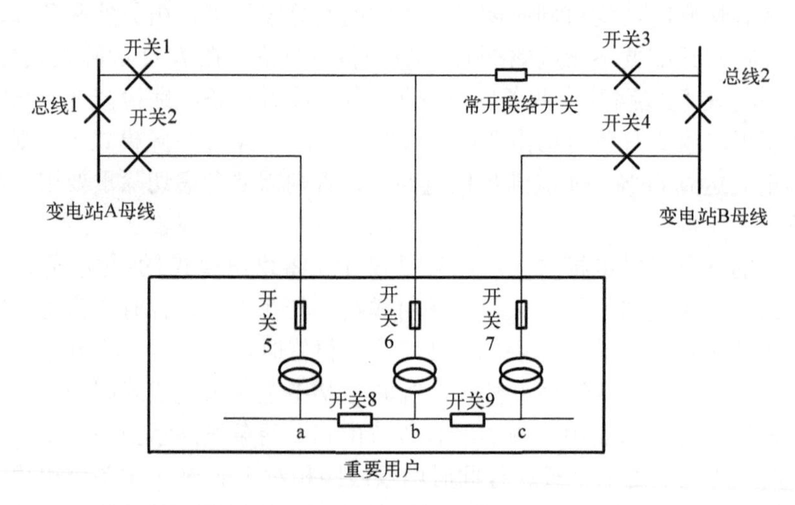

图 3.10 三电源来自两个变电站、两路专线进线、一路环网公网供电进线、架空线供电模式

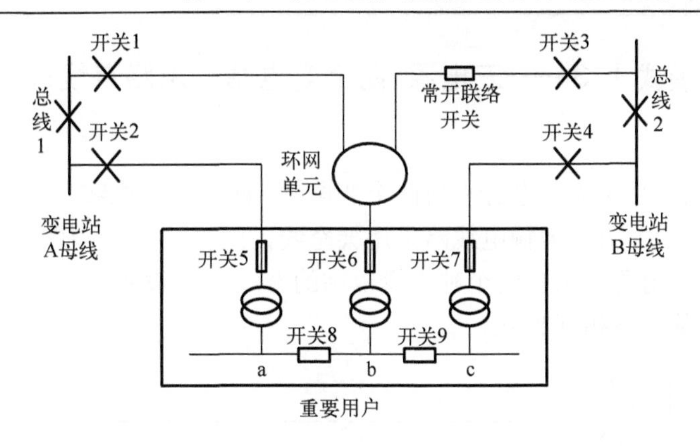

图 3.11　三电源来自两个变电站、两路专线进线、一路环网公网供电进线、电缆线路供电模式

正常运行时低压侧母线联络开关都是断开的，各条线路互为备用。在 N–1 故障模式下，与三专线供电模式一样，两路专线一路环网公网供电模式，当任意一电源或者线路出现故障或者检修时，均可同时闭合低压侧的两分段开关，由另外两条线路同时供电，此供电模式需要电源各条线路拥有 33%的备用容量。在 N–2 故障模式下，当两变电站同时发生故障或者一检修一故障时，在故障修复之前重要用户将会失电，而三专线进线供电模式中当两变电站同时故障时，其仍可以由第三变电站供电。同时，二专线一公网模式每条线路的备用容量需达到 66%才能满足供电要求，否则需要考虑切除重要用户内部分次重要负荷。所以就可靠性而言，三专线进线供电模式可以保证在两变电站同时故障情况下继续为重要用户供电，两路专线进线、一路环网公网供电模式则不能。

三电源两路专线进线、一路环网公网供电模式同样可以采用“N–1”主备供电模式。正常运行时，重要用户内的所有负荷由其中两条线路承担，其中一个作为备用，在正常情况下处于空载运行，此时两条线路相对于非“N–1”主备供电模式时的理论负载率的 33%上升到 50%。在 N–1 故障模式下，备用线路的备用容量为 50%，其他两条线路满载运行即可；在 N–2 故障模式下，包括备用线路在内的三条线路则均需要有 66%的备用容量，否则在 N–2 故障模式下时，需要根据实际备用容量的情况，切除重要用户内部的部分次重要负荷。

对图 3.10、图 3.11 所示的供电模式，对其进行可靠性指标计算，分析仿真结果，可获得如下结论：由于重要用户中有一路供电电源是环网公网进线，所以负荷 b 的供电可靠率低于负荷 a、c。

三电源两路专线进线、一路环网公网供电模式具有很高的供电可靠性，其适用特别重要的电力用户，如极高可靠性需求涉及国家安全的用户及党和国家领导人经常出席的活动场所等。

3.4.3 供电模式Ⅰ.3——三电源(两个变电站、两路专线进线、一路辐射公网)

图3.12和图3.13为三电源来自两个变电站、两路专线进线、一路辐射公网进线供电模式。图3.12所示为输电线路采用架空线，图3.13所示为输电线路采用电缆线。该供电模式由两条来自两个独立变电站的专线和一条来自辐射公网进线为重要用户供电，三条线路相互独立。

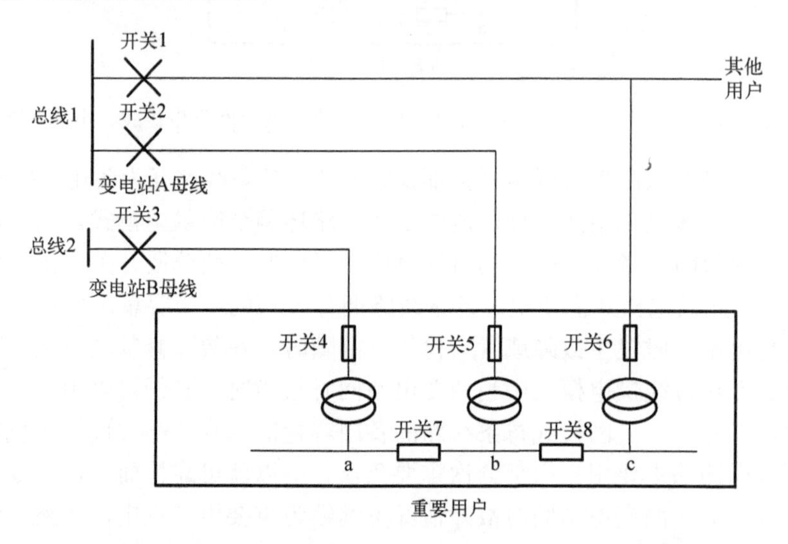

图3.12 三电源来自两个变电站、两路专线进线、一路辐射公网供电进线、架空线供电模式

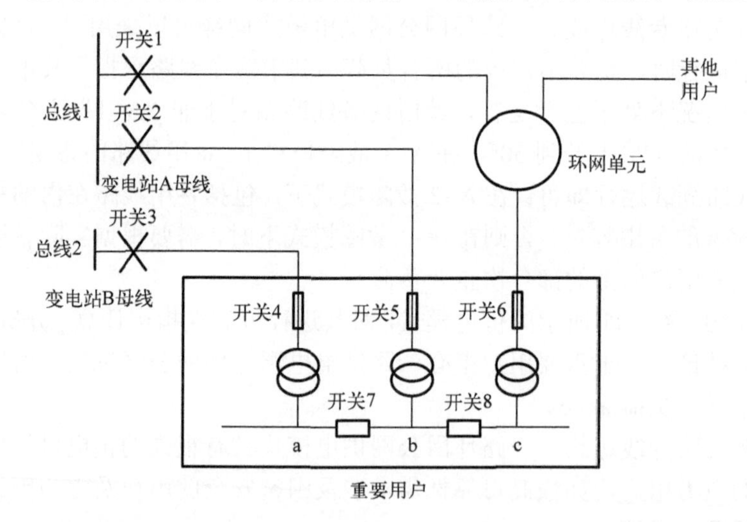

图3.13 三电源来自两个变电站、两路专线进线、一路辐射公网供电进线、电缆线路供电模式

正常运行时，三条线路分别为三条母线供电，分段开关保持断开，各条线路互为备用，在各条线路故障情况下相互供电。与三电源专线进线供电模式故障情况不同的是，在 N–1 故障模式下，当两边线路出现故障或者检修时，则通过闭合联络开关可由中间线路供电，但若变电站 A 出现故障，则母线 b、c 均只能通过变电站 B 供电。线路中间线路出现故障时，母线 b 上的负荷可以通过辐射公网备用供电或者另一专线备用供电。此种运行方式要求两电源(二变电站)和三条线路均需要有 50%的备用容量。与三电源专线供电模式一样，在 N–1 故障模式下，三电源来自两个变电站、两路专线进线、一路辐射公网供电进线供电模式，当任意一电源或者线路出现故障或者检修时，均可同时闭合低压侧的两分段开关，由另外两条线路同时供电，此供电模式需要各条线路拥有 33%的备用容量。在 N–2 故障模式下，即三条线路其中两条同时发生故障，或者一条线路检修一条线路出现故障时，重要用户内所有负荷均由非故障线路承担，但其与三电源三专线进线的区别在于，当两变电站同时发生故障或者一检修一故障时，重要用户的断电时间将会是故障修复时间，而三电源三专线进线供电模式中当两变电站同时故障时，其仍可以由第三变电站供电。同时，在 N–2 故障模式下，则每条线路的备用容量需达到 66%，才能满足供电要求，否则需要考虑切除重要用户内部分次重要负荷。所以就可靠性而言，三电源三专线进线供电模式可以保证在两变电站同时故障情况下继续为重要用户供电，三电源来自两个变电站、两路专线进线、一路辐射公网供电进线供电模式则不能。对于母线 c，其正常情况下由辐射公网进线供电，其可靠性受到辐射公网上其他用户的影响，理论上其可靠性较母线 a、b 低。

三电源来自两个变电站，两路专线进线，一路辐射公网供电进线也可以采用 N–1 主备供电模式。正常运行时，重要用户内的所有负荷由其中两条线路承担，其中一个作为备用，在正常情况下处于空载运行，此时两条线路相对于非 N–1 主备供电模式时的理论负载率的 33%上升到 50%。在 N–1 故障模式下，备用线路的备用容量为 50%，其他两条线路满载运行即可；在 N–2 故障模式下，包括备用线路在内的三条线路则均需要有 66%的备用容量，否则在 N–2 故障模式下时，需要根据实际备用容量的情况，切除重要用户内部的部分次重要负荷。

两路专线进线、一路环网公网供电进线的供电模式，其可靠性指标计算过程中的主要不同在于：

(1) 两路专线进线、一路环网公网供电进线的供电模式，变电站 A 到母线 c 间线路的可靠性受环网公网上其他用户的影响，该线路的可靠性指标包含有线路本身的停电率和停电时间，还包含有环网公网上其他用户的停电时间和隔离时间。变电站 A 出现故障则将影响到 b、c 两条母线。

(2) 故障时，如果应急负荷不能转移，应急电源将接入对应急负荷进行供电。

分析仿真结果，可获得如下结论：由于重要用户中有一路供电电源是辐射公网进线，所以负荷 c 的供电可靠率低于负荷 a、b。

三路电源两路专线进线、一路辐射公网供电模式具有相当高的供电可靠性，其适用特别重要的电力用户，如具有极高可靠性需求涉及国家安全，但地理位置偏远的特别重要电力用户，如国家级的军事机构和军事基地。

3.4.4 供电模式Ⅱ.1——双电源(不同方向变电站、专线供电)

图 3.14 所示的为双电源(不同方向变电站)专线进线供电模式，该供电模式的电源来自两个独立的变电站，两路电源互供互备，而且应尽量配置备用电源自动投切装置。

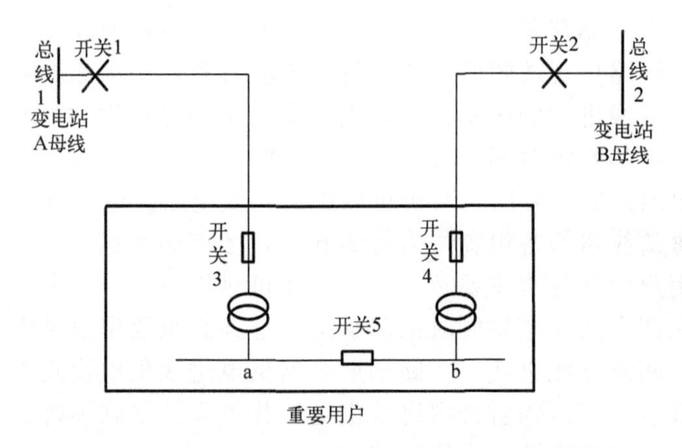

图 3.14 双电源(不同方向变电站)专线进线供电模式

正常运行时低压侧母线联络开关都是打开的，各条线路互为备用。在 $N\!-\!1$ 故障模式下，任何一条线路出现故障或者检修时，则通过闭合联络开关由第二条线路供电，此种运行方式要求各电源和各条线路均须有 50%的备用容量。在 $N\!-\!2$ 故障模式下，即两条专供线路同时发生故障，或者一条线路检修一条线路出现故障时，母线 a、b 均会失电，其供电恢复时间为故障排除时间，所以其不满足下的 $N\!-\!2$ 故障模式，其可靠性与以上三路进线模式相比有所降低。

针对以上两种系统分别对其架空线路供电模式和电缆线路供电模式进行可靠性指标计算，计算过程中，需要考虑以下几个问题。

(1)两路专线进线与三路专线进线的可靠性区别在于，三路专线进线供电模式中，当某两路线路出现故障或者一路检修一路故障时，母线 a、b、c 可以通过第三路进线供电；而两路进线在两路线路出现故障或者一路进线检修而另一路故障停电后，其恢复供电时间为故障排除时间。

(2)正常情况下，母线 a、b 上的负荷分别由变电站 A 和变电站 B 带动，对于变电所 A 到 a 之间的线路出现故障时或者变电所 B 到 b 之间的线路出现故障时，在不考虑容量受限的情况下，a、b 母线上的负荷均可通过分段开关的操作相互供电，其停电时间为分段开关操作时间在考虑容量约束条件下时，母线 a 或者母线 b 的停电时间还包括切除次重要负荷的时间。

(3) 当一路线路在检修状态或者出现故障与另一线路故障同时发生，此时母线 a、b 均失电，供电恢复时间为故障修复时间。如当变电站 A 与母线 a 在检修，此时母线 a 应通过母线 b 进而由变电站 B 供电。如果变电站 B 到母线 b 出现故障，则母线 a、b 均停电，此时停电恢复时间为任意线路的恢复时间。

(4) 故障时，如果应急负荷不能转移，应急电源将接入对应急负荷进行供电。

两电源两专线进线供电模式具有很高的供电可靠性，适合于很高可靠性需求，中断供电将可能造成重大政治影响或社会影响的重要电力用户，如省级政府机关、国际大型枢纽机场、重要铁路牵引站、三级甲等医院等。

3.4.5　供电模式Ⅱ.2——双电源(不同方向变电站、一路专线、一路环网公网)

图 3.15 和图 3.16 所示的为双电源(不同方向变电站)一路专线进线、一路环网公网进线供电模式，图 3.15 所示为输电线路采用架空线，图 3.16 所示为输电线路采用电缆线。该供电模式可采用专线主供、公网热备运行方式，主供电源失电后，公网热备电源自动投切，两路电源应装有可靠的电气、机械闭锁装置。

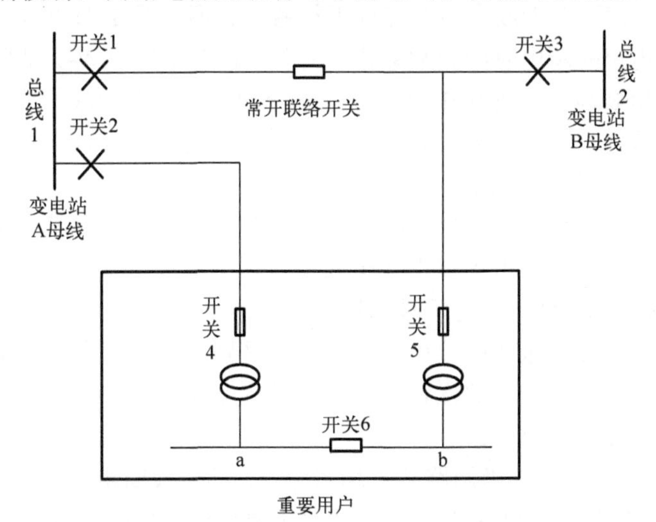

图 3.15　双电源(不同方向变电站)一路专线进线、一路环网公网进线、架空线供电模式

正常运行时低压侧母线联络开关都是打开，专线进线和环网公共进线互为备用。在 N–1 故障模式下，任何一条线路出现故障或者检修时，则通过闭合联络开关可由

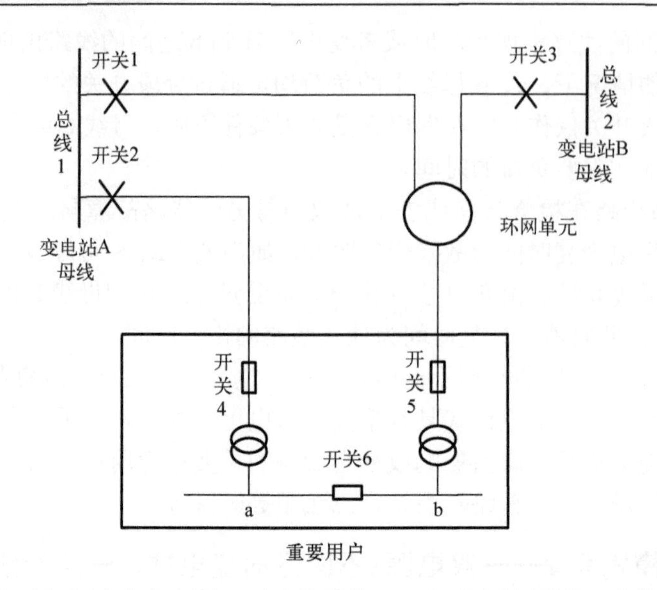

图 3.16 双电源(不同方向变电站)一路专线进线、一路环网公网进线、电缆线路供电模式

第二条线路供电。对于环网公共进线有以下特点：T 节点到用户间的线路出现故障时，通过闭合联络开关只能由专线继续供电；T 节点到变电站间出现故障，则可以通过操作公网上的联络开关，改由另一变电站供电或者通过操作低压侧母线上的分段开关由专线供电，此种运行方式要求各电源和各条线路均须有 50%的备用容量。在 *N*–2 故障模式下，当专线发生故障或者检修与公网进线 T 节点以下部分发生故障或者检修时，用户的断电时间为故障排除时间，此时不满足 *N*–2 故障模式，当专线发生故障或者检修与公网进线 T 节点以上部分的一分支发生故障或者检修时，可继续供电，此时满足 *N*–2 故障模式，其相对于两专线进线母线其可靠性比两路专线进线高，同时比三路进线模式低。

针对以上系统分别对其架空线路供电模式和电缆线路供电模式进行可靠性指标计算，计算过程中，需要考虑以下几个问题。

(1)双电源一路专线、一路环网公共供电，专线的可靠性的停电时间为专线上故障修复时间，环网公共进线的停电时间有以下区别：T 形节点到变电所的线路出现故障时的停电时间为联络开关操作时间，T 形节点以下到母线 b 的元件故障其线路的恢复时间为故障修复时间。

(2)双电源专线供电，当两路线路均失电时，两母线断电。对一路专线、一路环网公共供电，如变电站 B 到 T 节点间的线路需要检修与变电站 A 与母线 a 之间的线路出现故障同时发生时，a、b 母线可由变电站 A 经联络开关供电。

(3)故障时，如果应急负荷不能转移，应急电源将接入对应急负荷进行供电。

分析仿真结果，可获得如下结论：

由于重要用户中有一路供电电源是环网公网进线，所以负荷 b 的供电可靠率低于负荷 a。

双电源、一路专线进线、一路环网公网进线供电模式具有很高的供电可靠性，适合于很高可靠性需求，中断供电将可能危害造成人身伤亡或重大政治社会影响的重要电力用户，如国家级广播电台、电视台、国家级铁路干线枢纽站、国家级通信枢纽站、国家一级数据中心、国家级银行等。

3.4.6　供电模式Ⅱ.3——双电源(不同方向变电站、一路专线、一路辐射公网)

图 3.17 和图 3.18 所示的为双电源(不同方向变电站)一路专线进线、一路辐射公网进线供电模式。图 3.17 所示为输电线路采用架空线，图 3.18 所示为输电线路采用电缆线。该供电模式可采用专线主供、公网热备运行方式，主供电源失电后，公网热备电源自动投切，两路电源应装有可靠的电气、机械闭锁装置。

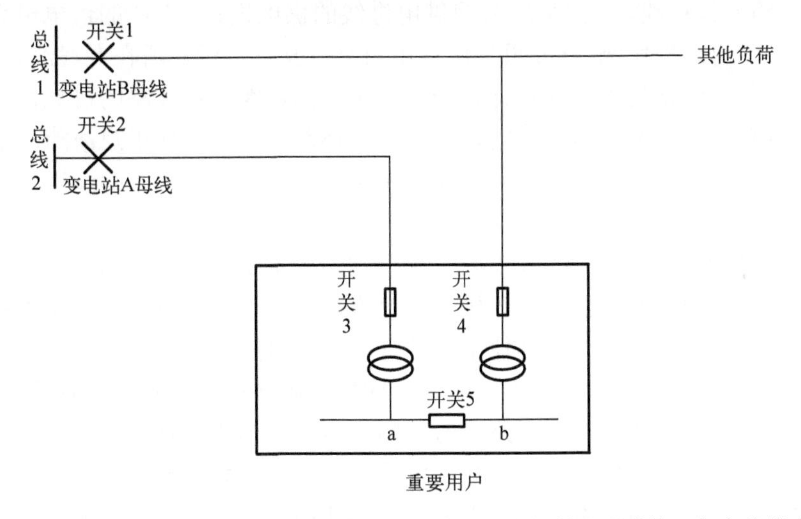

图 3.17　双电源(不同方向变电站)一路专线进线、一路辐射公网进线、架空线供电模式

正常运行时低压侧母线联络开关都是打开，专线进线和辐射公网进线互为备用。在 N–1 故障模式下，对于专线线路或者辐射公网线路出现故障或者检修时，则通过闭合联络开关可由对方分别备用供电，此种运行方式要求各电源和各条线路均须有 50%的备用容量。在 N–2 故障模式下，当专线发生故障或者检修与辐射公网发生故障或者检修时，用户的断电时间为故障排除时间，此时不满足 N–2 故障模式，其可靠性比两路专线进线低。

针对以上系统分别对其架空线路供电模式和电缆线路供电模式进行可靠性指标计算，计算过程中，需要考虑以下几个问题。

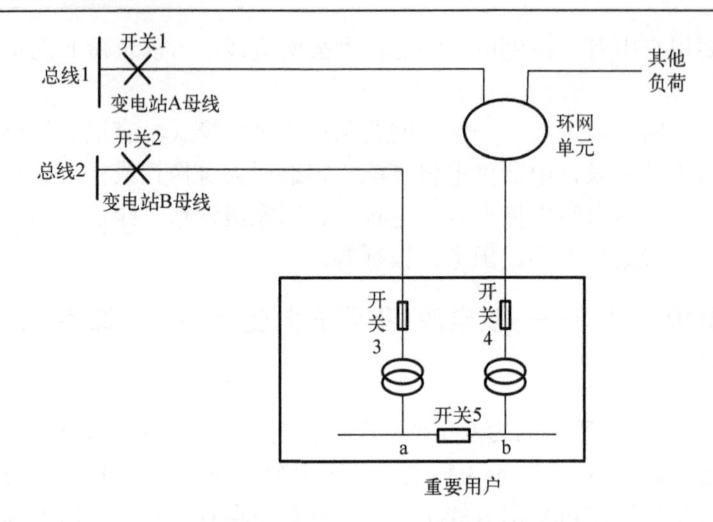

图 3.18 双电源(不同方向变电站)一路专线进线、一路辐射公网进线、电缆线路供电模式

(1)一路专线进线、一路辐射公网供电进线的供电模式，专线的供电可靠性只受专线上元件的可靠性影响，即 a 母线的供电可靠性指标只受其所在专线线路的影响，而辐射公网供电线路的可靠性指标还受其他用户的影响，该线路的可靠性指标除包含有线路本身的停电率和停电时间，还包含有环网公网上其他用户故障时引起的辐射公网可靠性的变化，即 b 母线的可靠性指标受其所在线路的影响和连接于其所在线路的其他用户的影响。

(2)正常情况下，母线 a、b 上的负荷分别由变电站 A、B 带动，两母线因所在线路出现故障后均可通过分段开关操作由对方母线供电。b 母线因其他用户故障引起的停电时其停电时间为隔离其他用户的开关操作时间。

(3)故障时，如果应急负荷不能转移，应急电源将接入对应急负荷进行供电。

双电源、一路专线进线、一路辐射公网进线供电模式具有很高的供电可靠性，其适用于具有很高可靠性需求，中断供电将可能造成重大政治社会影响的重要电力用户，如城市轨道交通牵引站、承担重大国事活动的国家级场所、国家级大型体育中心、承担国际或国家级大型展览的会展中心、地区性枢纽机场、各省级广播电台、电视台及传输发射台站等。

3.4.7 供电模式Ⅱ.4——双电源(不同方向变电站、两路环网公网)

图 3.19 和图 3.20 所示的为双电源(不同方向变电站)两路环网公网进线供电模式。图 3.19 所示为输电线路采用架空线，图 3.20 所示为输电线路采用电缆线。该供电模式可采用双电源各带一台变压器，低压母线分段运行方式，双电源互供互备，要求每台变压器在峰荷时至少能够带满全部应急负荷。

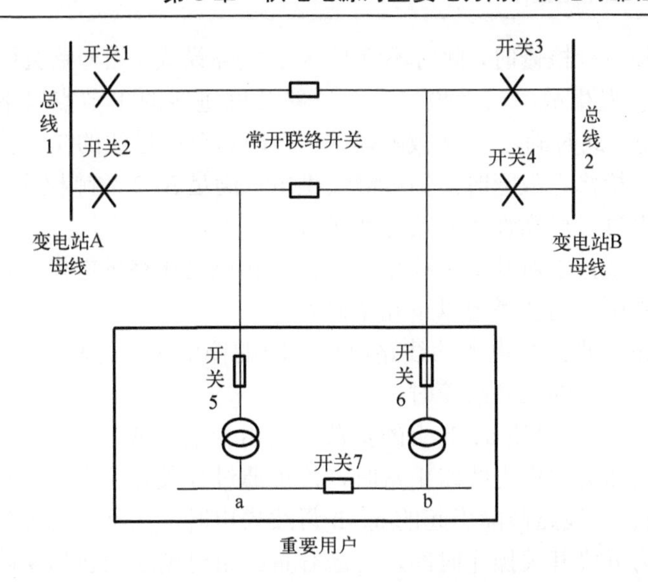

图 3.19　双电源(不同方向变电站)两路环网公网进线、架空线供电模式

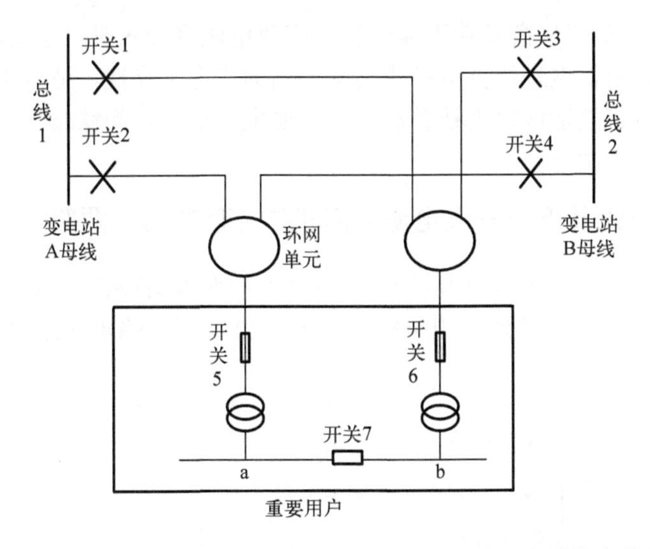

图 3.20　双电源(不同方向变电站)两路环网公网进线、电缆线路供电模式

正常运行时，公网上的联络开关和低压侧母线联络开关都是打开的，即每条母线都由其中一路进线供电，且两路环网公共进线互为备用。在 *N*–1 故障模式下，每路环网公共进线的 T 节点到用户间的线路出现故障时，通过闭合联络开关只能由另一路环网继续供电；T 节点到变电站间出现故障，则可以通过操作公网上的联络开关，改由另一变电站供电或者通过操作低压侧母线上的分段开关由另一路公网供电。此种运行方式要求各电源和各条线路均须有 50%的备用容量。在 *N*–2 故障模式下，当其中一路公网进线 T 节点以下部分发生故障或者检修与另一路公网进线 T 节点以

下部分发生故障或者检修时，此时不满足 N–2 故障模式；当一路公网进线 T 节点以上部分的一分支发生故障或者检修与另一路公网进线的 T 节点以下部分发生故障时，可继续供电，此时满足 N–2 故障模式；当两路公网进线的 T 节点以上部分同时发生故障或者一检修一故障时，仍可继续供电，满足 N–2 故障模式。由此可见，两路环网公网供电进线可靠性比两路专线进线高。

针对以上系统分别对其架空线路供电模式和电缆线路供电模式进行可靠性指标计算，计算过程中，需要考虑以下几个问题。

(1) 对 T 形节点到变电所的线路出现故障的停电时间为联络开关操作时间，T 形节点到相应母线间的元件故障时。

(2) 正常情况下，母线 a、b 上的负荷分别由变电站 A、B 带动，两母线因所在线路出现故障后而另一供电线路正常时，均可通过分段开关操作由对方母线供电。

(3) 对于因各自线路故障引起的 a、b 母线失电时，在不考虑容量约束条件下，恢复供电时间为分段开关操作时间，考虑容量约束时则还应包括切除次重要负荷的时间。

(4) 故障时，如果应急负荷不能转移，应急电源将接入对应急负荷进行供电。

两路环网公网供电进线供电模式具有很高的供电可靠性，适合于很高可靠性需求，中断供电将可能造成重大社会影响的重要电力用户，如铁路大型客运站、城市轨道交通大型换乘站等。

3.4.8 供电模式Ⅱ.5——双电源(不同方向变电站、两路辐射公网)

图 3.21 和图 3.22 所示的为双电源(不同方向变电站)两路辐射公网进线供电模式。图 3.21 所示为输电线路采用架空线，图 3.22 所示为输电线路采用电缆线。双

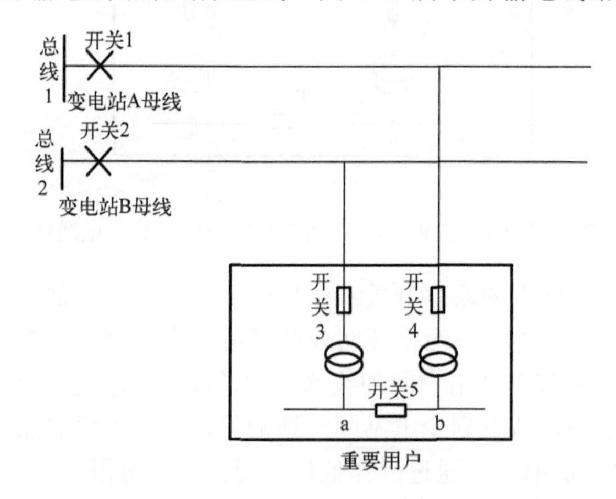

图 3.21 双电源(不同方向变电站)两路辐射公网进线、架空线供电模式

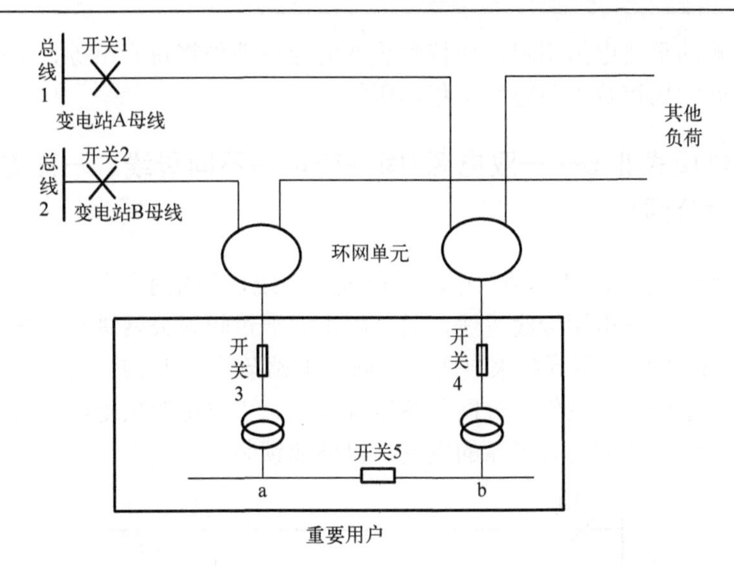

图 3.22　双电源(不同方向变电站)两路辐射公网进线、电缆线路供电模式

电源可采用母线分段，互供互备运行方式；公网热备电源自动投切，两路电源应装有可靠的电气、机械闭锁装置。

正常运行时，低压侧母线联络开关都是打开的，专线进线和辐射公网进线互为备用。在 N–1 故障模式下，对于辐射公网线路出现故障或者检修时，则通过闭合联络开关可由对方分别备用供电，此种运行方式要求各电源和各条线路均须有50%的备用容量。在 N–2 故障模式下，当两路公网进线 T 节点以下部分发生故障或者检修时。如果是其他用户故障引起的重要用户断电，则重要用户停电时间为其他用户故障的隔离时间。两路辐射公网进线不满足 N–2 故障模式，其可靠性比两路专线进线低。

针对以上系统分别对其架空线路供电模式和电缆线路供电模式进行可靠性指标计算，计算过程中，需要考虑以下几个问题。

(1) 两路辐射公网进线供电模式，与专线的供电模式可靠性的区别主要表现在，辐射公网供电线路的可靠性受到公网上其他用户的影响，辐射公网线路的可靠性指标除包含有线路本身的停电率和停电时间，还包含有公网上其他用户故障时引起的辐射公网可靠性的变化，而专线供电只受专线上元件的可靠性影响。

(2) 正常情况下，母线 a、b 上的负荷分别由变电站 A、B 带动，两母线因所在线路出现故障后均可通过分段开关操作由对方母线供电。线路因其他用户故障引起的停电时，其停电时间为隔离其他用户的开关操作时间。

(3) 故障时，如果应急负荷不能转移，应急电源将接入对应急负荷进行供电。

双电源、一路专线进线、一路辐射公网进线供电模式具有很高的供电可靠性，其适用于具有很高可靠性需求，中断供电将可能造成较大范围社会公共秩序混乱或重大政治影响的重要电力用户，如特别重要的定点涉外接待宾馆等、举办全国性和单项国际比赛的场馆等人员特别密集场所等。

3.4.9 供电模式Ⅱ.6——双电源（同一变电站不同母线、一路专线、一路辐射公网）

图 3.23 所示的系统是一种双电源供电模式系统，它的两个电源来自同一个变电站不同的母线，一路电源专线进线，另一路电源通过辐射公网进线，传输线采用的是架空线路。由于用户不具备来自两个方向变电站条件，但又具有较高可靠性需求，正常情况下可采用专线主供、公网热备运行方式，主供电源失电后，公网热备电源自动投切，两路电源应装有可靠的电气、机械闭锁装置。

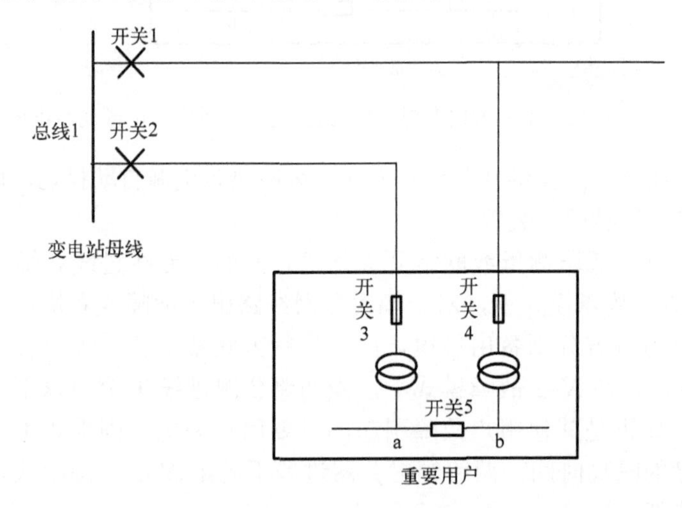

图 3.23　双电源（同一变电站不同母线）一路专线进线、一路辐射公网进线供电模式

图 3.24 所示的系统为一种双电源供电模式系统，其电源来自同一个变电站的两条不同的母线，一路电源专线进线，另一路电源由辐射公网通过环网柜接入，输电线路采用的是电缆线路。其正常和故障时的运行方式与图 3.23 所示的系统运行方式一样，正常情况下可采用专线主供、公网热备运行方式，主供电源失电后，公网热备电源自动投切，两路电源应装有可靠的电气、机械闭锁装置。

针对以上系统对其进行可靠性指标计算，计算过程中，需要考虑以下几个问题：

(1) 低压侧母线 a 和 b 的区别：低压侧母线 a 是由变电站母线专线进线，而低压侧母线 b 是“T”接在以同一变电站的另一条母线为电源的辐射公网上，辐射公网上的其他元件故障可能对其可靠性产生影响。

(2) 对于低压侧每条母线，其主供线路出现单一故障时，通过倒闸操作，可以连接到备用母线上继续供电。如图中的低压侧母线 a，当由变电站引出的主供线路出现故障，导致 a 母线失电，此时保护装置将通过各种倒闸操作使 b 母线继续为 a 母线供电。

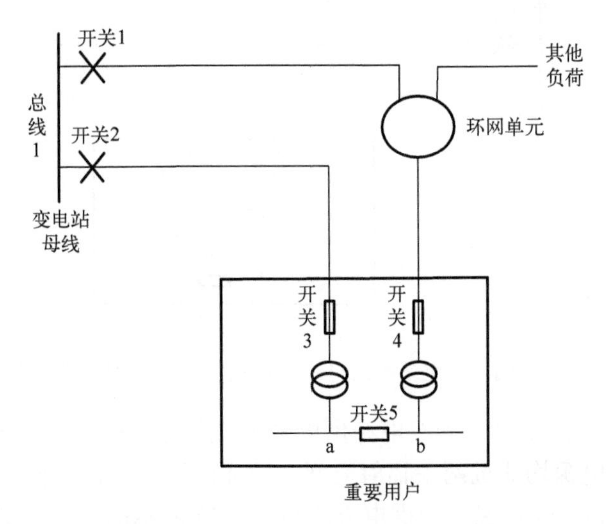

图 3.24 双电源(同一变电站不同母线)一路专线进线、一路辐射公网环柜接入供电模式

(3) 由于此供电模式电源来自同一变电站不同母线，其总容量是不变的，也就是说在进行负荷转供时，转供前和转供后电源的总容量是相同的，因此可以不考虑容量约束问题。

(4) 由于此供电模式电源来自一个变电站，当该变电站停电时，它所带的负荷都将停电。

(5) 故障时，如果应急负荷不能转移，应急电源将接入对应急负荷进行供电。

(6) 对于电缆供电模式，它的考虑情况和计算方法与架空线供电模式相似，区别在于电缆与架空线的可靠性参数。

由于该供电模式的供电电源来自一个变电站，且具有较高的供电可靠性，由以上特点决定了其可用于不具备来自两个方向变电站条件，有较高可靠性需求，中断供电将可能造成重大经济损失或较大范围社会公共秩序混乱的重要电力用户，如天然气输气支线、中型的井工煤矿、石化、冶金等高危企业、中型水厂、污水处理厂等。

3.4.10 供电模式Ⅱ.7——双电源(同一变电站不同母线、两路辐射公网)

图 3.25 所示的系统是一种双电源供电模式系统，其电源来自同一个变电站的两条不同母线，两路电源均通过辐射公网“T”接进线，传输线采用的是架空线路。通过该系统对用户供电，进线电源可采用母线分段，互供互备运行方式；要求公网热备电源自动投切，两路电源应装有可靠的电气、机械闭锁装置。

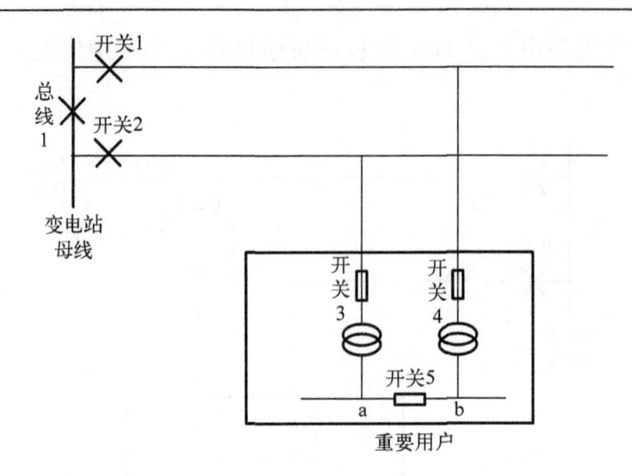

图 3.25　双电源(同一变电站不同母线)两路辐射公网进线、架空线供电模式

图 3.26 所示的系统是一种双电源供电系统，其电源来自同一个变电站的两条不同的母线，两路电源均通过两条辐射公网上的环网柜进线，传输线采用的是电缆线路。该系统正常和故障情况下的供电方式与图 3.25 所示的系统供电方式相同，进线电源采用母线分段，互供互备运行方式；要求公网热备电源自动投切，两路电源应装有可靠的电气、机械闭锁装置。

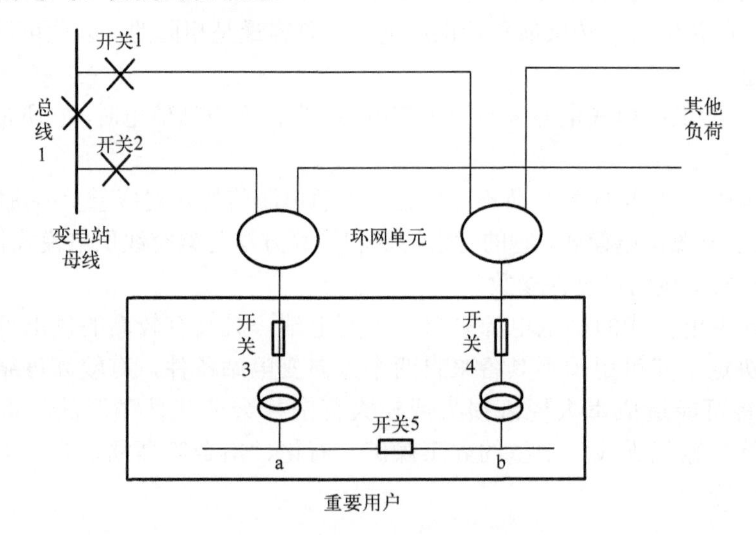

图 3.26　双电源(同一变电站不同母线)两路辐射公网进线、电缆线路供电模式

对以上系统进行仿真，仿真过程中，需要考虑以下几个问题。

(1)此供电模式中，低压母线 a 和低压母线 b 均“T”接于以同一变电站不同母线作为电源的辐射公网上，因此辐射公网上的其他元件可能对低压母线 a 和低压母线 b 的可靠性指标产生影响。

(2) 对于低压侧每条母线，其主供线路出现单一故障时，通过倒闸操作，可以连接到备用母线上继续供电。如图中的低压侧母线 a，当由变电站引出的主供线路出现故障，导致 a 母线失电，此时保护装置将通过各种倒闸操作使 b 母线继续为 a 母线供电。

(3) 考虑检修情况，由于检修是按计划进行的，因此当一条低压母线回路元件需要检修时，可事先通过倒闸操作使另一条低压母线为之供电，从而保证该母线不停电。

(4) 当两条低压母线回路中分别各有一个元件发生故障或者正在检修时，则不能通过负荷专供使低压母线继续供电。

(5) 由于此供电模式电源来自一个变电站，当该变电站停电时，它所带的负荷都将停电。

(6) 故障时，如果应急负荷不能转移，应急电源将接入对应急负荷进行供电。

由于该供电模式的供电电源来自一个变电站，且具有较高的供电可靠性，由以上特点决定了其可用于不具备来自两个方向变电站条件，有较高可靠性需求，中断供电将可能造成重大经济损失或较大范围社会公共秩序混乱的重要电力用户，如天然气输气支线、中型的井工煤矿、石化、冶金等高危企业、中型水厂、污水处理厂等。

3.4.11 供电模式Ⅲ.1——双回路(两路专线)

图 3.27 所示的系统是一种双回路供电模式系统，其两路电源来自同一条母线，均为专线进线。两路电源互供互备，而且应尽量配置备用电源自动投切装置。

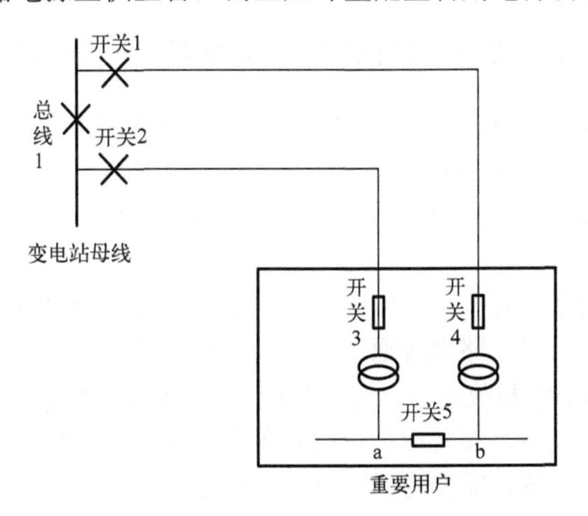

图 3.27 双回路专线进线供电模式

针对以上系统，分别对其架空线路供电模式和电缆线路供电模式进行了仿真，仿真过程中，需要考虑以下几个问题：

(1)本供电模式，架空线和电缆线的示意图一样，但是计算的时候还是要将此供电模式分为架空线和电缆线两种情况进行考虑。架空线和电缆线的分析计算过程相似，区别在于它们的可靠性参数不一样。

(2)对于低压侧每条母线，其主供线路出现单一故障时，通过倒闸操作，可以连接到备用母线上继续供电。如图中的低压侧母线 a，当由变电站引出的主供线路出现故障，导致 a 母线失电，此时保护装置将通过各种倒闸操作，使 b 母线继续为 a 母线供电。

(3)考虑检修的情况，由于检修是按计划进行的，因此当一条低压母线回路有元件要检修时，我们可以事先通过倒闸操作，使另一条低压母线为之供电，从而保证该低压母线不停电，其停电时间为零。

(4)当两条低压母线回路中分别各有一个元件发生故障或者正在检修时，则不能通过负荷专供使低压母线继续供电。

(5)本供电模式为双回路供电模式，因此当变电站故障或者高压母线故障或者高压母线检修时，低压母线 a 和低压母线 b 都将停电。

(6)故障时，如果应急负荷不能转移，应急电源将接入对应急负荷进行供电。

根据仿真结果，可获得如下结论：

由于该供电模式的电源来自一个变电站，且具有较高的供电可靠性，因此其可用于不具备来自两个方向变电站条件，具有较高可靠性需求，中断供电将可能造成较大社会影响的重要电力用户，如市政府部门、各市广播电视总台及发射塔、普通机场等。

3.4.12 供电模式Ⅲ.2——双回路(一路专线、一路环网公网)

图 3.28 所示的系统为一种双回路供电系统，其两路电源来自同一条母线，一路电源专线进线，另一路电源通过环网公网“T”接进线，输电线路采用的是架空线路。该系统的电源供电方式为两路电源互供互备，而且应尽量配置备用电源自动投切装置。

图 3.29 所示的系统是一种双回路供电系统，它的两个供电电源来自于一条母线，一路电源专线进线，另一路电源通过环网公网的环网柜进线，输电线路采用的是电缆线路。该系统的正常和故障运行方式与图 3.28 所示的系统故障和正常运行方式相同，两路电源互供互备，而且应尽量配置备用电源自动投切装置。

针对以上供电系统，需要考虑以下几个问题：

(1)低压母线 a 和低压母线 b 的区别：从上面示意图，我们可以看到低压母线 a 是通过变电站母线专线进线，低压母线 b 是“T”接在环网公网上的，环网公网上的其他元件发生故障可能对其可靠性产生影响。

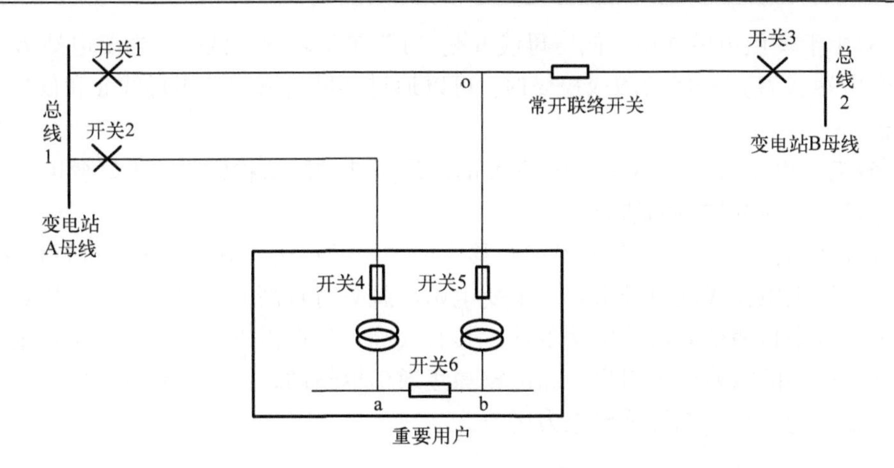

图 3.28　双回路一路专线进线、一路环网公网进线、架空线供电模式

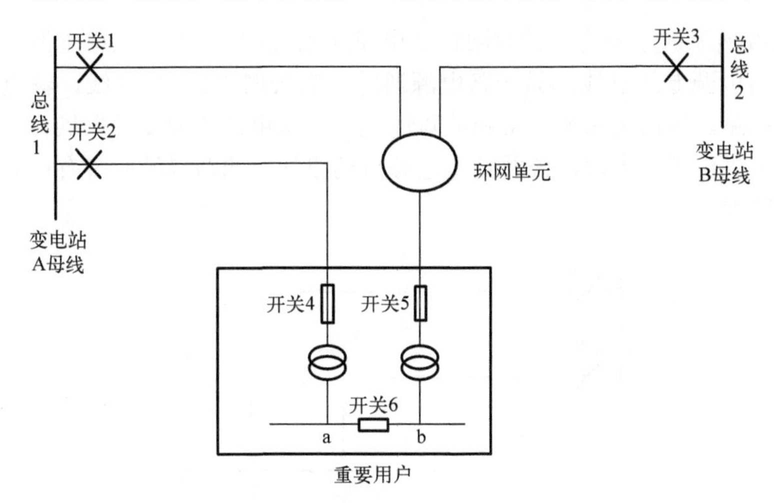

图 3.29　双回路一路专线进线、一路环网公网进线、电缆线路供电模式

(2) 对于低压侧每条母线，其主供线路出现单一故障时，通过倒闸操作，可以连接到备用母线上继续供电。如图中的低压侧母线 a，当由变电站引出的主供线路出现故障，导致 a 母线失电，此时保护装置将通过各种倒闸操作使 b 母线继续为 a 母线供电。

(3) 考虑检修的情况，由于检修是按计划进行的，因此当一条低压母线回路有元件要检修时，我们可以事先通过倒闸操作，使另一条低压母线为之供电，从而保证该低压母线不停电，其停电时间为零。

(4) 考虑组合故障。当低压母线 a 回路发生故障或正在检修时，正好低压母线 b 回路也发生故障或在检修的情况。

(5) 由于本供电模式中，低压母线 b 是“T”接于环网公网上，当变电站 A 失电或者变电站 A 高压母线故障或检修时，可以通过环网公网为低压母线 a 和低压母线 b 供电。

(6) 当变电站 A 失电或者变电站 A 的高压母线故障或检修时，正好变电站 B 也不能像低压母线 b 供电的情况。

(7) 故障时，如果应急负荷不能转移，应急电源将接入对应急负荷进行供电。

由于该供电模式的电源来自一个变电站，且具有较高的供电可靠性，因此其可用于不具备来自两个方向变电站条件，具有较高可靠性需求，中断供电将可能造成较大社会影响的重要电力用户，如国家二级通信枢纽站、国家二级数据中心、一般市及省辖市的重点医院等重要电力用户。

3.4.13 供电模式Ⅲ.3——双回路（一路专线、一路辐射公网）

图 3.30 所示的系统为一种双回路供电模式系统，它的两个供电电源来自同一条母线，一路电源专线进线，另一路电源通过辐射公网“T”接进线，输电线路采用的是架空线路。该供电系统正常和故障情况下的供电方式为专线主供、公网热备运行方式，主供电源失电后，公网热备电源自动投切，两路电源应装有可靠的电气、机械闭锁装置。

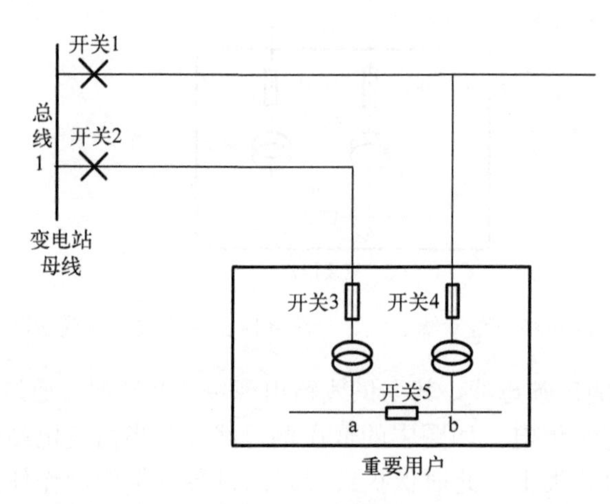

图 3.30　双回路一路专线进线、一路辐射公网进线、架空线供电模式

图 3.31 所示的系统是一种双回路供电模式系统，它的两个电源来自同一条母线，一路电源专线进线，另一路电源通过辐射公网“T”接进线，输电线路采用的是电缆线路。该系统正常和故障情况下的电源供电方式与图 3.30 所示的系统正常和故障情况下的电源供电方式相同，专线主供、公网热备运行方式，主供电源失电后，公网热备电源自动投切，两路电源应装有可靠的电气、机械闭锁装置。

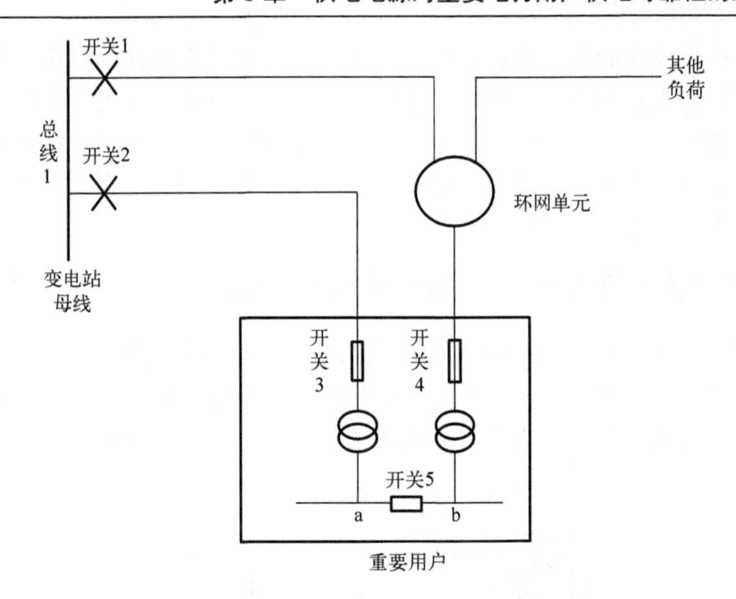

图 3.31　双回路一路专线进线、一路辐射公网进线、电缆线路供电模式

针对以上供电系统，需要考虑以下几个问题：

(1) 低压母线 a 与低压母线 b 的区别：低压母线 a 是通过变电站高压母线专线进线，低压母线 b 是“T”接于以同一条变电站高压母线为电源的辐射公网上，由此可以看出辐射公网上的其他元件故障可能对低压母线 b 的可靠性指标产生影响。

(2) 对于低压侧每条母线，其主供线路出现单一故障时，通过倒闸操作，可以连接到备用母线上继续供电。

(3) 考虑检修的情况，检修都是按计划进行的，因此当低压母线回路有元件需要检修时，我们可以事先通过倒闸操作，将该低压母线接到另一条低压母线上，让另一条低压母线为它供电，从而保证不停电，也就是停电时间为零。但是当低压母线本身需要检修时。

(4) 考虑组合故障，当一条低压母线回路有元件发生故障或正在检修时，正好另一条低压母线也有元件发生故障或正在检修(不考虑两条低压母线回路元件都在检修的情况)，此时就不能通过负荷转供来恢复供电，必须等到故障修复和检修完成后才能恢复供电。

(5) 本供电模式为双回路供电模式，因此当变电站故障或者高压母线故障或者高压母线检修时，低压母线 a 和低压母线 b 都将停电，且它们的停电时间为变电站的故障修复时间或者高压母线的故障修复时间或者高压母线的检修时间。

(6) 故障时，如果应急负荷不能转移，应急电源将接入对应急负荷进行供电。

(7) 由于重要用户中有一路供电电源是辐射公网进线，因此负荷 b1、b2 的供电可靠率低于负荷 a1、a2。

由于改供电模式的供电电源来自一个变电站，且具有较高的供电可靠性，因此其可用于不具备来自两个方向变电站条件，具有较高可靠性需求，中断供电将可能造成重大经济损失或一定范围社会公共秩序混乱的重要电力用户，如汽车、造船、飞行器、发电机、锅炉、汽轮机、机车、机床加工等机械制造企业、达到一定供水面积的中型水厂、污水处理厂等。

3.4.14 供电模式Ⅲ.4——双回路(两路辐射公网)

图 3.32 所示的系统是双回路供电模式系统，它的两个电源来自同一台母线，两路电源均通过辐射公网“T”接进线，输电线路采用的是架空线路。该系统在正常和故障情况下的电源供电方式为两路电源互供互备，且应尽量配置备用电源自动投切装置。

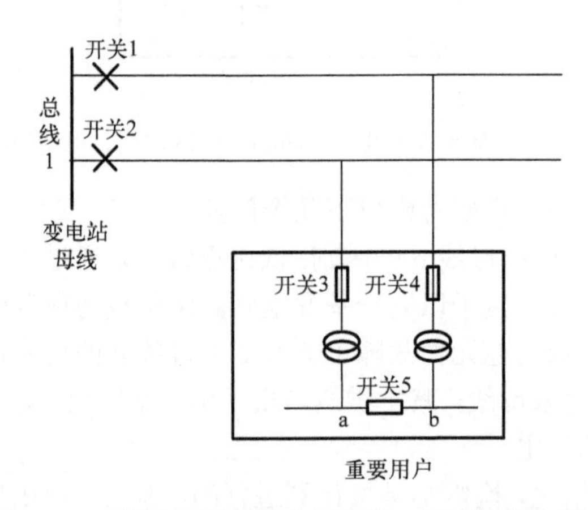

图 3.32 双回路两路辐射公网进线、架空线供电模式

图 3.33 所示的系统为一种双回路供电模式系统，它的两个电源来自于同一条母线，两路电源均通过辐射公网上的环网柜供电进线，输电线路采用的是电缆线路。该系统在正常和故障情况下的电源供电方式与图 3.32 所示的系统正常和故障情况下的电源供电模式相同，两路电源互供互备，且应尽量配置备用电源自动投切装置。

针对以上供电系统，需要考虑以下几个问题：

(1)此供电模式的示意图如图 3.33 所示，从图中，可以看到，这种供电模式是完全对称的，所以低压母线 a 和低压母线 b 的可靠性指标应该是相同的。低压母线 a 和低压母线 b 是“T”接于以同一条变电站高压母线为电源的两个辐射公网上，由此可以看出辐射公网上的其他元件故障可能对低压母线 a 和低压母线 b 的可靠性指标产生影响。

(2)对于低压侧每条母线，其主供线路出现单一故障时，通过倒闸操作，可以连接到备用母线上继续供电。

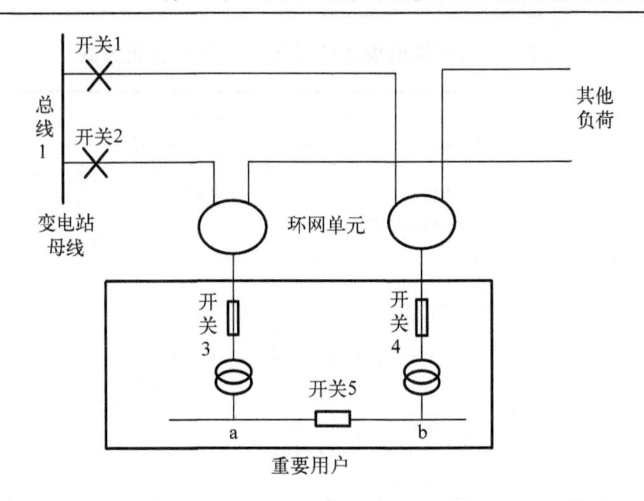

图 3.33　双回路两路辐射公网进线、电缆线路供电模式

(3) 考虑检修的情况，当低压母线回路有元件需要检修时，我们可以事先通过倒闸操作，将该低压母线接到另一条低压母线上，让另一条低压母线为它供电，从而保证不停电，也就是停电时间为零。

(4) 考虑组合故障，当一条低压母线回路有元件发生故障或正在检修时，正好另一条低压母线也有元件发生故障或正在检修(不考虑两条低压母线回路元件都在检修的情况)，此时就不能通过负荷转供来恢复供电，必须等到故障修复和检修完成后才能恢复供电。

(5) 本供电模式为双回路供电模式，因此当变电站故障或者高压母线故障或者高压母线检修时，低压母线 a 和低压母线 b 都将停电。

(6) 故障时，如果应急负荷不能转移，应急电源将接入对应急负荷进行供电。

由于该供电模式的供电电源来自一个变电站，且具有较高的供电可靠性，因此其可用于不具备来自两个方向变电站条件，具有较高可靠性需求，中断供电将可能造成较大经济损失或一定范围社会公共秩序混乱的重要电力用户，如一定规模的重点工业企业、高度超过 100 米的特别重要的商业办公楼等。

3.5　供电电源配置典型模式

根据不同供电电源配置的实际情况和可靠性的高低，可确定以下 14 种重要电力用户供电方式的典型模式。表 3.7 给出了典型供电模式的适用范围及其供电方式。

按照供电电源回路数分为Ⅰ、Ⅱ、Ⅲ三类供电模式，分别代表三电源、双电源、双回路供电。

表 3.7　典型供电模式的适用范围及其供电方式

供电模式		电源	电源点	接入方式	适用重要电力用户类别	正常/故障下电源供电方式
模式Ⅰ	Ⅰ.1	电源 1	变电站 1	专线	具有极高可靠性需求，中断供电将可能危害国家安全的特别重要的电力用户，如党中央、全国人大、全国政协、国务院、中央军委等最高首脑机关办公地点等	三路电源专线进线，两供一备，两路主供电源任一路失电后热备用电源自动投切；任一路电源在峰荷时应带满所有的一、二级负荷
		电源 2	变电站 2	专线		
		电源 3	变电站 3	专线		
	Ⅰ.2	电源 1	变电站 1	专线	具有极高可靠性需求涉及国家安全，但位于城区中心，电源出线资源非常有限且不易改造的特别重要电力用户，如党和国家领导人及来访外国首脑经常出席的活动场所等	三路电源两路专线进线，一路环网公网供电，两供一备，两路主供电源任一路失电后热备用电源自动投切；任一路电源在峰荷时应带满所有的一、二级负荷
		电源 2	变电站 2	专线		
		电源 3	变电站 2	公网		
	Ⅰ.3	电源 1	变电站 1	专线	具有极高可靠性需求涉及国家安全，但地理位置偏远的特别重要电力用户，如国家级的军事机构和军事基地	三路电源两路专线进线，一路辐射公网供电，两供一备，两路主供电源任一路失电后热备用电源自动投切；任一路电源在峰荷时应带满所有的一、二级负荷
		电源 2	变电站 2	公网		
		电源 3	变电站 2	公网		
模式Ⅱ	Ⅱ.1	电源 1	变电站 1	专线	具有很高可靠性需求，中断供电将可能造成重大政治影响或社会影响的重要电力用户，如省级政府机关、国际大型枢纽机场、重要铁路牵引站、三级甲等医院等	两路电源互供互备，任一路电源都能带满负荷，而且应尽量配置备用电源自动投切装置
		电源 2	变电站 2	专线		
	Ⅱ.2	电源 1	变电站 1	专线	具有很高可靠性需求，中断供电将可能造成人身伤亡或重大政治社会影响的重要电力用户，如国家级广播电台、电视台、国家级铁路干线枢纽站、国家级通信枢纽站、国家一级数据中心、国家级银行等	可采用专线主供、公网热备运行方式，主供电源失电后，公网热备电源自动投切，两路电源应装有可靠的电气、机械闭锁装置
		电源 2	变电站 2	公网		
	Ⅱ.3	电源 1	变电站 1	专线	具有很高可靠性需求，中断供电将可能造成重大政治社会影响的重要电力用户，如城市轨道交通牵引站、承担重大国事活动的国家级场所、国家级大型体育中心、承担国际或国家级大型展览的会展中心、地区性枢纽机场、各省级广播电台、电视台及传输发射台站等	可采用专线主供、公网热备运行方式，主供电源失电后，公网热备电源自动投切，两路电源应装有可靠的电气、机械闭锁装置
		电源 2	变电站 2	公网		
	Ⅱ.4	电源 1	变电站 1	公网	具有很高可靠性需求，中断供电将可能造成重大社会影响的重要电力用户，如铁路大型客运站、城市轨道交通大型换乘站等	可采用双电源各带一台变压器，低压母线分段运行方式，双电源互供互备，要求每台变压器在峰荷时至少能够带满全部的一、二级负荷
		电源 2	变电站 2	公网		

续表

供电模式		电源	电源点	接入方式	适用重要电力用户类别	正常/故障下电源供电方式
模式Ⅱ	Ⅱ.5	电源 1	变电站 1	公网	具有很高可靠性需求，中断供电将可能造成较大范围社会公共秩序混乱或重大政治影响的重要电力用户，如特别重要的定点涉外接待宾馆等、举办全国性和单项国际比赛的场馆等人员特别密集场所等	双电源可采用母线分段，互供互备运行方式；公网热备电源自动投切，两路电源应装有可靠的电气、机械闭锁装置
		电源 2	变电站 2	公网		
	Ⅱ.6	电源 1	变电站 1（不同母线）	专线	不具备来自两个方向变电站条件，具有较高可靠性需求，中断供电将可能造成人身伤亡、重大经济损失或较大范围社会公共秩序混乱的重要电力用户，如石油输送首站和末站、天然气输气干线、6 万吨以上的大型井工煤矿、石化、冶金等高危企业、供水面积大的大型水厂、污水处理厂等	由于用户不具备来自两个方向变电站条件，但又具有较高可靠性需求，可采用专线主供、公网热备运行方式，主供电源失电后，公网热备电源自动投切，两路电源应装有可靠的电气、机械闭锁装置
		电源 2	变电站 1（不同母线）	公网		
	Ⅱ.7	电源 1	变电站 1（不同母线）	公网	不具备来自两个方向变电站条件，有较高可靠性需求，中断供电将可能造成重大经济损失或较大范围社会公共秩序混乱的重要电力用户，如天然气输气支线、6 万吨的中型井工煤矿、石化、冶金等高危企业、中型水厂、污水处理厂等	由于涉及一些地点偏远的高危该类用户，进线电源可采用母线分段，互供互备运行方式；要求公网热备电源自动投切，两路电源应装有可靠的电气、机械闭锁装置
		电源 2	变电站 1（不同母线）	公网		
模式Ⅲ	Ⅲ.1	电源 1	变电站 1	专线	不具备来自两个方向变电站条件，具有较高可靠性需求，中断供电将可能造成较大社会影响的重要电力用户，如市政府部门、普通机场等	两路电源互供互备，任一路电源都能带满负荷，而且应尽量配置备用电源自动投切装置
		电源 2	变电站 1	专线		
	Ⅲ.2	电源 1	变电站 1	专线	不具备来自两个方向变电站条件，具有较高可靠性需求，中断供电将可能造成较大社会影响的重要电力用户，如国家二级通信枢纽站、国家二级数据中心、二级医院等重要电力用户	两路电源互供互备，任一路电源都能带满负荷，而且应尽量配置备用电源自动投切装置
		电源 2	变电站 1	公网		
	Ⅲ.3	电源 1	变电站 1	专线	不具备来自两个方向变电站条件，具有较高可靠性需求，中断供电将可能造成重大经济损失或一定范围社会公共秩序混乱的重要电力用户，如汽车、造船、飞行器、发电机、锅炉、汽轮机、机车、机床加工等机械制造企业、达到一定供水面积的中型水厂、污水处理厂等	由于部分是工业类重要电力用户，采用专线主供、公网热备运行方式，主供电源失电后，公网热备电源自动投切，两路电源应装有可靠的电气、机械闭锁装置
		电源 2	变电站 1	公网		

续表

供电模式		电源	电源点	接入方式	适用重要电力用户类别	正常/故障下电源供电方式
模式Ⅲ	Ⅲ.4	电源 1	变电站 1	公网	不具备来自两个方向变电站条件，具有较高可靠性需求中断供电将可能造成较大经济损失或一定范围社会公共秩序混乱的重要电力用户，如一定规模的重点工业企业、各地市级广播电视台及传输发射台、高度超过 100 米的特别重要的商业办公楼等	由于该类用户一般容量不大，可采用两路电源互供互备，任一路电源都能带满负荷，且应尽量配置备用电源自动投切装置
		电源 2	变电站 1	公网		

1) 三电源供电：模式Ⅰ

Ⅰ.1：三路电源来自三个变电站，全专线进线。

Ⅰ.2：三路电源来自两个变电站，两路专线进线，一路公网供电进线。

Ⅰ.3：三路电源来自两个变电站，一路专线进线，两路公网供电进线。

2) 双电源供电：模式Ⅱ

Ⅱ.1：双电源(不同方向变电站)专线供电。

Ⅱ.2：双电源(不同方向变电站)一路专线、一路环网公网供电。

Ⅱ.3：双电源(不同方向变电站)一路专线、一路辐射公网供电。

Ⅱ.4：双电源(不同方向变电站)两路环网公网供电进线。

Ⅱ.5：双电源(不同方向变电站)两路辐射公网供电进线。

Ⅱ.6：双电源(同一变电站不同母线)一路专线、一路辐射公网供电。

Ⅱ.7：双电源(同一变电站不同母线)两路辐射公网供电。

3) 双回路供电：模式Ⅲ

Ⅲ.1：双回路专线供电。

Ⅲ.2：双回路一路专线、一路环网公网进线供电。

Ⅲ.3：双回路一路专线、一路辐射公网进线供电。

Ⅲ.4：双回路两路辐射公网进线供电。

根据国家或行业对于重要电力用户的相关标准，重要电力用户应尽量避免采用单电源供电方式。

3.6 小结

针对上述仿真结果，可总结出以下关于典型供电模式供电可靠性的结论。

(1) 对于相同的供电模式，考虑容量约束时，其等效故障率不低于不考虑容量约束时的故障率。

(2) 对于每条母线，因主供线路出现故障时，且该母线能够通过倒闸操作通过备用线路通电，则其停电时间将是倒闸操作时间，而不是主供线路故障修复时间。

(3) 应急备用电源的接入对重要电力用户的故障率也没有影响，但是可以有效地减少重要用户每次停电时间，提高供电可靠性。采用应急备用电源供电时，故障停电时间是主供线路向应急备用电源切换的倒闸操作时间，而不是主供线路的故障修复时间。应急备用电源分为热备用和冷备用，热备用的切换时间比冷备用的切换时间短。

(4) 部分供电模式是多电源多线路接入重要用户，但其正常运行时，是按照单电源、单回路或者辐射式，在故障负荷可以转移的情况下，对应的负荷恢复供电时间为切换到备用电源时间。此时供电电源数量和供电回路的增加只能改变停电恢复时间，不能改变重要负荷的故障率。

(5) 电力系统中的设备都具有较高的可靠性，所以计算各供电模式的可靠性指标时一般只计算一阶和二阶故障便足以满足要求，其中二阶故障模式包括两元件故障模式、一元件检修一元件故障模式。

(6) 在考虑检修情况时，由于检修一般都是按计划的，所以当一条线路上的元件需要检修时，其对应的低压侧母线可事先通过倒闸操作，使另一条低压母线为之供电，从而保证在正常检修情况下不停电，即检修不影响其可靠性指标。

(7) 对于含有公网线路的供电模式，公网上的其他元件发生故障会对其可靠性产生影响，所以将环网公网上其他元件故障上行等效，将其对重要用户的影响上行等效在相应的节点上。

(8) 相对于架空线路供电模式而言，电缆线路供电模式故障率更低，年平均停电时间更短，但平均停电持续时间变长。架空线路受环境影响较大，其故障率高，而电缆线路埋于地下，其受环境影响小，故障率低，但架空线路的故障定位及故障修复时间较比电缆线路短，反映到可靠性上则表现架空线路的故障修复时间短。

(9) 主备供电方式的故障率与非主备供电方式相同。此外，在不考虑容量约束的情况下，主备供电方式的故障停电时间长于非主备供电方式；在考虑容量约束的情况下，主备供电方式的故障停电时间与非主备供电方式相同。

第4章

重要电力用户自备应急电源

4.1 自备应急电源定义及类型(原理和特点)

4.1.1 应急电源定义

电力故障和中断的特性是其持续时间会从几微秒到数天。电压漂移的范围会从零到标称值的20倍，甚至更高。频率漂移则以多种形式出现，变化范围从谐波频率到直流。发生这些变化是由于用户进线前端的电力系统与用户配电区中的诸多因素。例如，雷电、汽车的电极点火、冰暴、飓风、备用电源之间的切换及设备故障等，这些仅是电力进线前端发生电源中断故障的部分因素。而用户配电区内诸如电力线路短路和开路、馈电线的线径太小、设备故障、操作人员失误、暂时过载，因某相馈电线路的负荷而导致三相不平衡、火灾、开关失误等多个因素也都会造成电源中断或故障。

过去，人们对电源的可靠性没有提出特别的要求。如果某路电源会经常性出现彻底的中断，就向电力系统申请投入另外一路电源。如果电压的变化需要引起足够的重视，则安装交流稳压器或者将馈电导线换成线径更大一些的导线来解决问题。随着城市规模化、信息化、现代化、数字化，人们的吃饭饮水、信息联络、工作出行、文化生活无一不依靠电力，对断电的忍耐程度也变得越来越低，在许多重要的城市部门，已经不能够允许断电。同时，作为国民经济支柱的工业生产规模的不断扩大，生产过程、控制及仪器更加复杂，并且它们之间的联系更加紧密，缩短电源断电时间的要求就被提出来了。随着固态电子学和计算机的出现，对供电连续、可靠、高质量的要求变得越加强烈，近乎苛刻，许多装置要求不间断供电，芯片生产企业的生产机台要求电源几乎没有频率漂移、电压下跌、电涌和瞬变等现象，对电源的要求非常高，电网提供的电源的可靠性已经无法满足用户的实际需求。

为了达到这种要求，许多重要的政府部门、公用事业部门、工商业企业等增加了应急电源来满足可靠供电的要求。同时，电力企业也配置了一定数量的应急发电车作为紧急出救、重要活动保电和应急抢修的电源。

但我国目前很多用户对应急电源的认识比较宽泛，对应急电源作用、形形色色不同类型应急电源的性能和适用范围都不很清楚，人们还经常将备用电源、应急电源、保安电源这几个系统的问题纠缠在一起，认为应急电源就是备用电源，备用电源就是应急电源，保安电源具体指什么也不十分清楚。

本书通过多方面的调查研究，对应急电源给出了明确的定义，对备用电源和保安电源也进行了定义，对它们各自的作用和区别进行了阐述。同时，还引出了主供电源和电网电源的定义。

1. 主供电源和电网电源

首先有必要描述一下主供电源和电网电源的定义。

1) 主供电源定义

白天与黑夜都正常有效且能连续使用的电能供应源，也叫正常电源。它通常由供电公司供给，但有时由专供基本负载的自备发电机供给，例如，野战部队为雷达供电的柴油发电机。即指在正常情况下，能有效为全部负荷提供电力的电源。

2) 电网电源定义

由供电公司供应的电源，有时也叫市电电源。当其可用时，通常作为主供电源。但是，当在地理环境不允许或经济上不合算时，有时它也作为替代电源或备用电源。

2. 应急电源、备用电源和保安电源

明确了主供电源和电网电源的定义，有助于理解应急电源、备用电源和保安电源的定义。

1) 应急电源定义

应急电源，一般是在紧急情况，主要是主供(或正常)电源因故障或断电不能正常工作的情况下，用户为避免人身伤害，保持重要业务正常运行或生产，根据其对供电连续性的要求以及用户承受断电带来的经济损失或断电影响的能力不同，为其部分或全部重要负荷(保安负荷、关键负荷、一级负荷和二级负荷)所选择的与正常电源在电气上独立的、独立储备有电能的各式电源，在正常电源突然发生中断时仍然能保持正常供电。

2) 备用电源定义

备用电源，指根据用户在安全、业务和生产上对供电可靠性的实际需求，在主供电源发生故障或断电时，能有效为全部负荷或保安负荷提供电力的电源，是一个独立的电能储备源。

3)保安电源定义

保安电源是供给用户保安负荷的电源，指对中断供电后将发生人身伤亡或引起生产设备(环境)易燃、易爆等情况，主供(或正常)电源以外所提供的与其他电源无联系而能独立存在的电源；或与其他电源有较弱的联系，当其中一个电源故障断电时，不会导致另一个电源同时损坏的电源，如自备电厂、自备发电机组供出的专用线路等。保安电源与其他电源之间必须设置可靠的机械式或电气式连锁装置。

4)应急电源、备用电源与保安电源的区别

应急电源、备用电源与保安电源都是紧急情况下，主供(或正常)电源不能正常工作的情况下所使用的电源。这三者的主要不同之处在于其所提供电力的负荷范围有所区别。

应急电源是为部分或全部重要负荷，包括应急负荷、保安负荷、关键负荷、一级负荷和二级负荷供电的电源，主要作用是防止安全事故、维持必要的功能，以及部分生产。一般情况下应急电源是不能替代主供电源，用来恢复所有负荷的供电的。应急电源可以由电网提供一路与主供电源无联系，独立存在的电源；更多是由用户根据自身对可靠性的要求配置的柴油发动机、UPS 等可靠电源。

备用电源是能为所有负荷提供合格数量和质量电力的电源，使用户的设备可以继续令人满意地运行，备用电源正常情况下是不为负载供电的，是紧急情况下可以作为主供电源的替代电源，用来恢复所有负荷的供电的。多数情况下备用电源是由电网提供的一路与主供电源无联系，独立存在的电源，有热备用和冷备用两种情况。

保安电源是专为保安负荷供电的电源，一般是为大型的化工、钢铁等高危工业类用户的保安负荷设置的电源。由于大型的化工、钢铁类用户的用电量非常大，其保安负荷也远远超出几千千瓦，相比之下，柴油发电机组等电源设备的容量根本无法满足这类保安负荷的要求，因此，保安电源一般由电网提供一路与主供电源无联系，独立存在的电源；或由用户的自备电厂、自备发电机组供出的专用线路作为保安电源，要求如果保安与其他电源有较弱的联系，当其中一个电源故障断电时，不会导致另一个电源同时损坏的电源。

4.1.2 应急电源的种类和特点

近些年应急电源已经广泛用于生活的各个领域，包括医院、通信、广播电视、油田、煤矿、部队、重大比赛和会议现场等等，而且发挥的作用越来越大。2004 年“非典”的非常时期、2008 年南方史无前例的冰灾、2008 年黑色的汶川地震，国家电网公司几乎派出了所有能够调度的应急发电车以最快速度赶往第一线，极大地发挥了作用。湖南郴州在冰冻无电 11 天的日子里，所有应急电源设备卖到脱销，国网公司的 60 多辆发电车和这些用户自备的应急电源，成功地保证了所有应急调度指挥中心、高危化工企业、煤矿等井下矿山、供水、医院、通信、路灯、酒店、大型超市等高危企业和部分维持城市基本功能单位的供电。

随着社会的进步，应急电源的种类越来越多，越来越先进，可以满足不同类型用户的不同要求。例如，柴油发动机被广泛应用于煤矿、建筑等领域；UPS、EPS 被广泛于数字处理类电子负荷；还有新型的飞轮磁悬浮储能不间断发电车等。本书就目前已有的较常用的应急电源做简单分类介绍和比较，可作为不同类型重要用户不同负荷的应急电源和应急电源组合选择的参考。

我国《供配电系统设计规范》(GB 50052—2009) 明确指出，应急电源包括以下 4 类。

(1) 独立于正常电源的发电机组。

(2) 供电网络中独立于正常电源的专用的馈电线路(即是指保证两个供电线路不大可能同时中断供电的线路)。

(3) 蓄电池。

(4) 干电池。

根据应急电源的发展情况，目前应用较为广泛的应急电源分类如图 4.1 所示。

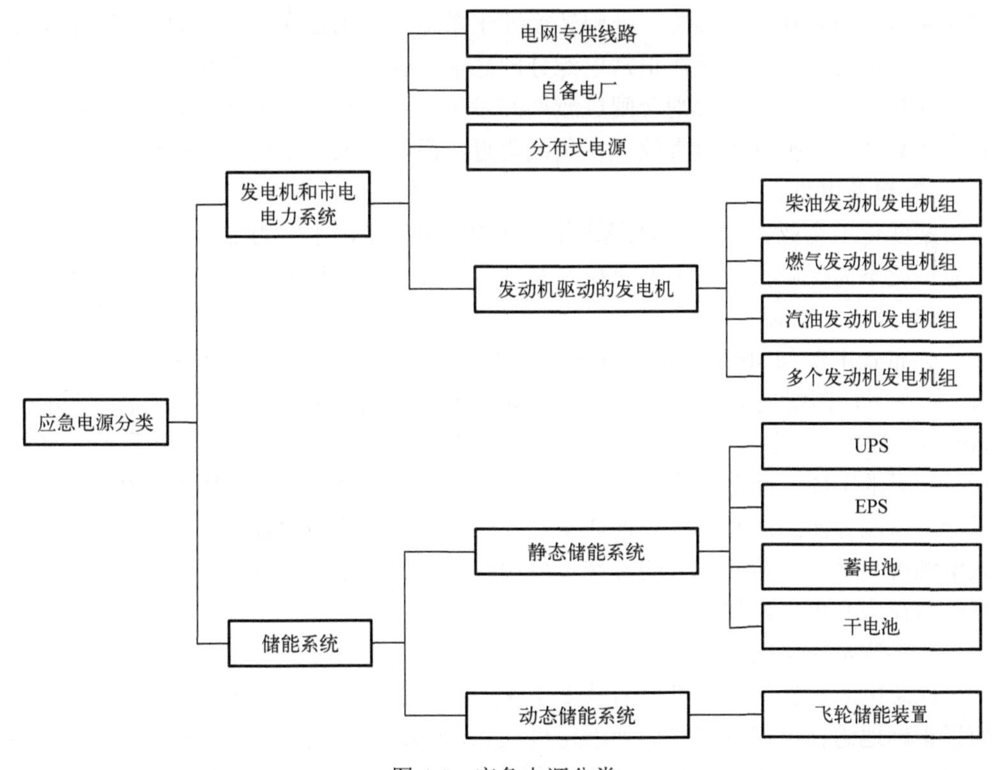

图 4.1　应急电源分类

1. 发电机和市电电力系统

本书将应急电源归纳为以下两种基本类型。

(1) 一种是大容量应急电源，供电线路的容量一般为兆瓦级，由几兆瓦到几十兆瓦不等。正常情况下与主供电源并联运行，但与主供电源分离的独立的电源。若主用电源发生故障，它应能继续维持对关键负荷和必要负荷的供电，多用于关键负荷很大的工业用户。

(2) 一种是小容量应急电源，供电线路的容量一般为千瓦及以下，通常为几千瓦到数千千瓦。一个有效可靠的电源，正常情况下不投入运行，在主用电源失效时，该电源能自动快速地被切换为对关键负荷供电。

1) 大容量应急电源

(1) 电网络中有效地独立于正常电源的专门供电线路。

多路市电可以作为应急电源或备用电源，供电线路的容量一般为几兆瓦到几十兆瓦。在这种情况下，就需要这路电源是单独的一路市电及所需的开关设备。在使用时，当自动转换开关装置操作时，负载必须容许长达数周波的供电中断。

如果市电允许两路电源瞬间连接在一起，就可能需要一个在分闸与合闸两者之间控制转换的转换开关装置。分闸转换即正常电源分闸是在应急电源合闸之前，合闸转换即应急电源合闸是在正常电源分闸之前。合闸转换时要求两路电源以正确的相角和相序方式同步，否则合闸过渡期间发生短路的时间将增加。为了达到最高的系统可靠性，转换开关通常放置在负载附近，而不是放在主用电源的进线处。

(2) 自备电厂。

某些化工企业、冶金企业都具有独立的发电机组，平常为部分生产负荷供电，紧急情况下为保安负荷、关键负荷、及部分重要的生产负荷供电；

(3) 分布式电源。

分布式电源(distributed resource，DR)是指是为了满足一些终端用户的特殊需求、接在用户侧附近的小型发电系统(distributed generation，DG)与储能装置(energy storage，ES)的联合系统(DR=DG+ES)。它们的规模一般不大，在几十千瓦至 50 兆瓦。常见的 DG 的能源形式包括天然气(及煤层气、沼气等)、太阳能、生物质能、氢能、风能等能源；而储能装置(ES)包括蓄电池、超级电容器、飞轮储能等。分布式电源可为重要负荷非常大的特殊重要用户如，铁路系统供电，也可为人口特别密集的负荷中心供电，如大学校园。

2) 小容量应急电源

应急电源设备的可用机型为从 1 千伏安的小型机一直到数千千伏安的大型机。如果正确地进行保养且使它们处于待机状态，那么它们能在 8～15s 内可靠地投入供电运行。除了作为应急电源供电外，电动机驱动的发电机也用于为高峰负荷供电，有时还将其作为首选电源使用。它们能满足不间断电源系统对备用电源的需求。但是，在那些需要稳定电源的场所，比如计算机工作站，由于要求电源不受电压、频率或者谐波干扰，可能需要在关键性负载和电动机驱动的发电机之间加入一个电源调节器作为缓冲器。

①柴油发动机发电机组。柴油发电机组至今已经有五六十年的历史了，目前已为大部分工程所采用。较小体积的柴油机发电机组虽然价格偏高且较笨重，但是耐用性和可靠性较好。柴油发电机在燃料充足的情况下可以保持连续供电，而且发生火灾和爆炸的情况远低于汽油机发电机组。与汽油、燃气发动机发电机组相比，其容量较大，一般在2000kW以内。但国外资料报道目前柴油机发电机组的功率范围从2.5kW到数兆瓦。但柴油发电机占用面积较大，需对其进行防火处理，且噪音、振动、排烟、通风、防潮、防冻等问题也是运行中需要注意的问题。

②汽油发动机发电机组。可以安装使用的汽油机发电机组的输出功率可达100kW。与柴油机发电机组相比，虽然它们启动速度快，前期购置费用低；但也存在运行费用较高，存储和使用汽油有较高的危险，较短的存储期限以及一般来说平均检修时间较短等缺点。而且较短的存储期限也限制了汽油机发电机组作为备用的应急电源来使用。

③燃气发动机发电机组。燃气轮发电机组以天然气或其他可燃烧气体为主要燃料，以内燃机作动力，驱动同步交流发电机而发电。用天然气和液化石油气的燃气机价格与汽油机价格相差不多，在外观和构造上，燃气机组都同柴油机组较为类似。但是，燃气机可有效地用于高达600kW甚至更高的发电机。由于供应的新燃料是气体，故燃气机在长时间停机后能快速启动。因为天然气为完全燃烧，所以燃气机的寿命较长且也减少了维修量。 这些高效、环保和经济等优点，无论是主供电源还是应急电源，燃气轮发电机组都在欧美国家得到了相当程度的普及。燃气发动机发电机组的缺点有：所需进排气空气量较大，排气温度高，土建工程复杂；燃气轮机设备成本较高，价格较贵。

④多个发动机发电机组的系统。要安装多个机组时，应考虑多个机组的自动启动和自动同步控制问题。考虑到即使某个机组需要维修或者检修，应急电源仍要有效地使用，因此，由数个小发电机组构成的系统优于一个大发电机组。

2. 储能系统

储能系统种类非常广泛，本书只介绍静态储能系统中的蓄电池储能系统和动态(机械能)储能系统这两种最流行的储能系统。

1)静态(蓄电池)储能系统

蓄电池储能系统是一种作为再充电储能型能量用于设计应急电源。这些电池也称为固定电池，“固定”是由于这些电池是设计在一个固定不动的位置上使用。一个蓄电池组是由两个或更多个电池以电连接方式串联、并联或者串并联结合而构成的，以获得使用所需求的电压和容量(按安培时或瓦特时计)。这种能量可以直接作为直流设备的电源，或者可以利用直流电动机去驱动交流发电机与静止式直流一交流变换器(如静止式逆变器)，以这两种方式之其一将能量变换为有用的交流电力。蓄电池储能系统中最常见的三种应急电源是蓄电池、UPS 和 EPS。

(1) 蓄电池。

蓄电池是应用于应急电力的最可靠可用能源。当它与其他部件同时应用时，也可能是其中一个最通用的部件。一个备用蓄电池系统包含三个基本部件：蓄电池组、充电器和负载。当蓄电池组和 UPS 连接在一起使用时，蓄电池组可以认为是 UPS 的一个部件。为备用电源而设计的固定型蓄电池组通常运行在充放电循环（即一次放电后接着一次再充电)次数很少的全浮冲状态，以期望这种运行方式的寿命能超出规定的工作寿命。全浮冲运行的特征是蓄电池组、充电器和负载全部并接在一起，如图 4.2 所示。在正常运行时，充电器给负载供电，同时供应小量的电流给蓄电池组充电，以使蓄电池组保持在充足电的状态。而仅仅在充电器失效时或在负载所要求的电流(如浪涌电流)超过充电器额定输出电流时的这段时间，蓄电池组才给负载供电。

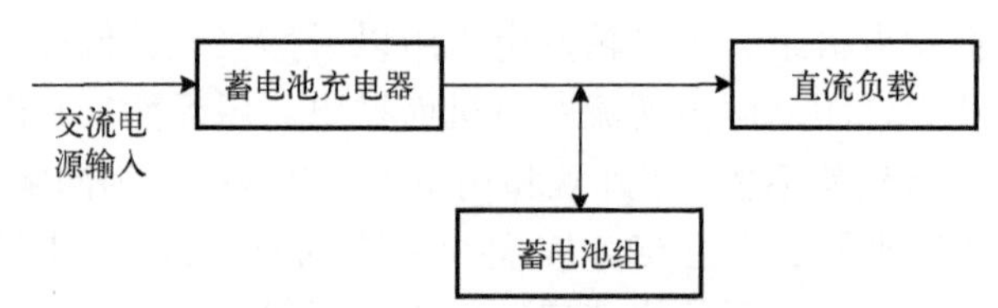

图 4.2 固定型蓄电池的浮充运行

蓄电池组的容量是以在最恶劣条件下能维持对最关键负载供电而配备的，要求一直供电到最关键负载能正常停止、正常电源重新供电、或者替换用的其他类型应急电源可以启动并投入供电为止。蓄电池组维持供电的时间可以有若干分钟(例如 5min、10min、15min 或者 30min)或者若干小时(例如 1.5h、2h、5h 或者 8h)。较短的备用时间适应 UPS 设备的设计，较长的备用时间则用于通信和应急照明系统。蓄电池组的供电时间越长，要求为负载供电的蓄电池组容量就越大。蓄电池组用于变电站时，持续时间通常是 8h 或 10h；用于通信系统时，持续时间是 5h；用于发电机组时，持续时间是 2h、3h 或者 8h；用于 UPS 设备时，持续时间则是 5min 或 15min。此外，由于受到场地、环境温度等条件限制，不宜购买大容量蓄电池组(即在行业规范或者标准中不要求较长的备用时间的前提下)，应优先考虑安装发动机驱动型发电机或者燃气涡轮型发电机。

备用蓄电池用在下列应用场合中：①电信系统；②变电站；③发电站；④UPS 设备；⑤工业控制；⑥应急灯具；⑦安全/报警系统；⑧太阳光电池系统。

(2) 不间断电源装置 (UPS)。

UPS 是英文 Uninterruptible Power Supply 的缩写，是以蓄电池作为储能的电源，UPS 的蓄电池一直处于在线浮充状态，电网断电后 UPS 可以做到对负荷侧不间断供电，即不间断电源，人们习惯将其简称为 UPS。UPS 不仅仅是一个应急电源，它还具备电力净化的功能。UPS 的主要特点是既可保证对负载供电的连续性，又可保证给负载供电的质量，而且还具有电压变换和频率变换功能。但其主要存在造价高、寿命短等缺点。特别是在线式 UPS，造价非常昂贵。UPS 广泛应用于信息类负荷，不适合应急、事故照明等场合。小型 UPS 的容量一般为几千伏安，少量大型 UPS 的容量最高可达 500kV·A。UPS 经常作为供电安全稳定性要求较高的医院、通信、银行等用户供电。

(3) 应急电源装置 (EPS)。

EPS (emergency power supply) 全称为应急电源供电系统，是应用 IGBT 逆变技术，以 CPU 控制，采用高电子集成整体模块化结构的强弱电一体化系统。它在紧急的情况作为重要负荷的第二或第三电源供给。EPS 的特点是其能自动切换，无需人值守，且非应急时基本不耗电，高度节能。与 UPS 相比，容量较 UPS 要大一些，安装方便综合造价低，性价比高，寿命长达 20 年以上，而且工程设计不需更改主接线，即可替代原有产品实施，无需消噪、排烟、消防的附加要求，占地极少。随着技术水平的不断进步，EPS 可望成为不少场合的 UPS、柴油发电机组的替代产品。但 EPS 有大概 0.1s 的切换时间，不能做到在线 UPS 那样可以不间断供电，且其容量、环境温度等也有一定限制。

2) 动态 (机械能) 储能系统

机械能储能系统是以旋转质量的动能形式来储能的，它利用此动能去驱动交流发电机而将能量转换为有用的电力。

最为常见的动态储能系统是飞轮储能装置，也叫动态 UPS。正常供电时，仅需要提供很少的能量，以维持飞轮储能装置的损耗，将电能转化为旋转机械能储存起来。在发生断电时，飞轮的旋转带动同轴旋转的发电机产生电能，向重要负荷供电。如集成电子芯片生产商的应急电源就使用飞轮储能装置。

3) 两种储能系统的主要区别

蓄电池组可以选择提供数分钟或者数小时的备用时间，而机械储能系统则有少于 10s 备用时间的实际时间限制。用于 UPS 的大多数蓄电池通常具有提供 15min 备用电力的能力。在这期间如果正常电源还没有恢复供电，应急发电机能有时间投入供电。基于备用时间的考虑，大多数 UPS (不论旋转式还是静止式) 都用蓄电池组作为它们的主要备用电源。目前所有其他有效的电源系统都是通过逆变器、交流发电机或者这两者某种结合的方式，将蓄电池的直流电变换成交流电力。

4)移动发电设备

还有一类应急电源，是非常便捷的，即可移动的应急电源。如装有电源装置的专用车辆以及几千瓦的小型移动式发电机。发电车上可装配电瓶组、柴油发电机组、燃汽发电机组等。移动发电车在系统正常运行时还可以用来应急发电、检修设备、会议保障和野外作业等。

移动发电车特点是，有很强的机动性和环境适应性，可对灾难性事故即时响应。移动发电车能以 80～100km/h 的时速赶赴事故现场，及时保证电力供给，因而适合应急使用。目前移动发电车的容量一般为 10～2500kV·A，持续运行时间 1～2.5h，有的可高达 48h。有的移动发电车相当于变电站，可向一定范围内的部分用户供电。

由于发电车都是依靠柴油机启动，当需要发电车供电而启动时，往往有一个几分钟的过程，国外发达国家生产的移动发电车本身还带有一个附属设备，它的转换时间为零秒，能达到零秒启动的效果，即由这种发电车保障的线路一旦出现状况会自动转换，不会出现断电的情况。目前国内最先进的移动发电车是飞轮磁悬浮储能不间断发电车，它依靠飞速旋转的储轮，将电力储存起来，可以即刻恢复供电。

4.2 自备应急电源性能比较

为了引导重要电力用户的自备应急电源配置，表 4.1 列出了不同类型自备应急电源及自备应急电源组合的技术指标及适用范围，为重要电力用户的自备应急电源选型提供参考。

近年来电网电源发展的趋势是电源的容量越来越大，离负荷中心也越来越远，输电线路的输送容量不断增大，因此，受端电网对外来电力的依赖程度也不断提高，联络线的任务越发沉重，使得电网运行的稳定性和安全性下降。近年湖南郴州的大面积断电事故就是在没有本地电网电源，主网线路损毁，联络线失去作用的情况下演变成了全市断电 11 天的事故。

通过本章前面几节的叙述可知，应急电源的作用就是在用户的主供电源连续供电出现问题时，应急电源继续连续稳定工作或立即投入使用，为负荷提供可靠的电源。因此，无论是大容量应急电源还是小容量的应急电源都会为目前服务的用户立即发挥效力。除了大容量应急电源服务对象的范围比小容量应急电源的范围大以外，大容量应急电源中的较大型的分布式电源和自备电厂还可以作为当大电网出现系统“全黑”的大面积断电事故时的黑启动电源并为邻近负荷供电。

如果成功黑启动也无法完成，就需考虑完全利用应急电源为重要用户供电。由大容量应急电源孤岛运行为某个大型重要用户供电，或为邻近重要负荷和部分其他用户供电，同时小容量应急电源为单一的重要用户供电。

表 4.1 不同类型自备应急电源及自备应急电源组合的技术指标及适用范围

序号	自备应急电源种类	容量	工作方式	持续供电时间	切换时间	切换方式	使用寿命	成本	节能与环保	适用范围
1	UPS	<800kW	在线、热备	10～30min	<10ms	在线或STS	寿命较短，一般5～8年	造价高	电源自身发热(效率90%)，同时也造成了电能的损耗	计算机房，实验室等，一般适合电阻、电容性等负载
2	动态UPS	<1700kW	热备	标准条件12h	0.03～2s	ATS	使用寿命较长	成本及维护费用高	热备用工作方式，噪音大，有震动，有污染	对大容量且电能质量要求高的负荷，如整条生产线
3	EPS	0.5～800kW	冷备、热备	60、90、120min等	0.1～2s	ATS	使用寿命在20年左右	约为UPS价格的60%	离线式工作，耗电0.1%左右(效率85%～95%)，节能，噪声小，无震动，无公害	消防、建筑场所，适用于电阻性照明负载、电感性电机、电容性负载以及混合负载，带载能力强
4	HEPS	0.5～800kW	热备	60、90、120min	<10ms	STS	使用寿命在20年左右	略高于EPS，低于UPS	节能，噪声小，无震动，无公害	高强气体发电灯、医疗抢救设备、通信设备等
5	燃气发电机组	500～2000kW	冷备、热备	标准条件12h	0.6～1.5s	ATS或手动	使用寿命长	土建复杂，设备成本较高	平时不耗电；工作时，噪声低、振动小、污染小、节能	大型建筑物、大型电信局等
6	柴油发电机组	2.5～2500kW	冷备、热备	标准条件12h	5～30s	ATS或手动	寿命较长，一般10年以上	成本低、辅助设施、运行费用高	平时不耗电，工作时噪声大、有震动、排烟、有污染	大型建筑物内专用发电机组
7	UPS+发电机	>800kW	在线、冷备、热备	标准条件12h	<10ms	在线或STS	同UPS	同UPS	同UPS	同UPS
8	EPS+发电机	2.5～800kW	冷备、热备	标准条件12h	0.1～2s	ATS或手动	同EPS	同EPS	同EPS	同EPS
9	汽轮发电供热机组	>50MW	旋转备用	标准条件12h	30s	ATS或手动	使用寿命在30年左右	高	节能	大型石化企业电网电力缺额运行，对外联络线故障跳闸

恢复重要用户供电的流程如图 4.3 所示。

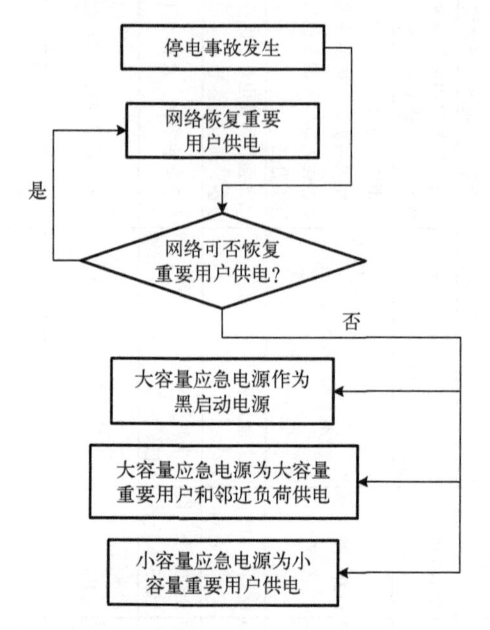

图 4.3 恢复重要用户供电的流程

由此可见，大容量应急电源直接接入配电系统(380V 或 10kV 配电系统)并网运行，形成独立供电系统(stand-alone system)，直接向负荷供电而不与电力系统相连，或形成所谓的孤岛运行的方式(islanding operation mode)，非常有利于弥补大电网集中供电的单一模式很难抵御突发性灾难的缺陷。日本在总结北美大断电中，得出了一个结论：发展分散化的应急电源，比通过改造电网来加强安全更加简便快捷。美国负责电力监管的专家估计，改造完善美国东北部电网所需要的投资是 500 亿美元，而且不能确保类似事故不再发生。有专家计算，如果用这笔钱去建设分布式能源系统，至少可以解决约 1 亿 kW 的发电容量，若考虑发电机组余热供热和制冷所能取代的用电量以及减少的输变电损耗，应相当于代替 2 亿～3 亿 kW 的发电容量。这些设施不仅不依赖电网来保证其安全供电，还可以自下而上托起电网的安全，而能源利用效率可以比现有系统提高一倍，环境污染也相应减少一半。

1. 大容量应急电源应急

(1)发生故障时，都已经在为重要用户的重要负荷供电，因此没有应急电源的启动时间。

(2)应急电源容量大(小于 50MW)，除了服务的必须供应的重要负荷外，分布式电源和自备电厂可以在调度人员的调度下， 为邻近的其他重要负荷和高、中、低压用户供电。

(3) 可以作为系统全黑情况下的黑启动电源。

(4) 需要在政府和供电企业的协调下可以接受统一调度。

(5) 受地理位置限制，只能恢复其附近用户的供电。

2. 小容量应急电源应急

(1) 发生故障后为重要用户的重要负荷供电时，一般需要一定的启动时间，在线UPS等不间断应急电源除外。

(2) 应急电源容量较小(小于2500kW)，一般只能为单一的重要用户服务，供电电压为中、低压用户供电。

(3) 移动式的应急电源，如供电企业的应急发电车、小型移动式UPS，也可以为不同地点的多个重要负荷供电，前提是重要负荷的容量都较小。

4.3 自备应急电源配置原则

4.3.1 不同级别重要负荷的自备应急电源配置

1. 一级负荷的自备应急电源配置

(1) 一级负荷除由双电源供电外，一级负荷中的全部保安负荷和部分最关键负荷，还必须增设自备应急电源，自备应急电源配置容量标准应达到全部保安负荷和部分最关键负荷总和的120%，并严禁将其他负荷接入应急供电系统。

(2) 中断供电不会引起火灾等次生灾害的场合，在其他关键负荷容量大于应急负荷的情况下，通常情况下消防应急负荷的容量可选择不计入自备应急电源总容量。

2. 二级负荷的自备应急电源配置

(1) 在二级负荷具备双电源或双回路供电条件下，一般情况下无需配置自备应急电源。

(2) 在负荷较小或地区供电条件困难情况下，二级负荷由一回路变电所引出可靠的6kV及以上专用的架空线路或电缆供电时，电力用户必须配置自备应急电源，且配置容量标准应达到所有二级负荷的120%。

4.3.2 不同类型重要用户的自备应急电源配置

1. 社会类重要用户自备应急电源配置

社会类重要用户一级负荷中的最关键负荷，除由双电源供电外，还必须增设自备应急电源，自备应急电源配置容量标准应达到所有最关键负荷的 120%，并严禁将其他负荷接入应急供电系统。

表 4.2 社会类重要电力用户自备应急电源典型配置

重要电力用户类别		保安负荷名称	允许停电时间	配置自备应急电源种类	工作方式	后备时间	切换时间	切换方式
[B2]通信		开关电源、传输设备、上网数据设备、上网用交换机设备、语音交换数据设备、计算机系统、机房空调	≤800ms	UPS/UPS+发电机	在线/热备	30～120min	≤800ms	在线/STS
		空调	≤1min	EPS/柴油发电机组	热备/冷备	30～120min	<30s	ATS
		服务器、传输设备、交换机	≤800ms	UPS	在线/热备	30～120min	200～800ms	在线
[B3] 广播电视		消防用电机	≤1min	EPS/柴油发电机组	热备/冷备	>60min	<30s	ATS
		应急照明	≤1min	蓄电池/UPS/EPS	热备/冷备	>30min	<5s	ATS
		演播室、直播机房、制播系统、总控机房、监测机房、节目集成平台、节目传输系统等	≤800ms	UPS+发电机	在线/热备	30～120min	≤800ms	在线/STS
[B4]信息安全	[B4.1]证券数据中心	微波传输设备、程控交换机、移动集群通信、调度中心、卫星通信设施	≤800ms	UPS	在线/热备	30～120min	≤800ms	在线/STS
	[B4.2]银行	服务器、交换机、磁盘阵列、通信终端、一般银行的防盗照明、大型银行营业厅及门厅照明、应急照明、机房的精密空调	≤800ms	UPS/UPS+发电机	在线/热备	30～120min	≤800ms	在线/STS
[B5]公共事业	[B5.2]污水处理	应急照明	≤1min	蓄电池/UPS/EPS	热备/冷备	>30min	<5s	ATS
		消防设施	≤1min	EPS/柴油发电机组	热备/冷备	>60min	<30s	ATS
		计算机系统中央监控站、PLC 控制站	≤1min	UPS	在线/热备	30～120min	≤800ms	在线/STS
	[B5.3]供气	SCADA 控制系统，一氧化碳报警器电动阀门	≤1min	UPS/EPS	热备/冷备	30～120min	≤1min	在线/STS
[B6]交通运输	[B6.1]民用运输机场	指挥调度、安保监控	≤800ms	UPS	在线/热备	>60min	<200ms	在线
		助航灯光	1s	UPS	在线/热备	>60min	<200ms	在线

续表

重要电力用户类别		保安负荷名称	允许停电时间	配置自备应急电源种类	工作方式	后备时间	切换时间	切换方式
[B6] 交通运输	[B6.1] 民用运输机场	航站楼、空中交通管制、导航、通信、气象、助航灯光系统设施和台站电源、站坪照明；边防、海关的安全检查设备的电源；航班预报设备的电源；三级以上油库的电源；为飞行及旅客服务的办公用房及旅客活动场所的应急照明	≤1min	UPS/EPS	热备/冷备	>30min	<5s	ATS
	[B6.2] 铁路、轨道交通、公路隧道	铁路牵引负荷、自用变、通信终端、信号、控制系统、电动岔道	≤800ms	UPS	在线/热备	30～120min	<200ms	在线
	[B6.3] 地铁	应急照明	≤1min	蓄电池/UPS/EPS	热备/冷备	>30min	<5s	ATS
		消防设施	≤1min	EPS/柴油发电机组	热备/冷备	>60min	<30s	ATS
		牵引	≤1min					
		信号系统、售票系统	ms	UPS	在线/热备	30～120min	<200ms	在线
[B7] 医疗卫生		应急照明、疏散照明	≤1min	蓄电池/UPS/EPS	热备/冷备	>30min	<5s	ATS
		消防设施	≤1min	EPS/柴油发电机组	热备/冷备	>60min	<30s	ATS
		手术部的手术室、术前准备、术后复苏、麻醉、急诊抢救、血液病房净化室、产房、早产儿室、重症监护、血液透析、心血管DSA，上述环境的照明及生命支持系统	≤0.5s	UPS+发电机	在线/热备	持续到恢复供电	<0.5s	在线
		上条所述环境及急诊诊室、急诊观察处置、手术部的护士站、麻醉办、石膏室、冰冻切片、辅料制作消毒辅料、功能检查、内窥镜检查、泌尿科、影像科大型设备、放射治疗设备、核医学设备及试剂储存、分装、计量等、高压氧仓、输血科贮血、病理科取材、制片、镜检、医用气体供应系统	≤15s	发电机	冷备	持续到恢复供电	<15s	ATS

续表

重要电力用户类别	保安负荷名称	允许停电时间	配置自备应急电源种类	工作方式	后备时间	切换时间	切换方式
[B7] 医疗卫生	大型生化仪器	≤0.5s	UPS+发电机	在线/热备	持续到恢复供电	<0.5s	在线
	计算机系统(开药、挂号、处方)，机房交换机	≤1min	UPS	在线/热备	30～120min	≤800ms	在线/STS
	太平柜、焚烧炉、锅炉房、药剂科贵重冷库、中心(消毒)供应、空气净化机组、电梯等动力负荷	≤30s	发电机	冷备	持续到恢复供电	<30s	ATS
[B8] 人员密集场所	消防设施	≤1min	EPS/柴油发电机组	热备/冷备	>60min	<30s	ATS
	应急照明	≤1min	蓄电池/UPS/EPS	热备/冷备	>30min	<5s	ATS
	红外线探测、电视监视、经营管理用计算机系统电源、高级客房、水泵房、弱电设备、部分电梯、门厅、主要通道及营业厅部分照明	≤1min	蓄电池/UPS/EPS	热备/冷备	30～120min	<5s	ATS

说明：本配置模式未含及全部保安负荷，其他保安负荷的应急电源配置可参考本模式。

2. 工业类重要用户自备应急电源配置

工业类重要用户一级负荷中的保安负荷，除由双电源供电外，还必须增设自备应急电源，自备应急电源配置容量标准应达到所有保安负荷的120%，同时应配备非电性质的应急措施，并严禁将其他负荷接入应急供电系统。

表4.3 工业类重要电力用户自备应急电源典型配置

重要电力用户类别	保安负荷名称	允许停电时间	配置用户自备应急电源种类	工作方式	后备时间	切换时间	切换方式
[A1]煤矿及非煤矿山	应急照明	≤1min	蓄电池/UPS/EPS	在线/热备	>30min	<5s	STS/ATS
	消防用电	≤1min	EPS/柴油发电机	冷备/热备	>60min	<30s	ATS
	通风设备	≤1min	柴油发电机	冷备/热备	30～120min	<30s	ATS
	制氮设备	≤1min	柴油发电机	冷备/热备	30～120min	<30s	ATS
	立井提升设备	≤1min	柴油发电机	冷备/热备	30～120min	<30s	ATS
	矿井监测监控系统	≤200ms	UPS	在线/热备	30～120min	几个周波	在线/STS

续表

重要电力用户类别		保安负荷名称	允许停电时间	配置用户自备应急电源种类	工作方式	后备时间	切换时间	切换方式
[A1]煤矿及非煤矿山		排水设备	≤10min	柴油发电机	冷备/热备	120～240min	<10min	ATS或手动
		井下消防洒水给水系统	≤1min	柴油发电机	冷备/热备	30～120min	<30s	ATS
[A2]危险化学品	[A2.1]石油化工	应急照明	≤1min	蓄电池/UPS/EPS	在线/热备	>30min	<5s	STS/ATS
		消防用电	≤1min	EPS/柴油发电机	冷备/热备	>60min	<30s	ATS
		紧急停车及安全连锁系统	≤200ms	UPS	在线/热备	30～120min	≤200ms	在线/STS
		DCS设备	≤200ms	UPS	在线/热备	30～120min	≤200ms	在线/STS
		监视设备	≤1min	UPS	在线/热备	30～120min	<30s	在线/STS
		空气分离装置	≤200ms	带旋转备用的汽轮发电机组	在线	长期	<30s	在线
		压缩空气站、仪用压缩空气站、循环水场、低硅水车间、工业水车间、泵房、污水处理厂、火炬系统、生产调度系统、信息系统、供电调度系统、供热调度系统、自备电厂厂用电系统	≤1min	带旋转备用的汽轮发电机组	在线	长期	<30s	在线
	[A2.2]盐化工	应急照明	≤1min	蓄电池/UPS/EPS	在线/热备	>30min	<5s	STS/ATS
		消防用电	≤1min	EPS/柴油发电机	冷备/热备	>60min	<30s	ATS
		紧急停车及安全连锁系统	≤200ms	UPS	在线/热备	30～120min	≤200ms	在线/STS
		DCS设备	≤200ms	UPS	在线/热备	30～120min	≤200ms	在线/STS
		监视设备	≤1min	UPS	在线/热备	30～120min	≤1min	在线/STS
		氯处理环节	≤1min	柴油发电机	冷备/热备	30～120min	<30s	ATS
		化学品库	≤10min	柴油发电机	冷备/热备	30～120min	<30s	ATS
	[A2.3]煤化工	应急照明及疏散照明	≤1min	蓄电池/UPS/EPS	在线/热备	>30min	<5s	STS/ATS
		消防用电	≤1min	EPS/柴油发电机	冷备/热备	>60min	<30s	ATS
		DCS系统	≤200ms	UPS	在线/热备	30～120min	≤200ms	在线/STS
		车间监控设备	≤1min	UPS	在线/热备	30～120min	≤200ms	在线/STS
		紧急停车系统	≤200ms	UPS	在线/热备	30～120min	≤200ms	在线/STS
		循环泵	≤1min	柴油发电机	冷备/热备	30～120min	<30s	ATS
	[A2.4]医药化工	应急照明及疏散照明	≤1min	蓄电池/UPS/EPS	在线/热备	>30min	<5s	STS/ATS

续表

重要电力用户类别		保安负荷名称	允许停电时间	配置用户自备应急电源种类	工作方式	后备时间	切换时间	切换方式
[A2]危险化学品	[A2.4]医药化工	消防设施	≤1min	EPS/柴油发电机	冷备/热备	>60min	<30s	ATS
		纯净水制备系统	≤10min	柴油发电机	冷备/热备	30～120min	≤10min	ATS/手动
		车间监控设备	≤1min	UPS	在线/热备	30～120min	≤200ms	在线/STS
		空气净化设备	≤10min	柴油发电机	冷备/热备	30～120min	≤10min	ATS/手动
		反应釜	≤200ms	UPS	在线/热备	30～120min	≤200ms	在线/STS
[A3]冶金		应急照明	≤1min	蓄电池/UPS/EPS	在线/热备	>30min	<5s	STS/ATS
		冷却水泵	≤1min	柴油发电机	冷备/热备	30～120min	≤10min	ATS 或手动
		风机	≤10min	柴油发电机	冷备/热备	30～120min	≤10min	ATS 或手动
		消防设施	≤1min	EPS/柴油发电机	冷备/热备	>60min	<30s	ATS
		紧急停车系统	≤1s	UPS	在线/热备	30～120min	≤200ms	在线/STS
[A4]电子及制造业	[A4.1]芯片制造	应急照明及疏散照明	≤1min	蓄电池/UPS/EPS	在线/热备	>30min	<5s	STS/ATS
		消防设施	≤1min	EPS/柴油发电机	冷备/热备	>60min	<30s	ATS
		IT CIM 设备	≤200ms	动态 UPS	热备	持续供电	≤200ms	ATS
		自动送板机	≤200ms					
		刮锡机	≤200ms					
		焊膏印刷机	≤200ms					
		高速贴片机	≤200ms					
		波峰焊炉	≤200ms					
	[A4.2]显示器生产	应急照明及疏散照明	≤1min	蓄电池/UPS/EPS	在线/热备	>30min	<5s	STS/ATS
		消防设施	≤1min	EPS/柴油发电机	冷备/热备	>60min	<30s	ATS
		光刻工艺(涂布机曝光机)	≤200ms	动态 UPS	热备	持续供电	≤200ms	ATS
		取向排列工艺(摩擦机)	≤200ms					
		丝印制盒工艺(丝网印刷机、喷粉机、贴合机、热压机)	≤200ms					
		切割工艺(切割机和裂片机)	≤200ms					

续表

<table>
<tr><th colspan="2">重要电力用户类别</th><th>保安负荷名称</th><th>允许停电时间</th><th>配置用户自备应急电源种类</th><th>工作方式</th><th>后备时间</th><th>切换时间</th><th>切换方式</th></tr>
<tr><td rowspan="7">[A4]电子及制造业</td><td rowspan="3">[A4.2]显示器生产</td><td>液晶灌注及封口工艺(液晶灌注机和整平封口机)</td><td>≤200ms</td><td rowspan="2">动态 UPS</td><td rowspan="2">热备</td><td rowspan="2">持续供电</td><td rowspan="2">≤200ms</td><td rowspan="2">ATS</td></tr>
<tr><td>贴片工艺(切片机、贴片机、偏光片除泡机)</td><td>≤200ms</td></tr>
<tr><td>净化系统的空调(冷冻机、冷却泵、热水泵、空气处理)</td><td>≤10min</td><td>柴油发电机</td><td>冷备/热备</td><td>30～120min</td><td>≤10min</td><td>ATS/手动</td></tr>
<tr><td rowspan="4">[A4.3]机械制造</td><td>应急照明及疏散照明</td><td>≤1min</td><td>蓄电池/UPS/EPS</td><td>在线/热备</td><td>>30min</td><td><5s</td><td>STS/ATS</td></tr>
<tr><td>消防设施</td><td>≤1min</td><td>EPS/柴油发电机</td><td>冷备/热备</td><td>>60min</td><td><30s</td><td>ATS</td></tr>
<tr><td>测试台</td><td>≤200ms</td><td>UPS</td><td>在线/热备</td><td>30～120min</td><td>≤200ms</td><td>在线/STS</td></tr>
<tr><td>高频炉</td><td>≤10min</td><td>柴油发电机</td><td>冷备/热备</td><td>30～120min</td><td><30s</td><td>ATS</td></tr>
</table>

3. 重要用户自备应急电源配置

临时性重要电力用户可以通过租用应急发电车(机)等方式配置自备应急电源，容量必须满足临时用电场所一级负荷中所有的最关键负荷的 120%。

4.3.3 不同类型自备应急电源的容量选择

1. 柴油发电机的容量选择

在选择柴油发电机组的容量和数量时，应根据应急负荷大小和投入顺序，以及单台电动机最大启动容量等因素综合考虑确定。

柴油发电机容量可按下述方法计算，选择其最大者。

(1) 按稳定负荷计算发电机容量。

(2) 按最大的单台电动机或成组电动机启动的需要，计算发电机容量。

(3) 按启动电动机时，发电机母线允许电压降计算发电机容量。

2. 燃气轮发电机的容量选择

燃气轮发电机自备应急电源容量计算可参考柴油发电机自备应急电源容量的相关选择原则执行。

3. UPS 的容量选择

UPS 自备应急电源容量选择，按以其供电负荷的 100%考虑。

4. EPS 的容量选择

EPS 自备应急电源在确定电源容量时，应考虑不同类型的负载对电器容量选择的影响，具体原则如下。

1)用于照明等负载配电时

EPS 的容量应不小于各负载容量的总和，各负载应考虑其功率因数，将其折算成相当于电阻性负载的功率容量；若为三相输入，应不小于最大一相负载容量总和的 3 倍。

2)用于电机负载配电时

需要分别考虑以下情况配置 EPS 容量。

(1)当 EPS 无任何变频、降压启动等措施时：①接建筑物防火卷帘门负载时，EPS 的容量应不小于同时启动的卷帘门电机容量总和的 3 倍；②接水泵、风机等负载时，若电机也无任何变频、降压启动等措施，则 EPS 自备应急电源的容量应为同时工作的电机容量的 5 倍以上；若电机有变频启动，则 EPS 的容量为同时工作的电机容量的总和；若电机采用星三角降压启动或软启动方式，则 EPS 的容量为同时工作的电机总容量的 3 倍以上。

(2)当 EPS 本身设变频启动功能时：①接单负载时，EPS 的容量可取负载的容量，不需增加余量，且不需增加降压启动等控制柜(箱)，EPS 的输出直接与负载电机相连；②接一用一备水泵或风机类电机负载时，EPS 的容量可取单机负载容量，不需增加余量，也不需增加启动控制柜(箱)等，EPS 的输出直接与负载电机相连，但 EPS 箱内需增设一个主备转换控制，EPS 内的逆变器可采用一组，也可采用两组，但双逆变器 EPS 的造价比单逆变器 EPS 要高 30%左右；③接二用一备水泵或风机类电机负载时，EPS 的容量可取同时工作的二台电机容量的总和，不需增加余量，也不需增加启动控制柜(箱)等，EPS 的输出直接与负载电机相连，但 EPS 箱内需增设一个主备转换控制，EPS 内的逆变器至少要有两组。

(3)用于照明、动力等混合型负荷的配电时：EPS 的容量应取同时工作的各种负荷容量总和加上不带变频措施等电机类负载总容量的 3 倍。若混合型负荷中电机容量只占总容量的 1/7 以下，则 EPS 的容量可取负载的总容量。另外，在混合型负载中的电机若有变频启动措施时，也可不考虑增加 EPS 余量。

4.4 自备应急电源配置技术条件

自备应急电源的配置需要同时考虑以下四方面的技术要求。

4.4.1 允许断电时间的技术要求

(1)允许中断供电时间为 30min～2h 的，可以选择租用移动发电车等移动式自备应急电源。

(2) 允许中断供电时间为 30min 以内的，可以选用自备电厂、小水电等需要一定启动时间的发电机组。

(3) 允许中断供电时间为 10～30s 的，可以选用柴油发动机发电机组。

(4) 允许中断供电时间为 15s 的，可以选用快速自动启动的发电机组。

(5) 允许中断时间为 0.6～1.5s 的，可以选用燃气发动机发电机组。

(6) 允许中断时间为 0.25～1.5s 的，可以选用 EPS 自备应急电源。

(7) 允许中断供电时间为毫秒级的，可以选用蓄电池静止型不间断供电装置(静态 UPS、蓄电池)，或者机械储能电机型不间断供电装置(动态 UPS)，也可选用干电池。

4.4.2　需求容量的技术要求

(1) 自备应急电源需求容量很大，在以几十千瓦至几百兆瓦的，可以选用以下类型自备应急电源。

①容量范围在几千千瓦至几百兆瓦的，可以选用独立于电网的自备电厂。

②容量范围在几十千瓦至 50MW 的，可以选用分布式电源。

(2) 自备应急电源需求容量较小，在以几千瓦至几千千瓦的，可以选用以下类型自备应急电源。

①容量范围在 2.5～1500kW 的，可以选用柴油发动机发电机组。

②容量范围在 600～1250kW 的，可以选用燃气发动机发电机组。

③容量范围在几十千瓦至 1500kW 的，可以选用飞轮储能装置。

④容量范围在 10～1000kW 的，可以选用装有电源装置的专用车辆。

⑤容量范围在几十千瓦至 800kW 的，可以选用 EPS。

⑥容量范围在几千瓦至 350kW 的，可以选用不间断电源 UPS。

⑦容量范围小于 100kW 的，可以选用汽油发动机发电机组。

⑧容量范围在 1～5kW 的，可以选用小型移动式发电机。

⑨容量范围在几瓦至几千瓦的，可以选用蓄电池或干电池。

4.4.3　持续供电时间和供电质量的技术要求

(1) 对于持续供电时间要求比较长，在标准条件下 12h 以内，对供电质量要求不高的重要负荷，可以选用以下自备应急电源。

①柴油发动机发电机组。

②大容量的移动式应急发电机。

(2) 对于持续供电时间要求比较长，在标准条件下 12h 以内，对输出电压及波形畸变率等供电质量要求较高的重要负荷，可以选用以下自备应急电源或自备应急电源组合。

①燃气发动机发电机组。

②机械储能电机型不间断供电装置(动态 UPS)。

③静态 UPS 与柴油发电机的组合。

④EPS 与柴油发电机的组合。

(3) 对于持续供电时间要求一般，在标准条件下 2h 以内，对输出电压及波形畸变率等供电质量要求较高的重要负荷，可以选用以下自备应急电源或自备应急电源组合。

①EPS 自备应急电源。

②HEPS 自备应急电源。

(4) 对于持续供电时间要求不高，在标准条件下 30min 以内，但对输出电压及波形畸变率等供电质量要求较高的重要负荷，可以选用以下自备应急电源。

①不间断供电装置(静态 UPS)。

②蓄电池。

4.4.4 适用场所的技术要求

(1) 对于环保、防火等使用环境要求均较高的场所，如计算机房、医院手术室及重症监护室、通信数据中心等，可以选用静态不间断电源装置 UPS 作为自备应急电源。UPS 适用于实时性计算机的电子数据处理装置、高强气体发电灯、精密设备等电阻、电容性负载。

(2) 对于防火要求较高，环保等使用环境要求不高的场所，如，消防场所，大型建筑物内等，可以选用不间断电源装置 EPS 作为自备应急电源。EPS 可用于恶劣环境中，适用于应急疏散照明、消防水泵、消防电梯、电机等电阻、电感、电容性负载以及混合负载。

(3) 对于防火、环保等使用环境要求不高的场所，如，大、中型商业大厦等公共建筑、各种工业企业等，可以选用柴油发电机作为自备应急电源。柴油发电机可用于恶劣环境中，功率大，带载范围较广，多适用于电机、水泵、风机、电梯等电感性负载以及混合负载。

4.5 重要电力用户自备应急电源配置推荐

重要用户应根据其自身重要负荷的负荷特性来选配应急电源，具体的指标主要为允许停电时间、应急负荷容量及停电影响这三个方面，以下根据允许停电时间、应急负荷容量的需求，综合考虑自备应急电源的技术特性，给出不同重要负荷的最佳应急电源配置，具体如表 4.4 所示。

表 4.4 不同重要负荷应急电源推荐

	应急条件需求		应急电源推荐结果	
	允许停电时间	容量/kW	推荐应急电源	推荐原因
重要负荷	零秒	0～400	UPS	目前只有 UPS 在线工作方式能够满足零秒的切换，其他应急电源均很难满足
		400～1700	动态 UPS	大容量零秒切换的应急发电机目前最优的是动态 UPS，将 UPS 与发电机组合的方式价格贵且性能低
	毫秒	0～10	UPS	毫秒级切换的应急电源主要有 UPS、HEPS 和动态 UPS 三种，其中 HEPS 和动态 UPS 容量普遍较大，因此在 10kW 内首选 UPS
		10～300	UPS/HEPS	在 10～300kW，应急电源可选 UPS 和 HEPS，HEPS 的价格为 UPS 的 70%～80%，但 UPS 技术相对成熟，用户可根据自身需要在二者之间选择
		300～800	HEPS	UPS 随着容量增加价格迅速增加，因此在应急负荷在 300kW 以上，建议使用大容量的 HEPS
	秒级(10s 内)	0～600	EPS	秒级的切换可以不需要高价格的毫秒级切换的应急电源，而符合毫秒级切换的应急电源主要有 EPS 和燃气发电机，在小容量应急负荷 EPS 明显具有优势，价格约为燃气发电机的 1/4，因此首选 EPS
		600～1300	燃气发电机	EPS 很难做到大容量，否则价格会突增，因此大容量秒级的应急负荷首选燃气发电机
	分钟级	0～800	EPS/柴油发电机	EPS 与柴油发电机均符合要求，EPS 比柴油发电机贵大约 40%，但 EPS 比柴油发电机节能、省电，因此用户可根据自身需求对二者进行选择
		800～1700	柴油发电机	EPS 很难做到大容量，因此首选柴油发电机，其性价比最高

关于表 4.4 所推荐的应急电源需要说明如下。

(1)表 4.4 所推荐的应急电源，只是根据重要负荷的应急需求条件，给出性价比较好的推荐结果，并不是标准的唯一结果。

(2)用户可以根据自身的需求考虑，来对自备应急电源进行选择。例如，可以将具有毫秒级切换能力的应急电源应用于秒级切换需求的应急负荷，或者将具有秒级切换能力的应急电源应用于分钟级切换需求的应急负荷等。

(3)应急电源技术本身仍在不断的快速发展，上述所使用的数据以及边界条件等，主要是根据目前主流的应急电源技术条件所确定的，并不表示涵盖了所有应急电源，而随着应急电源技术条件的提高，表 4.2 所列的技术条件也应动态地进行相应的调整。

4.6 自备应急电源的接入与运行

4.6.1 自备应急电源的接入

1. 自备应急电源电压等级的确定

1)输出为直流的蓄电池

输出为直流的蓄电池的电压为12V、24V、32V、48V、120V、240V。

2)输出为交流的自备应急电源

(1)低压供电：单相为220V、三相为380V。①自备应急低压柴油发电机组的接入电压应为220V/380V；②燃气轮发电机组的接入电压应为220V/380V。

(2)高压供电：为6.6kV、10kV、35(66)kV、110kV。①自备应急高压柴油发电机组的接入电压应为6.6kV或10kV；②电网专用馈线、分布式电源及独立自备电厂的接入电压等级应为10kV、35(66)kV、110kV。

3)确定自备应急电源电压等级的一般原则

自备应急电源的供电电压等级应根据用户的最大应急需求容量、重要负荷容量或受电设备总容量确定。电压等级一般可参照表4.5确定。

表4.5 自备应急电源电压等级的确定

自备应急电源电压等级	应急用电设备容量
220V	10kW及以下单相设备
380V	1500kW及以下
10kV	100～8000kV·A
35kV	5～40MV·A
66kV	15～40MV·A
110kV	20～100MV·A

4)低压供电

(1)用户单相应急用电设备总容量在10kW及以下时，自备应急电源可采用低压220V供电。

(2)用户应急用电设备总容量在1500kW及以下者，自备应急电源可采用低压380V供电。

5)高压供电

(1)用户应急用电设备总容量在1500kW以下时，柴油发电机等自备应急电源可采用10kV供电。

(2) 用户应急用电设备总容量在100～8000kV·A时(含8000kV·A)，大容量自备应急电源可采用10kV供电。无35kV电压等级的地区，10kV电压等级的供电容量可扩大到15000kV·A。

(3) 用户应急用电设备总容量在5～40MV·A时，大容量自备应急电源可采用35kV供电。

(4) 有66kV电压等级的电网，用户应急用电设备总容量在15～40MV·A时，大容量自备应急电源可采用66kV供电。

(5) 用户用电设备总容量在20～100MV·A时，大容量自备应急电源可采用110kV及以上电压等级供电。

(6) 应急负荷需要10kV及以上电压等级供电的用户，当单回路电源线路容量不满足负荷需求且附近无上一级电压等级供电时，可合理的增加供电回路数，采用多回路供电。

在应急电源的接入运行中，考虑到专用馈电线路属于供电网络规划范畴，专用的馈电线路对重要用户供电，电力企业都有明确的标准。而干电池属于化学电源中的原电池，是一种一次性电池，多用于应急灯等小电器，其容量小且使用分散，与书中为重要用户提供应电能的应急电源有所区别，因此将不在本书中进行讨论，以下将重点讨论UPS、EPS和发电机组这三类应急电源的运行与维护。

2. *应急电源的接入方式*

1) 不间断电源装置(UPS)的接入方式

UPS既可保证对负载供电的连续性，又可保证给负载供电的质量，而且还具有电压变换和频率变换功能，转换时间小于10ms。因此目前UPS主要应用于允许停电时间为毫秒级，且容量不大的用户，如实时性计算机、精密电子仪器等。

UPS工作方式通常有正常工作方式、备用电源方式、旁路工作方式及并联工作方式等。实际工程采用哪一种UPS工作方式，由负荷的重要程度和供电要求确定。UPS的接入主要有后备式和在线方式两种，后备式UPS是市电正常时，由市电向负载供电，当市电出现故障时，由后备式UPS提供能量，但常用后备式UPS是小功率范围，保护对象大多为计算机、应急照明等。由于后备式UPS保护对象非重点，而且市场需求量大，技术含量低，价格竞争激烈，导致产品质量不高，其作用也很有限。

在线式UPS多用于对供电可靠性和电能质量都要求很高的重要负荷。在线式接入中UPS作为主要的供电方式，而市电作为后备供电，如图4.4所示。

该接入方式UPS在电网供电正常时也工作，其效率为85%～90%，有10%～15%的电能被消耗。并且由于只要负荷供电UPS就连续不间断的工作，因此在线式UPS寿命相对较短，一般为58年。

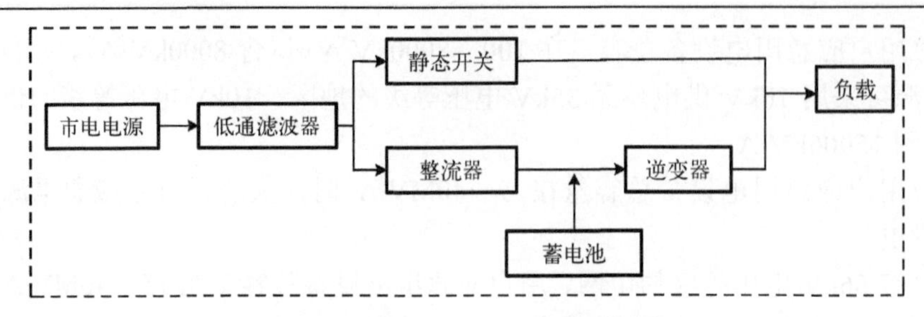

图 4.4 在线式 UPS 工作原理框图

2) 应急电源装置(EPS)接入方式

EPS 可以直接接入供电负荷，也可以提供两路选择输出供电。UPS 为保证供电优质选择逆变优先，而 EPS 是为保证节能，是选择市电优先，EPS 作为备用。通常 EPS 应急电源接入配电线路的接线方式有以下几种。

(1) 单电源接线方式，如图 4.5 所示。

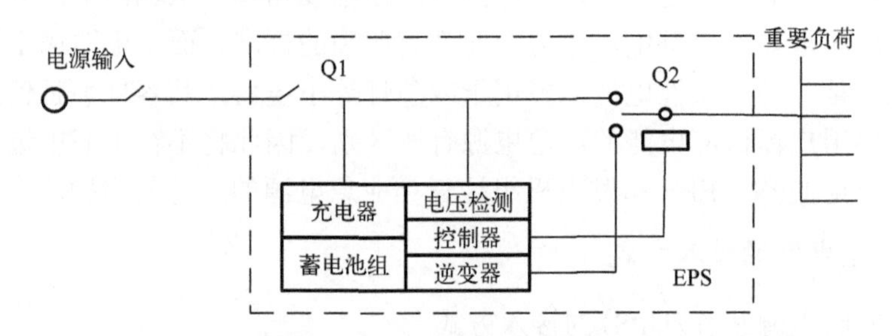

图 4.5 单电源接线示意图

单电源接线方式当有市电时，市电通过 Q2 输出，同时充电器对免维护蓄电池充电，当控制器检测到市电停电或者市电电压过低时，逆变器工作，使电源切换装置 Q2 切换到应急输出状态向负载提供电能。

(2) 附加了开关的单电源接线方式，如图 4.6 所示。

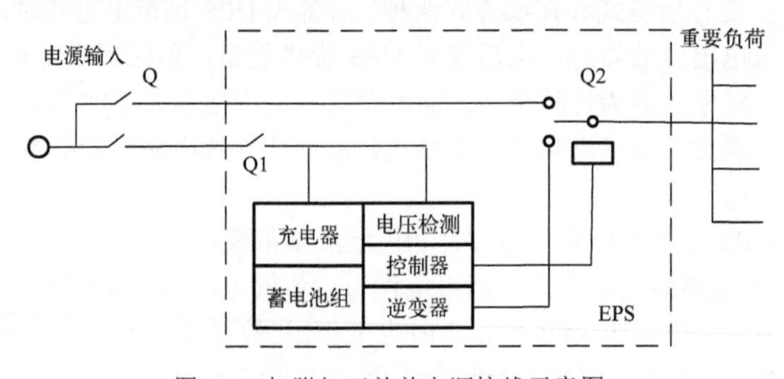

图 4.6 加附加开关单电源接线示意图

附加了开关的单电源接线中，负载平时可有附加开关 Q 控制，可开可关，经 Q2 提供电能，同时市电通过充电器对蓄电池充电，但当控制器检测到市电停电或者市电电压过低时，逆变器工作，经 Q2 向负载提供电能。

(3) 双电源接线方式，如图 4.7 所示。

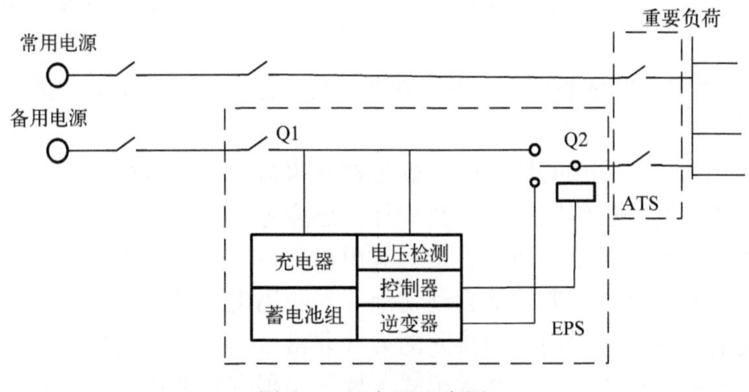

图 4.7　双电源示意图

双电源接线方式可实现一级负荷末端互投，EPS 充当第三路电源，即在常用电源和备用电源同时停电时，EPS 能先投入使用，待备用电来时，再切换退出。

(4) 内置 ATS 的双电源接线方式，如图 4.8 所示。

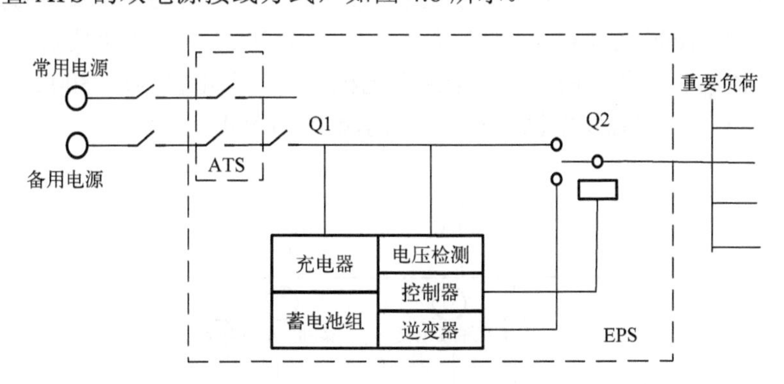

图 4.8　内置 ATS 双电源接线示意图

图 4.8 所示接线将双电源的互投装置 ATS 至于 EPS 内，可用作配电系统末端互投，也可作前端互投后再配电。

从 EPS 接入方式可以看到，不管采用何种接线方式，切换时间基本上都是由检测电路检测市电中断的时间，加上逆变器启动时间，再加上继电器转换时间所组成，这些方式多采用冷备方式，平时由市电供电，逆变器处于直流母线带电的待机状态，当市电中断后启动，逆变器的工作方式。这种接线方式的投切时间在 0.1～2s。若要提高 EPS 逆变器供电的可靠性和投切时间，需要从 EPS 主机采用一体化线路设计方案，EPS 的逆变器的工作状态，EPS 采用的切换开关等几个方面加以改进。

3) 发电机组接入方式

用户自备发电机组通常在电气设计中都有规定，如根据《供配电系统设计规范》及《民用建筑电气设计规范》规定，柴油发电机组与低压配电系统联接应符合的基本要求。

(1) 与外网电源间应设联锁，不得并网运行，有些地区供电部门要求此联锁必须为机械联锁。

(2) 接线上要有一定的灵活性，以满足在非事故情况下也能供给部分重要负荷的可能。备用柴油发电机组除供消防负荷外，还应考虑在市电电源停电时兼作向部分重要负荷供电，如生活泵、通信、金融等用电负荷。同时，为了不降低消防用电的可靠性，一旦发生火灾，要求能自动切除非消防用电负荷。

应急发电机组在重要用户中接入的方式非常多，也没有明确的规范来规定应急发电机组应该如何接入，具体接入形式主要还是根据重要用户自身内部的接线方式和负荷的性质以及重要程度来决定的。但总体来讲，可以分为两类，一类是应急发电机组直接接入到企业的应急母线上。另一类企业内部没有设置应急母线，应急发电机直接接到企业低压柜上。

发电机组接入应急母线的接入方式比较灵活，以调研的福州某酒店为例，该酒店年用电约为 1000 万 kW·h，年最大负荷约为 3000kW，其中重要负荷的总量约为 1400kW。该酒店自备了两台应急柴油发电机，一台发电机容量 800kW，另一台容量为 1000kW，其应急发电机接入方式的示意图如图 4.9 所示。

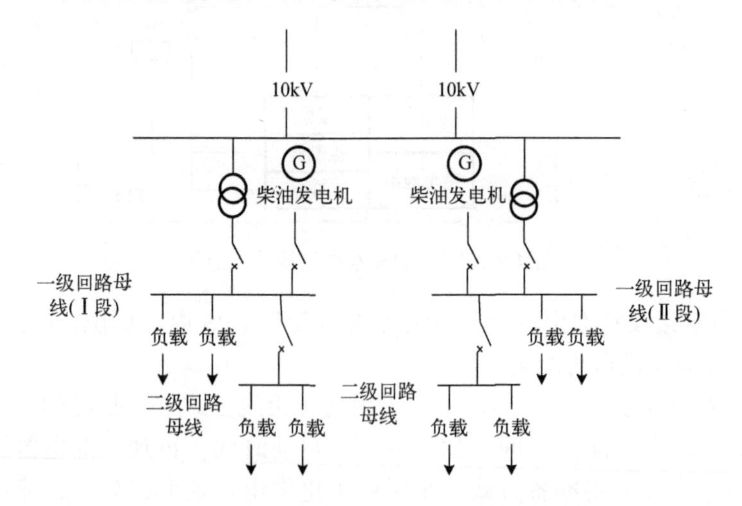

图 4.9 福州某酒店应急发电机接入示意图

从图 4.9 中可以看到，两台柴油发电机分别接入的两端一级回路母线上，而一级回路母线也是应急母线，其上所带的负荷全部都是重要负荷，从一级回路母线引出的出线柜，来给二级回路母线供电，二级回路母线上所带的负荷为一般负荷，重要等级比较低。当发生紧急情况时，应先通过一级母线出线柜切除二级回路母线上所有的负荷。两台柴油发电机的投入运行，为一级回路母线负荷进行供电，如果情况比较特殊，适当考虑切除一级回路母线上的部分负荷，来保证酒店重要负荷的供电。

对于没有设置应急母线的重要用户，应急发电机组将直接接入到用户分段母线上，通过人工操作低压配电柜，实现应急负荷的投入。

如调研过的福州某超市，该超市是福州的一家大型超市，年用电约为 150 万 kW·h，年最大负荷约为 1200kW，超市中大型冷库、氨压缩机及其附属设备、电梯电源、库内商场照明、消防等为重要负荷，重要负荷总量约为 520kW，其中冷冻冷藏负荷较大为 104kW，另外还有小容量的收银、计算机系统等重要负荷。该超市采用两路 10kV 电缆的进线，按照一主一备供电方式设计，平时两路同时供电，超市配备了一台 1100kV·A 的柴油发电机，直接接在低压配电柜上，具体供电形式如图 4.10 所示。

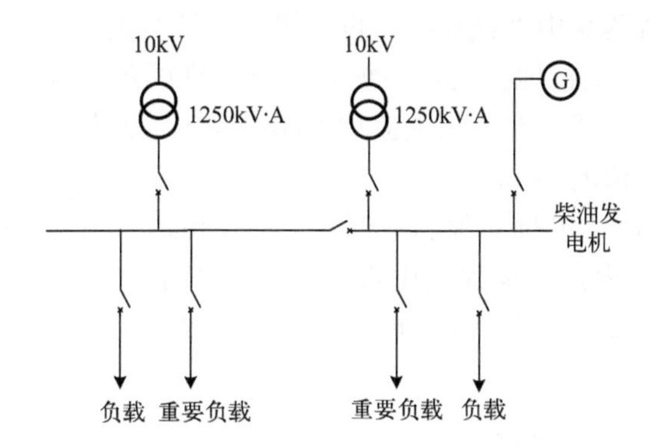

图 4.10　福州某超市应急发电机供电示意图

超市低压配电柜全部装有失压跳装置，当发生紧急情况时，所有低压配电柜全部断开，这时工作人员根据已制定投入应急负荷的顺序，手工操作低压配电柜，投入应急负荷，柴油发电机对应急负荷进行供电。发电机的运行过程中，根据应急情况，还可人工切除部分应急负荷。

企业内部接线到底是否设置应急母线，在众多设计规范如《工业与民用配电设计手册》等中，普遍没有明确地要求配电设计中需要设计应急母线，各用户主要根据用户自身的实际情况来设定，通常用户负荷较大时，如较多的工、矿企业会设计应急母线。通过分析两种接线方式，显然应急母线段在接线的灵活性上及应急负荷的分类等方面会更具优势，同时对负荷的投切等操作也更加方便，对于负荷较大或重要负荷较多的重要用户还是应建议设计应急母线段来接入自备发电机组。

4）重要用户普遍缺乏外部移动应急电源接入方案

从收资和实地调研结果来看，重要用户在重大保电等活动中，对于移动应急电源的接入，都有明确的方案，方案中对现场的勘察、移动应急电源的接驳方案、负责的相关人员、具体的操作流程等都做出了详细的规定。

但是，对于重要用户在事故状态下移动应急电源的接入普遍没有明确的接入方案。这意味着当发生事故时，如果重要用户失电且自备应急电源投入困难或不足，即使电力企业或其他行业支援来了移动应急电源，也不能很迅速地投入运行，直接影响到应急的效果。因此重要用户也需要制定明确的外部移动电源接入方案，对于外部移动电源接入的地点、操作流程及供应的应急负荷进行预先设定，从而能够充分应用自身以及社会力量，来使自身的损失降到最小。

4.6.2 自备应急电源的接地

(1) 发电机中性点接地应符合规定：①只有单台机组时，发电机中性点应直接接地。②当两台机组并列运行时，在任何情况下，至少应保持一台发电机中性点接地。发电机中性点经电抗器与中性线连接，也可采用中性线经刀开关与接地线连接。

(2) 发电机中性线上接地开关可根据发电机允许的不对称负荷电流及中性线上可能出现的负荷电流选择。在各相电流均不超过额定值的情况下，发电机允许各相电流之差不超过额定值的20%。

(3) 采用装设中性线电抗器限制中性线谐波电流时，应考虑既能使中性线谐波电流限制在允许范围内，又能保证中性点电压偏移不太大。电抗器的额定电流可按发电机额定电流的25%选择，其阻抗值可按当通过额定电流时其端电压小于10V选择。

4.6.3 自备应急电源的保护

1）柴油发电机的保护

(1) 柴油发电机组应设有过载、短路、过速度（或过频率）、冷却水温度过高、机油压力过低等保护装置，并根据需要选设过电压、欠电压、失电压、欠速度（或欠频率）、机油温度过高、启动空气压力过低、燃油箱油面过低、发电机绕组温度过高等方面的保护装置。

(2) 如果电网的继电保护装置具有重合闸功能时，则当电网系统故障时，发电机的切除必须早于重合时间。

2）UPS 的保护

(1) 当静态旁路开关的分支回路突然故障短路，电流超过预定值时，应切换到电网（市电备用）电源，以增加短路电流，使保护装置迅速动作，待切除故障后，再启动返回逆变器供电。

(2) 带有频率跟踪环节的不间断电源装置，当电网频率波动或电压波动超出静态旁路开关的额定限值时，应自动与电网解列，频率与电压恢复正常时再自动并网。

4.6.4 自备应急电源的运行

1. 柴油发电机的运行

自应急电源宜选用高速柴油发电机组和无刷励磁交流同步发电机，配自动电压调整装置，选用的机组应装设快速自启动及电源自动切换装置。

1) 发电机组的额定功率

柴油机的额定功率，指外界大气压为 100kPa (760mmHg) 环境温度为 20℃、空气相对湿度为 50%的情况下，能以额定方式连续运行 12h 的功率(包括超负荷 10%运行 1h)。如连续运行时间超过 12h，则应按 90%额定功率使用。如气温、气压、湿度与上述规定不同，应对柴油机的额定功率进行修正。

2) 发电机组的启动电压

全电压启动最大容量笼型电动机时，发电机母线电压不应低于额定电压的 80%，当无电梯负荷时，其母线电压不应低于额定电压的 75%，或通过计算确定。为缩小发电机装机容量，当条件允许时，电动机可采用降压启动方式。

3) 发电机组的自动维持准备运行状态

机组应始终处于准备启动状态，机组应急启动和快速加载时的机油压力、机油温度、冷却水温度应符合产品技术条件的规定。

4) 发电机组的自启动和加载

(1) 接自控或遥控指令或市电供电中断时，机组能自启动并供电。机组允许三次自启动，每次启动时间 8～12s，启动间隔 5～10s。第三次启动失败时，应发出启动失败的声光报警信号。设有备用机组时，应能自动地将启动信号传递给备用机组，机组自动启动的成功率不低于 98%，市电失电后恢复向负荷供电时间一般为 8～20s。对于额定功率不大于 250kW 的柴油发电机，首次加载不小于 50%额定负荷，大于 250kW 柴油发电机按产品技术条件规定。

(2) 一级重要用户的发电机组，应设有自动启动装置，当市电中断时，机组应立即启动，并在 30s 内供电。

(3) 二级重要用户的发电机组，当采用自动启动有困难时，可采用手动启动装置。机组应与市电系统联锁，不得与其并列运行。市电恢复时，机组应自动退出工作，并延时停机。

(4) 为了避免防灾用电设备的电动机同时启动而造成柴油发电机组熄火停机，其用电设备应具有不同延时，错开启动时间。一般应先启动大容量电动机，然后再依次启动中、小容量电动机。先启动应急照明，排烟风机、正压风机、电梯、水泵等。

(5) 自备应急低压柴油发电机组宜采用电启动自启动方式，电启动设备应按要求设置：①电启动用蓄电池组电压宜为 24V，容量应按柴油机连续启动不少于 6 次确定；②蓄电池组应尽量靠近启动电机设置，并应防止油、水浸入；③应设整流充电设备，其输出电压宜高于蓄电池组的电动势 50%，输出电流不小于蓄电池 10h 放电率的电流。

5) 发电机组的自动补给

(1) 机组的燃油、机油、冷却水能够自动补充，机组启动用蓄电池自动充电。

(2) 自启动机组的操作电源、热力系统、燃料油、润滑油、冷却水及室内环境温度等均应保证机组随时启动，水源及能源必须具有足够的独立性，不得受工作电源停电的影响。

6) 低压柴油发电机组的自动化

(1) 机组控制选择应符合：①机组控制有机房控制、控制室集中控制和自动控制三种方式。对于应急机组宜采用自动控制或控制室集中控制方式；②严禁机组与电力系统电源并网运行，并应设置防止误并网的可靠联锁。

(2) 选择自启动机组应符合：①当市电中断供电时，单台机组应能自动启动，并在 30s 内向负荷供电；②当市电恢复正常后，应能自动切换和自动延时停机，由市电向负荷供电；③当连续三次自启动失败，应能发出报警信号；④应能隔室操作机组停机。

(3) 自动化机组应符合：①机组应符合国家标准《自动化柴油发电机分级要求》的规定；②机组应能自动控制负荷的投入和切除；③机组应能自动控制附属设备及自动转换冷却方式和通风方式。

(4) 机组并列运行时，一般采用手动准同期。若两台自启动机组需并车时，应采用自动同期，在机组间同期后再向负荷供电。

7) 高压柴油发电机组的自动化机

高压柴油发电机组的自动化机组控制方式选择应符合下列要求。

(1) 当两路市电进线电源都正常时，机组处于停机备用状态。

(2) 当两路市电进线电源中有一路因故失电，机组延时 5s 后自动启动，机组处于空载热备用状态。

(3) 当第二路市电进线电源也失电，空载热备用机组应立即向负载应急供电，先供机组额定值的 60%容量，再过 5s 输出另外的 40%容量。

(4) 如果两路市电进线电源同时消失，机组不延时，立即启动，在 10s 内带上 60%机组额定负载，再过 5s 内输出另外 40%容量。

(5) 当两路市电进线电源有一路恢复正常时，机组带负载继续运行 2min 后脱开负载，处于空载热备用状态。

(6) 当两路市电进线电源恢复正常时，机组空载冷却运行 10min 后停车。

8）发电机组的自动停机

（1）接自控或遥控的停机指令后，机组应能自动停机。

（2）当电网恢复正常后，机组应能自动切换和自动停机，由电网向负载供电。

2. UPS 的运行

（1）当逆变装置故障或需要检修时，应及时切换到电网（市电备用）电源供电。

（2）用市电旁路时，逆变器的频率和相位应与市电锁相同步。

（3）对于三相输出的负荷不平衡度，最大一相和最小一相负载的基波均方根电流之差，不应超过不间断电源额定电流的 25%，而且最大线电流不超过其额定值。

（4）三相输出系统输出电压的不平衡系数（负序分量对正序分量之比）应不超过 5%。输出电压的总波形失真度不应超过 5%（单相输出允许 10%）。

（5）负荷的最大冲击电流不应大于不间断电源设备的额定电流的 150%。

（6）为保证用电设备按照操作顺序进行停机，其蓄电池的额定放电时间可按停机所需最长时间来确定，一般可取 8～15min。

（7）当有备用电源时，为保证用电设备供电连续性，其蓄电池额定放电时间按等待备用电源时间确定，一般可取 10～30min。设有应急发电机供电时，UPS 的供电时间可以适当缩短。

（8）如有特殊要求，UPS 的蓄电池额定放电时间应根据负荷特性确定。

4.6.5　自备应急电源的使用

4.6.5.1　应急发电车的接入使用

1. 应急发电车的接入运行

电力企业应急发电车主要用于停电检修、重要用户的应急、重要活动进行保电。

应急发电车通常采用离线方式与市电在低压末端切换，应急发电车与市电间切换通常需要 15s，UPS 发电车切换时间为 0s，可维持 20min 左右供电。应急发电车的接入方式通常有两种，一种是通常配合低压备自投柜（automatic transfer switching equipment，ATS）使用，如图 4.11 所示。

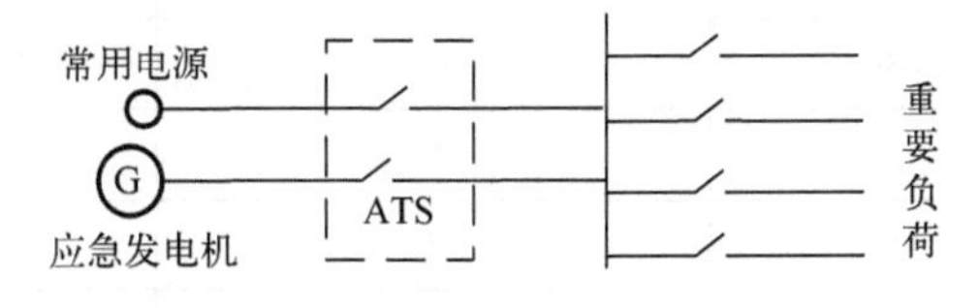

图 4.11　应急发电机接入方式一

该方式移动发电车出线至低压备自投开关的备用电源侧，作为热备用电源，市电电源电引至 ATS 的常用电源侧，通过低压备自投柜出线开关为负荷侧供电。

另一种方式应急发电车直接接在负荷开关下端，停电时外电源进行负荷开关断开，所有负荷由应急电源提供，如图 4.12 所示。

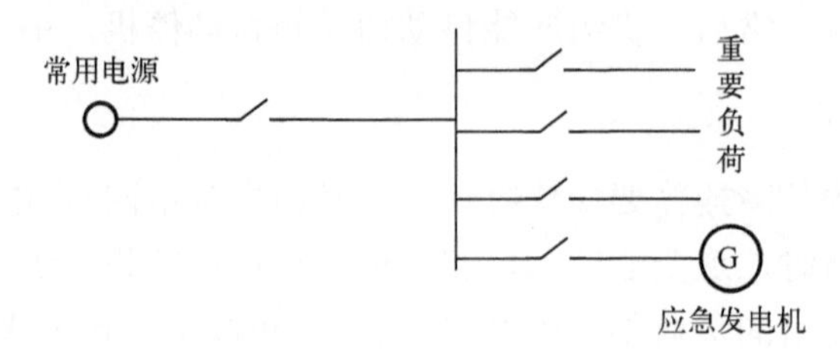

图 4.12　应急发电机接入方式二

该方式主要用于容量小，供电要求较高的场合。

有时候应急发电机也被直接接入到配电母线上，不过这种接入方式通常很少使用，也非常不正规。

由于应急发电车的自身容量较小(普遍小于 1000kW)，同时应急发电车也只在停电情况下使用,因此电力企业应急发电车的使用对外电源电网不会带来什么影响。

另外，由于应急发电车自身性能的原因，应急发电车对应急负荷是有一定要求，如容量不得大于额定负荷，且通常也不能小于发电车容量的 25%时，且投入负荷的时间快慢，也会给应急发电车带来一定的冲击性，这些很大程度上取决于应急发电车产品自身的质量。

2. 应急发电车的使用成效

1) 应急发电车的运行维护成本

应急发电车根据其容量，以及配置其价格和维护成本有较大差异，表 4.6 为调研地区得到的应急发电车价格和维护成本。

表 4.6　应急发电车价格和维护成本

发电车容量/kW	发电车价格/万元	发电车维护成本/(万元/年)	备注
500	350	5	所有器件均采用高级配置
500	130	3	普通配置
250	630	16	磁悬浮飞轮储能发电车
400	120	5	车载型
250	250	5	拖车型
240	200	6	UPS 电源车
24	5	1	柴油发电机
24	5	1	柴油发电机(拖车型)

从调研情况来看，应急发电车的购置和使用维护成本普遍较高，并且技术越先进、性能越好的应急发电车如磁悬浮飞轮储能发电车，其所需要的成本越高。

2) 应急发电车的经济性

电力企业在肩负社会责任的同时也要考虑企业自身的经济效益，从收资调研的情况可以看到，应急发电车的使用和维护成本都不低，而且越是性能优越的应急发电车，其成本越高。而电力企业应急电源发电车的使用，如各类政府、经济、体育等大型活动的保供电，重要用户的紧急救援等，全部都是免费的，因此电力企业应急发电车使用的经济效益较低。

另外，应急发电车所起的作用又会因为地域的不同而差别较大。在灾害较多地区，或经济发达对供电可靠性要求较高的地区，应急发电车的利用率较高。同时，应急发电车在参与抗灾抢险、支持电网抢险，高考、中考等活动中，树立了良好的社会形象。因此，对于电力企业应急发电车的配置使用，需要根据各地自身情况进行研究，在确保企业自身社会责任的前提下，提高应急发电车的经济效益。

4.6.5.2　自备应急发电车的相互支援

1. 应急发电车相互支援的形式

应急发电车的相互支援，可以作为应急保电中的一个重要环节，其具体相互支援的形式可以大致分为以下三类。

(1) 不同行政区域之间的相互支援。

(2) 地域内各行业应急发电车的相互支援。

(3) 行业内部企业自身应急发电车的调配管理。

在地域间的相互支援中，从调研和收资情况看，在电力行业应急发电车的购置和配置通常都是由省电力公司来完成，省公司在应急发电车购置和分配上目前基本还没有一些成文的规定。比较通用的配置思路是每个地市级供电公司配置一到两台应急发电车，然后，在此基础上，根据本地实际需要，如是灾害性频繁地区，或是政治、经济、文化较密集，对供电可靠性要求较高的地区，可多配一些应急发电车。配置的应急发电车均在各地区供电公司的统一调度下使用。

地域内各行业应急发电车的相互支援主要是一个地区内备有应急发电车的行业对于自身应急发电车的综合利用。一个地区内通常会有几个行业会配备应急发电车，如电信、天然气、铁路、管道运输等，在保障自身应急需求的同时，这些配备了应急发电车的行业公司还会和一些重要用户签订租借协议，从而提高自身应急发电车的利用率和经济性。

2. 行业内应急发电车的支援使用

从配置应急发电机的重要用户来看，重要用户配置应急发电机有以下几个条件。

(1)该重要用户是大型公司，经济基础较雄厚。

(2)该重要用户供电系统的布点较多，或供电特性具有一定流动性。

(3)重要用户应急负荷总量不大，主要集中在1000kW以内。

通过调研收集资料，这些具备应急发电车的行业如电信、铁路、天然气、管道运输等行业，在应急发电车的配置上都没有明确的规定，基本上都是根据供电维护管理区的实际情况来配置应急发电车。

应急发电车的作用主要有两个方面。

(1)作为市电的备用，其本身就相当于应急发电机组。

(2)作为第三电源，用作应急发电机组的备用，增加应急电源的保障能力。

应急发电车具体的接入方式大多需要根据实际情况来确定，但比较典型的有以下三种(电信行业对通信局站电源系统规范的供电方式)，如图 4.13～图 4.15所示。

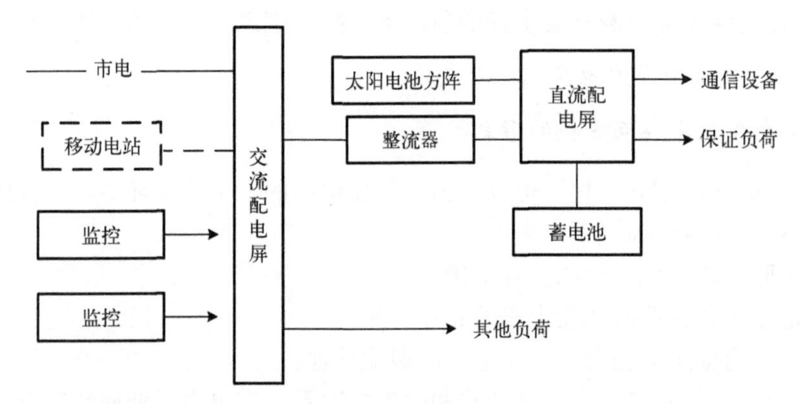

图 4.13 混合供电方式

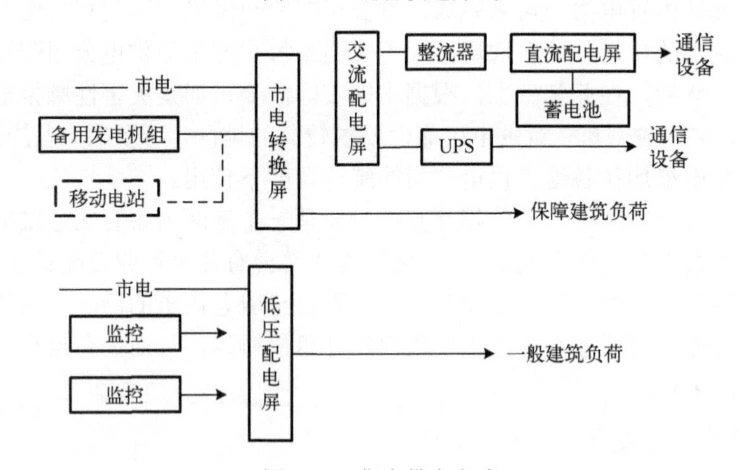

图 4.14 集中供电方式

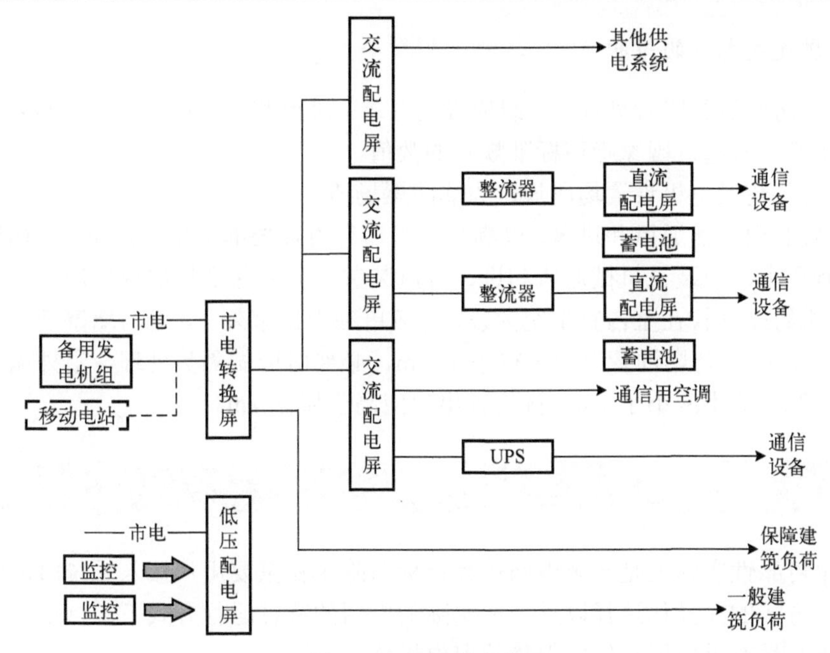

图 4.15　分散供电方式

应急发电车比较适用于较为偏僻的无人值守站，或是用于应急发电机组的保障，提高应急保障的容量裕度，而且其自身具有一定的机动灵活性。但由于目前重要用户自身配置的应急发电车数量的还不是很多，而且多是作为第三电源来保障应急供电，应急作用很有限，所以重要用户在应急发电车没有太多的关注，基本上也没有关于明确的应急发电车的调度和使用规范。

4.6.6　自备应急电源的维护

1. 柴油发电机的维护

(1) 在燃油来源及运输不便时，宜在建筑物主体外设置 40～64h 耗油量的储油设施。

(2) 机房内应设置储油间，其总存储量不应超过 8h 燃油耗量，并应采取相应的防火措施。

(3) 日用燃油箱宜高位布置，出油口宜高于柴油机的高压射油泵。

(4) 卸油泵和供油泵可共用，应装电动和机动各一台，其容量按最大卸油量或供油量确定。

(5) 多台机组应选择型号、规格和特性相同的成套设备，所用燃油性质应一致。

(6) 高压柴油发动机应在建物主体以外设地下储油罐，储油量不少于机组的 40～64h 耗油量。

2. 燃气发电机的维护

(1) 机房应进行隔音处理，机组应设消音罩。进风和排风应当设消音设施，处理后环境噪音不应超过国家噪声标准规定的数值。

(2) 燃气轮发电机设置场所规定为非防爆场所。

(3) 宜利用自然通风和进风，以满足机组运行时需要的大量燃烧空气。如通过计算达不到要求，应装设机械通风和进、排风装置，并要保证机房内气流分布合理。

(4) 机组排气管在室内宜架空敷设，并应单独引出室外，其管与墙壁及天棚净距不得小于 1.5m，与燃油管净距不得小于 2m，必要时应做隔热处理。沿外墙垂直敷设，其管距外墙不应小于 1m，排气管出口应高于屋檐 1m。

4.7 自备应急电源对供电可靠性的补充

供电可靠性实际上是一个电网运行指标，除了在重要用户接入系统时的网络结构、接入方式的差异化选择以外，在实际的电网的特殊运行方式下，供电企业还应考虑以下几种对重要用户供电保障的保电措施。

在供电负荷紧张，电网充裕性受限时，两类重要用户应该限制生产类用户而保障社会类用户的用电，但事先一定要通知生产类用户由其自行逐渐地下压负荷，而避免从供电侧直接拉闸限电。

某些所谓重要用户的重要程度实际上是有时效性的，例如体育场馆只有在重大比赛的时候对电力可靠性才要求极高，类似的如歌舞剧院、会议中心、防洪排涝系统等；如果用户通过技术经济比较，不配置应急发电机，也可和供电企业协商在有可靠性较高需求派发电车进行“保电”，相应的经济补偿和责任划分宜在《供用电合同》中进行详细说明。

电网中除了有大容量的接入输电网的统调机组外，还分散着若干接入配电网的小容量机组，例如北方地区的热电机组、南方地区的小水电、小容量的风电热电等新能源电厂等等，这些所谓的“小机组”要比用户自备的应急电源还是要大得多；在城市电网发生大面积停电以至于和输电网解列形成孤岛运行时，地区调度部门有责任对于这些小机组进行充分利用，发挥其应急供电的作用。甚至是企业的自备发电机组，在紧急情况下，也应该放弃本厂生产，由电力调度部门统一管理为那些关系到国计民生的社会类重要用户应急供电。

根据第 3 章对于重要用户供电方式的论述，分析了公用电网的各种高可靠性网络结构及不同接入方式的可靠性比较，又给出在电网特殊运行中对于重要用户进行保障的几条措施；但是，不管是哪种高可靠性电网结构，无论采用多少路电源供电，没有哪种供电方式的可靠性能够能达到 100%；而且，用户内部元件失效也可能造成的末端负荷的供电中断。由此，用户对于那些特别重要的负荷必须配置自备应急电源。

例如，根据电力系统目前的自动化水平，线路重合闸或者母联开关自动投切都会造成秒级的瞬时停电，有些负荷(如计算机、服务器、交换机、开关电源、信号发射接受、监控系统、医疗设备、电子行业等)不能承受该停电时间，此时就必须配置不间断供电的应急电源。

重要用户根据自身的负荷分类分级，自备应急电源(自备电厂、不间断电源UPS/EPS、柴油发动机、燃气发动机等)接入系统时有两种方式，其系统拓扑结构如图 4.16 所示，在很大程度上弥补了公用电网供电可靠性的不足。

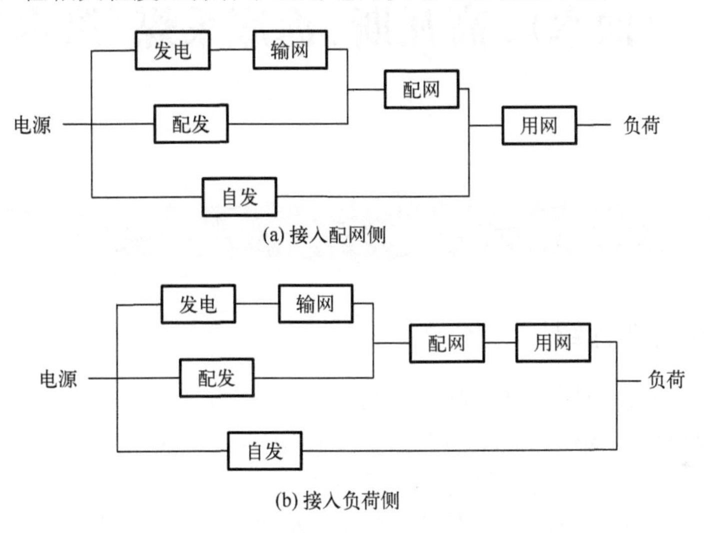

(a) 接入配网侧

(b) 接入负荷侧

图 4.16　用户自备发电机接入后的供电拓扑结构

一般而言，由于用户自备发电机容量较公用电网相差较多；尽管拓扑结构保证了自备电源和负荷的连通性；但是从充裕性上考虑，自备电源只可作为对于特别重要的负荷应急供电。同时，对于图 4.16(a) 中自备电源接入在配网侧的拓扑结构，当用电网发生故障时同样会造成负荷的供电中断。

第 5 章

煤矿类重要用户的电源配置(富水型(抽水)、高瓦斯、海底采煤(深水层))

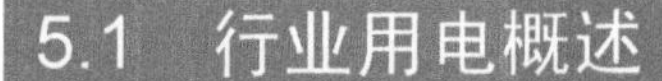

5.1 行业用电概述

5.1.1 煤矿行业介绍

根据煤炭的煤质特征，中国的煤矿大致可以分为三类。

(1)褐煤煤矿：褐煤含碳量与发热量较低(因产地煤级不同，发热量差异很大)。

(2)烟煤煤矿：烟煤含碳量与发热量较高。

(3)无烟煤煤矿(白煤)：无烟煤有粉状和小块状两种，燃点高，不易着火，但发热量高。

三类煤矿均为电力重要用户。

本书的典型实例为新疆伊犁一号井，各煤层均为低变质烟煤，典型实例具有较强的代表性。

5.1.2 煤矿行业分级

目前对煤炭企业分级大致可以分为两类。

一类是按照生产规模的大小，煤矿企业可以分为特大型煤矿企业、大型煤矿企业(包括大型一档和大型二档)、中型煤矿企业(包括中型一档和中型二档)及小型煤矿企业。

1)特大型煤矿企业

指年产原煤 1000 万 t 及以上的煤炭企业。

2) 大型煤矿企业

指年产原煤 1000 万 t 以下、300 万 t 及以上的煤炭企业。大型煤矿企业还可以分成两个档次。

(1) 大型一档煤矿企业。指年产原煤 1000 万 t 以下、500 万 t 及以上的煤炭企业。

(2) 大型二档煤矿企业。指年产原煤 500 万 t 以下、300 万 t 及以上的煤炭企业。

3) 中型煤矿企业

指年产原煤 300 万 t 以下、90 万 t 及以上的煤炭企业。中型煤矿企业也可以分成两个档次。

(1) 中型一档煤矿企业。指年产原煤 300 万 t 以下、120 万 t 及以上的煤炭企业。

(2) 中型二档煤矿企业指年产原煤 120 万 t 以下、90 万 t 及以上的煤炭企业。

4) 小型煤矿企业

指年产原煤 90 万 t 以下的煤炭企业。

另外一类分级方法相对比较简单，是根据国家电网公司常用的对煤矿分级的办法：对年产量 6 万 t 以上的煤炭认为是重点煤矿，对年产量 6 万 t 以下的煤矿认为是普通煤矿。对于产能 6 万 t 以上的煤矿企业必须要双电源供电，产能 6 万 t 以下的煤矿企业要有备用电源，且备用电源容量要满足停电时排风、抽水等设备的正常运行要求。

5.1.3　煤矿类重要用户分级

一级电力重要用户为年产量 6 万 t 以上的煤矿，二级电力重要用户为年产量 6 万 t 以下的煤矿。

5.1.4　煤矿行业用电规范

(1)《煤矿安全规程》(2022)。

(2)《煤炭工业矿井设计规范》(9GB50215—2015)。

(3)《煤矿井下供配电设计规范》(GB50417—2017)。

(4)《煤矿地质勘探规范油页岩、石煤、泥炭》(DZ/T0346—2020)。

(5)《建筑物、水体、铁路及主要井巷煤柱留设与压煤开采规范》(2017)。

(6)《矿井通风安全装备配置标准》(GB/T50518—2020)。

(7)《供配电系统设计规范》(GB50052—2009)。

(8)《煤炭工业设计规范》(GB50197—2015)。

5.1.5　煤矿业务流程/生产过程/工艺流程介绍

煤矿业务流程/生产过程/工艺流程介绍如图 5.1 所示。

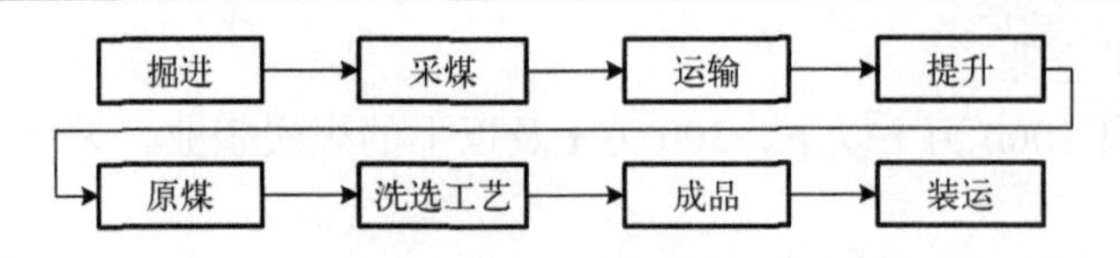

图 5.1 煤矿业务流程/生产过程/工艺流程介绍

5.2 重要负荷情况

煤矿行业的重要用户主要包括以下几个系统。

5.2.1 采掘系统

1. 液压支架

液压支架是综采设备的重要组成部分。它能可靠而有效地支撑和控制工作面的顶板，隔离采空区，防止矸石进入回采工作面和推进输送机。它与采煤机配套使用，实现采煤综合机械化，解决机械化采煤工作中顶板管理落后于采煤工作的矛盾，进一步改善和提高采煤和运输设备的效能，减轻煤矿工人的劳动强度，最大限度保障煤矿工人的生命安全。

2. 掘进设备

掘进机是用于开凿平直地下巷道的机器，主要由行走机构、工作机构、装运机构和转载机构组成。随着行走机构向前推进，工作机构中的切割头不断破碎岩石，并将碎岩运走。

3. 采煤设备

采煤机是一个集机械、电气和液压为一体的大型复杂系统，用于井下的破煤工作。采煤机由电动机、截割部、牵引部、辅助装置等组成。电动机给采煤机提供动力，截割部完成落煤、装煤，牵引部使机器行走，辅助装置包括喷雾装置、防滑装置、拖拽电缆装置等，用来保证采煤机安全、可靠地工作。

4. 工作面运输机、转载机和胶带输送机

煤矿工作面运输机的功能是用于将地下采出的有用矿物、废石或矸石等由采掘工作面运往地面转载站、洗选矿厂或将人员、材料、设备及其他物料运入、运出的各种运输作业。

转载机是综合机械化采煤运输系统中的一个中间转载设备，安装在采煤工作面的下顺槽内，把工作面刮板输送机运出的煤转运到顺槽可伸缩胶带输送机上。

胶带输送机主要用于井下的工作面顺槽；采区上、下山及平巷进行煤和矸石的运输；地面的洗选厂、发电厂运送物料；也可用于仓库、码头、工厂进行物料的运输。

采掘系统中一级负荷包括液压支架、采煤机、工作面运输机、转载机、胶带转送机。

5.2.2　通风系统

1. 通风设备

通风设备的功能是：利用机械或自然通风动力，使地面空气进入井下，并在井巷中作定向和定量地流动，稀释和排除有毒、有害气体，调节井下所需风量、温度和湿度，最后排出矿井。中国的矿井全部为瓦斯矿井，因此必须配置通风设备以改善劳动条件，保证安全生产。

2. 制氮设备

制氮的作用是向采空区连续注氮气，防止浮煤自燃，这也是行之有效的重要防火技术措施之一。

3. 压风设备

压风机产生压缩空气，用来驱动风动凿岩机、喷浆机等风动设备和风镐等其他风动工具。

通风系统中的保安负荷包括通风设备、制氮设备；其他一级负荷为压风设备。

5.2.3　提升系统

矿井提升设备的作用是提升煤炭和矸石、下放材料、升降人员和设备。它是矿山大型设备之一，在矿山生产中占有特别重要的地位。矿井提升设备主要由提升容器、提升钢丝绳、提升机、天轮、井架、装卸载设备及电气设备等组成。

每个矿井都有两个井筒，其中一个井筒主要用于运输煤炭，称为主井。担负主井提升任务的提升机即为主井提升。另一个井筒主要用于运输设备、人员、材料等，称为副井，担负副井提升任务的提升机即为副井提升。

1. 主井提升设备

主井提升设备，主井提煤时选用胶带输送机，井筒内敷设排水、压风和消防洒水管路，并设置一套检修用架空乘人装置，用于运送检修人员、托辊及小构件。

主井提升设备主要用于提升有益矿物(如提升煤炭或矿物)。

2. 副井提升设备

副井提升设备担负矿井液压支架、矸石及条长材料升降任务，多用单滚筒绞车。

3. 换装站

在副斜井下部车场附近设置矸石、大件、材料的换装站。

提升系统的一级负荷包括：胶带输送机、单滚筒绞车、换装站(双梁起重机、调度绞车、矿车侧翻装置、蓄电池电机车)。

5.2.4 运输系统

1. 主运输设备

根据前期投产采区巷道布置，回采工作面生产原煤采用胶带运输机，连续运输至地面的运输方式，主要运输设备为胶带运输机。

2. 辅助运输设备

用于开采试验区运送物料、矸石，多采用胶轮车。

运输系统的一级负荷包括：胶带运输机、胶轮车。

5.2.5 给水排水系统

1. 供水设备

根据矿井生产、生活及消防用水特点，按水质需求分为三个供水系统，一为工业场地生活及消防供水系统，二为工业场地生产供水系统，三为井下消防洒水给水系统。

2. 排水设备

排水设施主要包括水泵、排水管路、适当容量的水仓和保险电源。

给水排水系统中的保安负荷包括：井下消防洒水给水系统；其他一级负荷包括：生活及消防给水系统、工业场地生产供水系统。

5.2.6 矿井监测监控系统

为使井下生产安全、可靠，便于随时掌握井下环境状况，矿井前期装备KJ2000安全监控系统，对井下工作环境、生产状况实施综合监控。

(1)机载式瓦斯断电仪：在采煤机和掘进机上均安装机载式瓦斯断电仪，对瓦斯浓度进行监测，实现超限断电报警。

(2)瓦斯断电仪：对所有的采煤、掘进工作面及其回风风流中设置瓦斯断电仪，以监测工作面及回风顺槽的瓦斯涌出情况，当瓦斯浓度超过规定时，将工作面及回风顺槽的机电设备电源切断。

(3) 瓦斯遥测传感器：在测风站布置瓦斯遥测传感器，连续监测采区和矿井的瓦斯浓度。

(4) 风速传感器：在采煤工作面运输顺槽、采区回风上山、风硐及胶带输送机、井筒设置风速传感器，监测各巷道风速、风量，严格控制风速超限。

(5) 风门开关自动控制装置：在井下各风门处设置风门开关传感器，用于监测风门的开关状态。风门自动控制装置适用于单扇或双扇、行人、行车或人车共用风门等设施处全自动控制，可控制两道或三道风门。设备安装后，风门能满足反风要求，在矿井停电情况下可靠人力开闭风门。

(6) 烟雾和温度传感器：在胶带输送机机头和胶带输送机巷道中设置烟雾和温度传感器，对胶带输送机进行监测，预防胶带输送机火灾事故发生。

(7) 粉尘传感器：在采掘工作面、胶带输送机运煤转载点等处设置粉尘传感器，并在胶带输送机运煤转载点，煤仓上、下口等处设置喷雾洒水传感器，以控制煤尘浓度和实现自动洒水喷雾降尘。

(8) 风压(压差)、风速和瓦斯传感器：在东回风斜井主扇风硐内各设置一套风压(压差)、风速和瓦斯传感器，连续监测全矿井的瓦斯浓度和风压。

矿井监测监控设备全部为保安负荷。

煤矿类重要用户的电源配置的重要负荷情况如表 5.1 所示。

表 5.1　煤矿类重要用户的电源配置的重要负荷情况

<table>
<tr><th colspan="2">类型</th><th>负荷名称</th><th>断电影响</th></tr>
<tr><td rowspan="14">一级负荷</td><td rowspan="2">应急负荷</td><td>应急照明</td><td>人身伤亡</td></tr>
<tr><td>消防用电</td><td>人身伤亡，重大经济损失</td></tr>
<tr><td rowspan="5">其他保安负荷</td><td>通风设备</td><td>人身伤亡，重大经济损失</td></tr>
<tr><td>制氮设备</td><td>浮煤自燃</td></tr>
<tr><td>排水设备</td><td>人身伤亡，重大经济损失</td></tr>
<tr><td>矿井监测监控系统</td><td>人身伤亡，重大经济损失</td></tr>
<tr><td>井下消防洒水给水系统</td><td>人身伤亡，重大经济损失</td></tr>
<tr><td rowspan="7">其他一级负荷</td><td>液压支架</td><td>较大的经济损失</td></tr>
<tr><td>采煤机</td><td>较大的经济损失</td></tr>
<tr><td>掘进机</td><td>较大的经济损失</td></tr>
<tr><td>工作面运输机</td><td>较大的经济损失</td></tr>
<tr><td>转载机</td><td>较大的经济损失</td></tr>
<tr><td>缩胶带转送机</td><td>较大的经济损失</td></tr>
<tr><td>压风设备</td><td>较大的经济损失</td></tr>
</table>

续表

类型		负荷名称	断电影响
一级负荷	其他一级负荷	胶带输送机	较大的经济损失
		单滚筒绞车(直流供电)	较大的经济损失
		换装站(起重机，调度绞车，矿车侧翻装置及电池电机车)	较大的经济损失
		胶带运输机	较大的经济损失
		防爆胶轮车	较大的经济损失
		支架搬运无轨胶轮车	较大的经济损失
		工业场地生产供水系统	较大的经济损失
		生活及消防给水系统	较大的经济损失
二级负荷		自动步道	对生产生活造成影响
		普通照明、停车场照明	对生产生活造成影响
		办公空调	对生产生活造成影响
		制冷系统(包括通风)	对生产生活造成影响
		办公用电	对生产生活造成影响
		污水处理、防汛排涝系统	对生产生活造成影响

5.3 供电电源及自备应急电源配置

5.3.1 煤矿供电方式

《煤矿安全规程》对供电方式的规定如下。

(1)矿井应有两回路电源线路。当任一回路发生故障停止供电时，另一回路应能担负矿井全部负荷。年产 60000t 以下的矿井采用单回路供电时，必须有备用电源。

(2)备用电源的容量必须满足通风、排水、提升等的要求。矿井的两回路电源线路上都不得分接任何负荷。正常情况下，矿井电源应采用分列运行方式，一回路运行时另一回路必须带电备用，以保证供电的连续性。10kV 及其以下的矿井架空电源线路不得共杆架设。矿井电源线路上严禁装设负荷定量器。

《配电系统设计规范》对应急电源配置的规定如下。

(1)应根据一级负荷中特别重要负荷的容量，允许中断供电的时间，以及要求的电源为交流或直流等条件来进行。由于蓄电池装置供电稳定，可靠，无切换时间，投资较少，故凡允许停电时间为毫秒级，且容量不大的特别重要负荷，可采用直流电源者，应由蓄电池装置作为应急电源。

(2) 若特别重要负荷要求交流电源供电，允许停电时间为毫秒级，且容量不大的，可采用静止型不间断供电装置。若特别重要负荷中有需驱动的电动机负荷，启动电流冲击负荷较大的，又允许停电时间为毫秒级，可采用机械贮能电机型不间断供电装置或柴油机不间断供电装置。若特别重要负荷中有需要驱动的电动机负荷，启动电流冲击负荷较大，但允许停电时间为 15s 以上的，可采用快速自启动的发电机组，这是考虑一般快速自启动的发电机组自启动时间为 10s 左右。

(3) 对于带有自投入装置的独立于正常电源的专用馈电线路，是考虑自投装置的动作时间，适用于允许中断供电时间大于自投装置的动作时间者。

(4) 大型企业中，往往同时使用几种应急电源，为了使各种应急电源密切配合(以蓄电池，不间断供电装置，柴油发电机同时使用为例)，充分发挥作用。

5.3.2　矿井内部接线

《煤矿安全规程》对煤矿内部典型接线的规定如下。

(1) 对井下各水平中央变(配)电所、主排水泵房和下山开采的采区排水泵房供电的线路，不得少于两回路。当任一回路停止供电时，其余回路应能担负全部负荷。

(2) 主要通风机、提升人员的立井绞车、抽放瓦斯泵等主要设备房，应各有两回路直接由变(配)电所馈出的供电线路；受条件限制时，其中的一回路可引自上述同种设备房的配电装置。

(3) 上述供电线路应来自各自的变压器和母线段，线路上不应分接任何负荷。上述设备的控制回路和辅助设备，必须有与主要设备同等可靠的备用电源。严禁井下配电变压器中性点直接接地。

(4) 严禁由地面中性点直接接地的变压器或发电机直接向井下供电。

5.4　配置实例

5.4.1　调研单位概述

伊犁某号矿井位于新疆察布查尔锡伯自治县城南约 30km 处，行政区划隶属新疆维吾尔自治区伊犁哈萨克自治州察布尔查锡伯自治县琼博拉乡，设计生产能力为 10.00Mt/a。

5.4.2　调研单位供电情况介绍

地面负荷 1725kW，其中高压负荷 726kW，低压负荷 999kW。井下中央变电所负荷 2499kW，其中低压负荷 358kW。矿井总负荷 4224kW，无功补偿 2238kvar，功率因数 0.95。在矿井工业场地东北部建 35kV 变电所一座，两回电源引自伊昭矿井 110kV 变电站 35kV 侧两段不同母线。

5.4.3 调研单位内部接线情况介绍(典型接线)

两回路下井电缆由材料斜井敷设至+1070 水平中央变电所。①下井电缆选用 MYJV22—10 型 3×95mm^2，长度约 1850m。②井下中央变电所设 KJS1 高压开关柜 16 台，供主排水泵和 4 台采掘工作面用移动变电站。安装 KBSG2—T—315/10/0.69 矿用变压器 2 台，供井底车场及下部综掘低压负荷，选用 KDC1(G)型低压柜 6 台。③采区供电。回采工作面选用 KBSGZY2—T—1250/10/1.14 型 1250kV·A 1140V 矿用隔爆移动变电站 1 台，供采煤、运输机、转载机、顺槽胶带机等用电。选用 2 台同型号的 500kV·A 移动变电站，分别供 2 个综掘工作面 1140V 综掘机和胶带转载机等设备电源。选用 1 台同型号的 500kV·A 变电站，供 660V 采掘工作面等其他低压设备用电。

伊犁某矿供电线路图如图 5.2 所示。

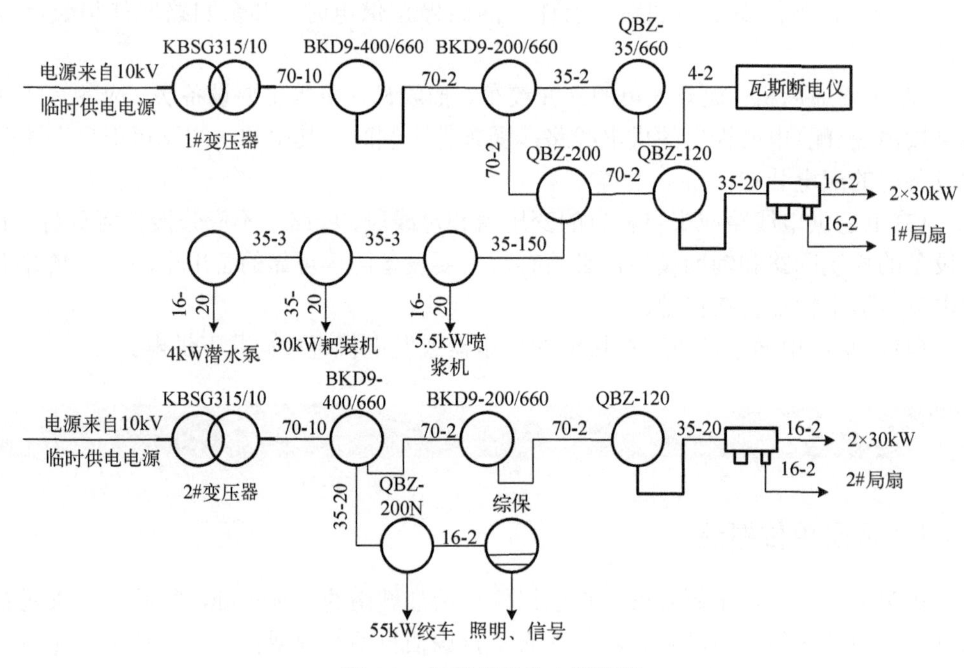

图 5.2 伊犁某矿供电线路图

5.4.4 重要负荷情况

新疆伊犁某号矿容量表如表 5.2 所示。

表 5.2　新疆伊犁某号矿容量表

<table>
<tr><th>单位名称</th><th colspan="2">类型</th><th>负荷名称</th><th>功率/kW</th></tr>
<tr><td rowspan="30">新疆伊犁某号矿</td><td rowspan="24">一级负荷</td><td rowspan="2">应急负荷</td><td>应急照明</td><td></td></tr>
<tr><td>消防用电</td><td></td></tr>
<tr><td rowspan="5">其他保安负荷</td><td>通风设备</td><td>160</td></tr>
<tr><td>制氮设备</td><td>185</td></tr>
<tr><td>排水设备</td><td>400</td></tr>
<tr><td>矿井监测监控系统</td><td></td></tr>
<tr><td>井下消防洒水给水系统</td><td></td></tr>
<tr><td rowspan="17">其他一级负荷</td><td>液压支架</td><td></td></tr>
<tr><td>无链牵引采煤机</td><td>581</td></tr>
<tr><td>掘进机</td><td></td></tr>
<tr><td>工作面运输机</td><td>400</td></tr>
<tr><td>转载机</td><td>160</td></tr>
<tr><td>顺槽可伸缩胶带转送机</td><td>250</td></tr>
<tr><td>压风设备</td><td>330</td></tr>
<tr><td>胶带输送机</td><td>630</td></tr>
<tr><td>单滚筒绞车（直流供电）</td><td>294</td></tr>
<tr><td>换装站（双梁起重机，调度绞车，矿车侧翻装置及蓄电池电机车）</td><td></td></tr>
<tr><td>可伸缩胶带运输机</td><td></td></tr>
<tr><td>防爆胶轮车</td><td>85</td></tr>
<tr><td>支架搬运无轨胶轮车</td><td>170</td></tr>
<tr><td>工业场地生产供水系统</td><td>25</td></tr>
<tr><td>生活及消防给水系统</td><td>75</td></tr>
<tr><td colspan="2" rowspan="6">二级负荷</td><td>自动步道</td><td></td></tr>
<tr><td>普通照明、停车场照明</td><td></td></tr>
<tr><td>办公空调</td><td></td></tr>
<tr><td>制冷系统（包括通风）</td><td></td></tr>
<tr><td>办公用电</td><td></td></tr>
<tr><td>污水处理、防汛排涝系统</td><td></td></tr>
</table>

5.4.5　应急电源配置

1. 用户现有应急电源配置情况

目前，新疆伊犁某号矿尚无应急电源配置方面的资料。

2. 重要负荷需要配置应急电源、何种类型的应急电源、应急电源的容量

新疆伊犁某号矿的应急负荷(应急照明、消防用电)需要配置蓄电池、UPS 作为应急电源，容量为应急负荷的额定功率。

其他保安负荷(通风设备、制氮设备、排水设备、矿井监测监控系统)需要配置柴油发电机作为应急电源，容量为保安负荷的额定功率。

其他一级负荷(液压支架、无链牵引采煤机、掘进机、工作面运输机、转载机、顺槽可伸缩胶带转送机、压风设备、胶带输送机、单滚筒绞车、换装站(双梁起重机、调度绞车，矿车侧翻装置及蓄电池电机车)、可伸缩胶带运输机、防爆胶轮车、支架搬运无轨胶轮车、工业场地生产供水系统、生活及消防给水系统)可考虑配置独立于正常电源的专用的馈电线路。

第 6 章

化工类重要用户的电源配置

6.1 行业用电概述

6.1.1 石化行业概述

1. *石化行业介绍*

石化企业全称为石油化工企业。石化企业利用石油和天然气生产出一系列中间体、塑料、合成纤维、合成橡胶、合成洗涤剂、溶剂、涂料、农药、染料、医药等与国计民生密切相关的重要产品。

石化企业流程图如图 6.1 所示。

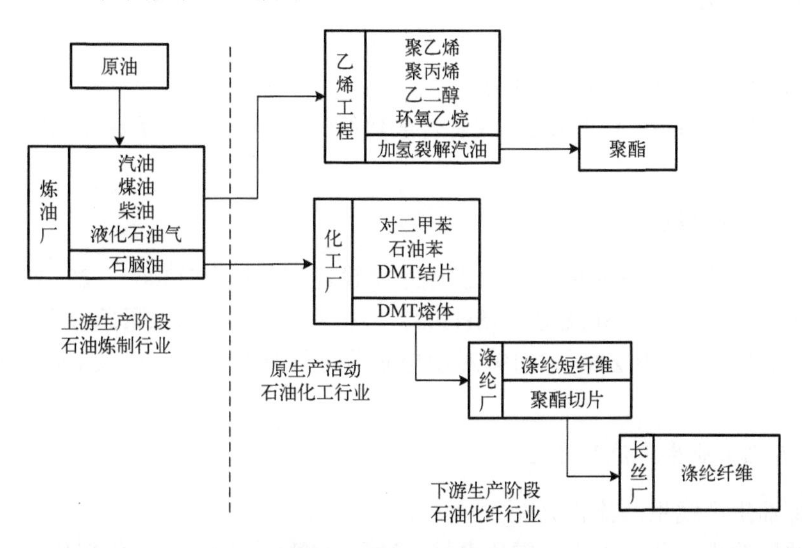

图 6.1　石化企业流程图

石化行业包括炼油企业、乙烯生产企业、聚丙烯生产企业、涤纶生产企业等。由于炼油及乙烯、合成纤维、塑料是关系到国计民生的重要产品，因而石化企业是重要的电力用户。

本书所调研的企业是中国石化扬子石油化工有限公司，该公司属于炼油化工联合企业，既包括了炼油生产线，也包括了乙烯及其他烃类衍生物的生产线，较好地覆盖了石油化工的整个行业，具有很强的代表性。

2. *石化行业分级*

根据石化企业的生产规模不同以及经济效益方面的差别，石化企业可以分为如下几类。

1) 特级

属于炼油化工联合企业，这类石化企业规模最大，在国内的数量也最少，其中包括燕山石化、上海石化、茂名石化等石化企业。

2) 一级

(1) 以原油加工能力衡量：年加工 250 万 t 以上。

(2) 以乙烯生产量来衡量，年产量在 20 万 t 以上；或者以合成化纤生产量来衡量：年产量在 7 万 t 以上；或者以合成氨来衡量：年产量在 30 万 t 以上。

3) 二级

(1) 以原油加工能力衡量：年加工 50 万～250 万 t。

(2) 以乙烯生产量来衡量：年产量 3 万～20 万 t。

(3) 以合成化纤生产量来衡量：年产量 1 万～7 万 t；或者以合成氨来衡量：年产量 4 万～30 万 t。

4) 三级

(1) 原油年加工能力小于 50 万 t。

(2) 乙烯年产量小于 3 万 t；或者合成化纤年产量小于 1 万 t；或者合成氨年产量小于 4 万 t。

3. *石化行业规范*

此次调研依据《石油化工企业供电系统设计规范》(SH3060—2013)、《石油化工企业生产装置电力设计规范》(SH3038—2018)、《石油化工紧急停车及安全连锁系统设计导则》(SHB-Z06—2019) 对用电负荷进行分类分级，以及对应急电源的配置进行指导。

4. *石化工业生产流程介绍*

1) 炼油生产线生产流程介绍

炼油厂的重要环节如下：常压蒸馏、减压蒸馏、热裂化、催化裂化、催化重整，炼油生产线分为一次加工、二次加工、三次加工等三部分。

一次加工是指石油的常减压蒸馏，将原油分离成轻重不同的馏分，产品分为轻质馏分油(粗汽油、粗煤油、粗柴油)、重质馏分油(重柴油、润滑油馏分、裂化原料)以及渣油。

二次加工是指将重质馏分油和渣油经过裂化生产轻质油的过程。包括催化裂化、热裂化、石油焦化、加氢裂化。二次加工有时还包括催化重整和石油产品精制，前者是指使汽油分子结构发生变化，用于提高汽油的辛烷值或制取轻质芳香烃；后者是指对轻质油进行精制或制取润滑油。

三次加工是指将二次加工产生的各种气体进行进一步加工(炼厂气加工)，以生产高辛烷值汽油组分和其他各种化学品。这一部分包括石油烷烃化、烯烃叠合和石油异构化。

炼油生产线的生产流程如图 6.2 所示。

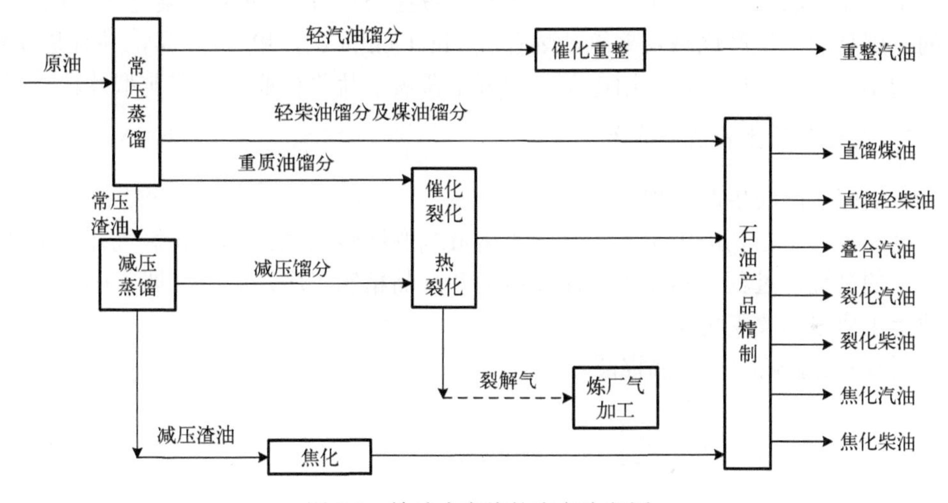

图 6.2 炼油生产线的生产流程图

2) 乙烯生产线生产流程介绍

生产乙烯的原料是石脑油和轻油，原料首先经过裂解产生乙烯以及其他产物，然后要将裂解气迅速急冷，急冷后的裂解气体进入初级分馏塔进行初级分馏，随后进入压缩系统，冷凝后进入精馏塔精馏，得到高纯度的乙烯。

乙烯生产线生产流程如图 6.3 所示。

6.1.2 盐化行业概述

1. 盐化行业介绍

盐化行业的原料为粗盐，生产聚氯乙烯(polyvinyl chloride，PVC)、烧碱及纯碱类产品，其中 PVC 广泛用于板材、玩具、手套、人造革，而烧碱广泛用于干燥剂、造纸及肥皂行业。

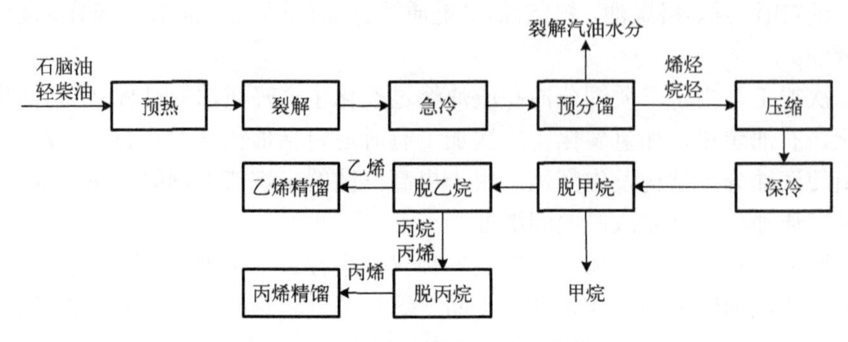

图 6.3　乙烯生产线的生产流程图

本书调研的用电单位是郴州某化工有限责任公司(以下简称“某化工”)属于典型的氯碱行业，生产烧碱及聚氯乙烯(polyvinyl chloride，PVC)产品，并且是 PVC 行业的第三大生产厂家，该用电单位较好地覆盖了盐化行业，具有典型性。

2. 盐化行业生产流程介绍

1) 氯碱生产线生产流程介绍

氯碱工业是指利用电解饱和食盐水溶液制取烧碱(氢氧化钠)和氯气并产生副产品氢气的过程。过程包括盐水精制、电解和产品精制工序，其中主要工序是电解，工业上主要采用隔膜电解法。

图 6.4 是氯碱的生产流程图。

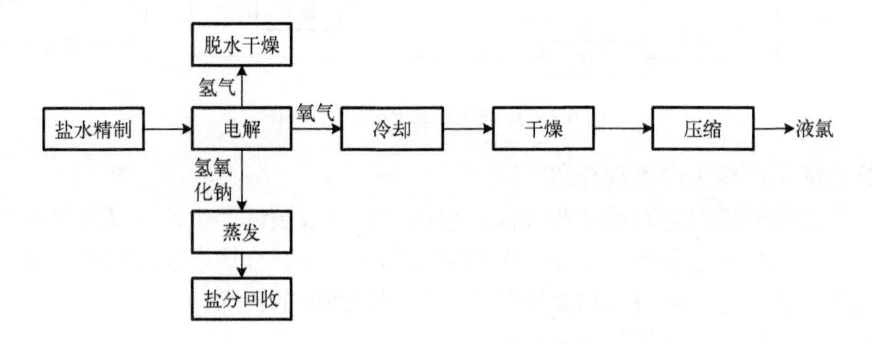

图 6.4　氯碱生产线的生产流程图

2) 聚氯乙烯生产流程介绍

生产聚氯乙烯首先将外购电石和水放在乙炔发生器中反应，经过碱洗、压缩等环节得到纯净的乙烯气体。另外，利用电解分厂生产的副产品氯气和氢气反应合成

HCL，两者在加成反应器中进行单体合成，生成氯乙烯，经过水洗碱洗后送入聚合釜中发生聚合反应，反应产物经过气提、干燥后成为产品包装出场。

图 6.5 是聚氯乙烯生产流程图。

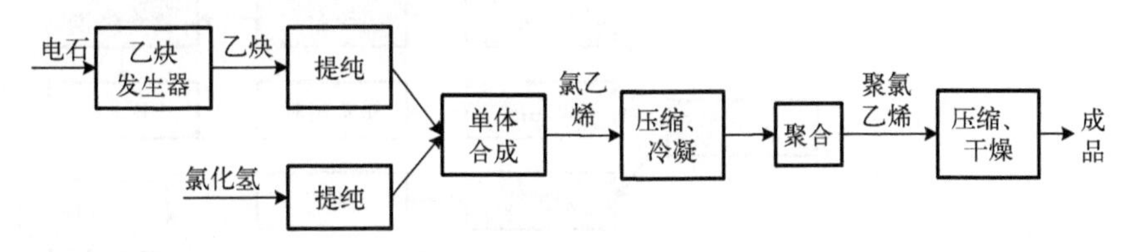

图 6.5　聚氯乙烯生产线的生产流程图

聚氯乙烯的生产方法有悬浮聚合法、乳液聚合法和本体聚合法三种，其中以悬浮聚合法为主，约占 PVC 总产量的 80%。

6.1.3　煤化行业概述

1．煤化行业介绍

煤化工以煤为原料，经过化学加工使煤转化为气体、液体、固体燃料及化学品的过程。从煤的加工过程分，主要包括炼焦、气化、液化和合成化学品。其中炼焦是应用最早的工艺，并且是化学工业的重要组成部分；另外，煤的气化在煤化工中占有重要的地位，用于生产各种气体燃料，进行联合发电，也可以合成甲醇，进而得到醋酸等重要化工原料；煤的直接液化，即煤高压加氢液化，可以生产人造石油，在石油短缺时，可以替代目前的天然石油。

我国煤炭资源相对丰富，而石油资源比较贫乏，因此发展现代煤化工产业有利于推动石油替代战略的实施，保障我国的能源安全，实现能源多样化，促进后石油时代化学工业可持续发展。

图 6.6 所示为煤化工的产业链。

本书针对美国某公司进行调研，仅涉及醋酸一个行业。以下仅针对醋酸生产的电力负荷情况进行介绍。

2．煤化行业分级

由于该行业在中国刚刚展开，目前国内仅有 10 余家醋酸企业，暂时没有该行业的分级情况。

3．煤化生产流程

醋酸，又名乙酸，是无色具有刺激性酸味和强腐蚀性的液体，其蒸汽易着火，并能和空气形成爆炸混合物，广泛作为溶剂和有机合成的原料。醋酸的主要生产方法是甲醇低压羰基法，“十一五”期间，我国新建醋酸项目 20 个，大部分采用甲醇低压羰基法。

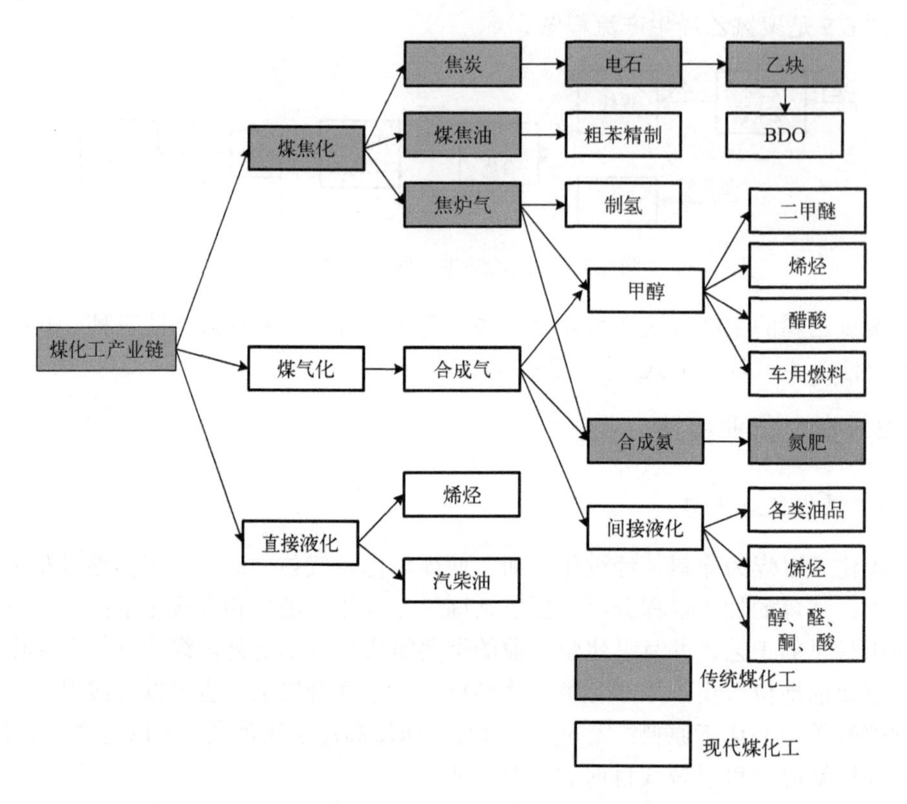

图 6.6 煤化工产业链

甲醇低压羰基法采用铑的羰基化合物和碘化物组成的催化系统，使甲醇和一氧化碳在水-醋酸介质中于 175℃左右和低于 3.0MPa 的条件下反应，主要反应如下：

$$CO + CHOH \xrightarrow{\text{催化剂}} CHCOOH \tag{6.1}$$

由于催化剂的活性和选择性都很高，副反应很少，主要副反应如下：

$$CO + H_2O \longrightarrow CO_2 \uparrow + H_2 \uparrow \tag{6.2}$$

副反应还包括少量的醋酸甲酯、二乙醚等。反应产物先后经过脱轻组分塔和脱水塔处理，分出的轻组分和含水醋酸可循环返回反应器，离开反应器的气体先用冷甲醇洗涤，以回收带出的碘甲烷，然后送往脱轻塔回收装置，所得粗产品再经过精馏提纯后得到醋酸。

醋酸生产流程图及某公司工艺流程图如图 6.7 和图 6.8 所示。

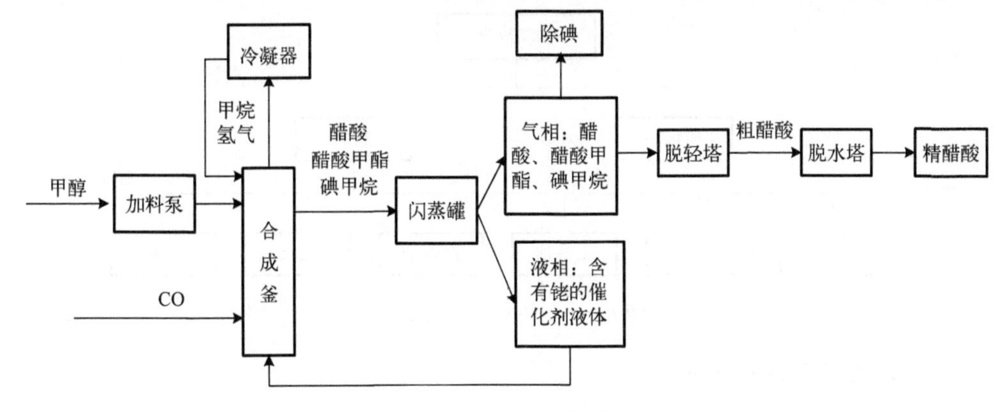

图 6.7　醋酸生产流程图

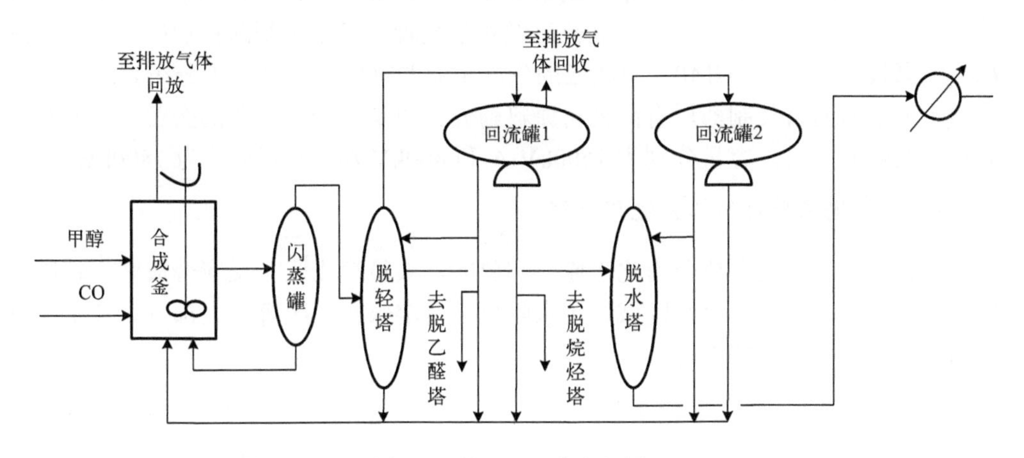

图 6.8　某公司工艺流程图

6.1.4　医药化工行业概述

1. 医药化工行业介绍

医药化工行业可分为原料药类和制剂类。原料药是指由化学合成、植物提取或者生物技术所制备的各种用来作为药用的粉末、结晶、浸膏等，但病人无法直接服用的物质。由这种粉末、结晶、浸膏状态的药物加工制成便于病人服用的给药形式，这些给药形式称为药物的剂型。

原料药的称呼主要相对于制剂来说的，其中制剂按剂型可分为片剂、胶囊剂及软膏剂等，具体分类如图 6.9 所示。

由于原料药生产是制药行业的基础，且生产环节多、生产设备精密，所以本书着重对原料药厂进行调研。

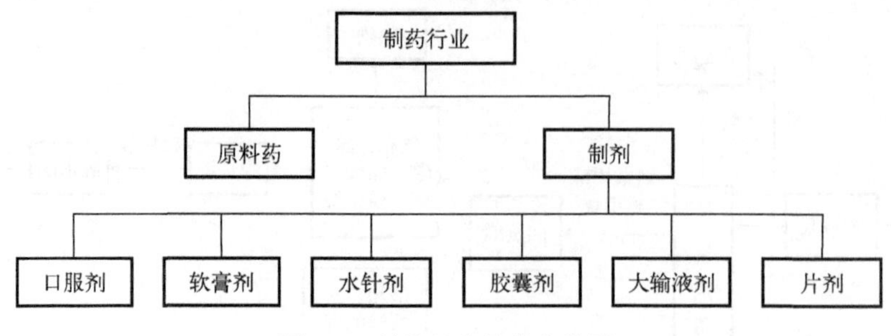

图 6.9 制药行业具体分类图

2. 医药化工行业规范

早在 1988 年卫生部就颁布了制药行业的行业规范——《药品生产质量管理规范》(GMP)，经过几次修订，该规范已经相当完善，覆盖了制药行业的整个生产流程。本书根据 2020 版 GMP，对相应的生产企业的重要负荷进行了分级。

本书中的南京某制药厂有限公司原料药分公司是生产原料药的企业。该原料药公司有两台变压器，容量分别为 1600kV·A 和 800kV·A，最高负荷为 1800kW。

3. 医药化工原料药工艺流程介绍

原料药生产车间主要分为化工原料存放区，人员净化区，反应合成区，精制、烘干区，粉碎、混合和包装区域、污水收集区及溶媒暂存区等七大部分。某车间典型的布置方式如图 6.10 所示。

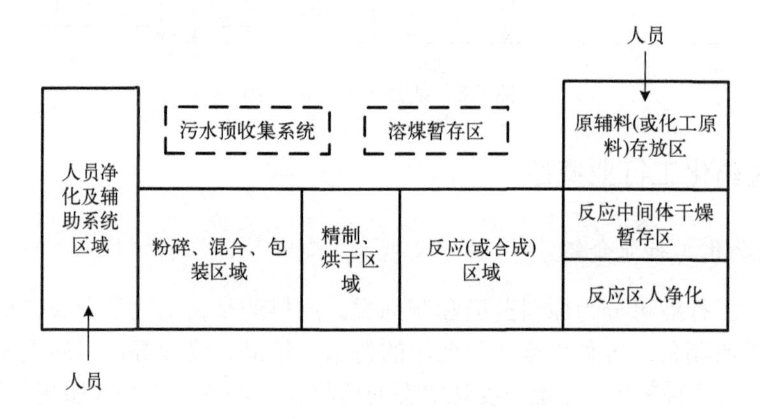

图 6.10 原料药生产车间布置方式图

如图 6.11 所示，待加工药品首先经过净化，进入反应釜中合成，再经过精制、分离、干燥等重要环节，再经过包装缓冲，放入贮存器贮存，待检验合格则成为成品[3]。

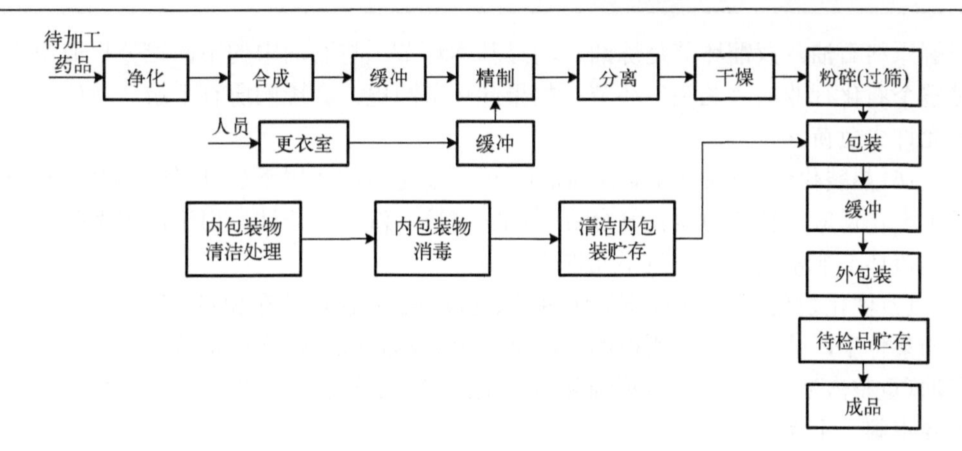

图 6.11　加工药品流程图

6.2　重要负荷情况

6.2.1　石化行业重要负荷

1. 炼油生产线一级负荷

(1) 消防设施：由于石化行业属于高危行业，易发生火灾，消防设施十分必要。不应失负荷。

(2) 应急照明及疏散照明系统：应急照明及疏散照明系统是重要的安全设施，是保障建筑物内人员安全、及时疏散的前提，并有利于救援工作的顺利进行，从而最大限度地减少人员的伤亡和降低财产的损失。切换时间应小于 2s。

(3) 紧急停车及安全连锁系统：为保证石化工企业的安全生产，降低发生恶性事故的概率，应适当地设置紧急停车及安全连锁系统，该系统按照安全独立原则要求，独立于 DCS 集散控制系统，其安全级别高于 DCS。作为安全保护系统，凌驾于生产过程控制之上，实时在线监测装置的安全性。只有当生产装置出现紧急情况时，不需要经过 DCS 系统，而直接由 ESD 发出保护联锁信号，对现场设备进行安全保护，避免危险扩散造成巨大损失。不允许失负荷。

(4) DCS 设备：作为对生产流程的控制设备，在控制进料、冷却温度等起着重要的作用，会影响到产品的质量。不允许失负荷。

(5) 石油的常减压蒸馏环节(换热器、蒸馏塔、冷凝器等)：石油最基本的炼制过程，将原油分离成不同沸点范围的馏分，其中常压蒸馏是在接近常压下蒸馏出汽油、煤油、柴油等；而减压蒸馏可以在 0.8 个大气压下蒸馏出润滑油原料、裂化原料和裂解原料石油。蒸馏环节是炼油厂的最基本环节，将石油中的不同馏分提取出来，是整个石化行业的“龙头”环节，如果此环节断电，会影响所有下游企业的生产。不允许失负荷。

(6)热裂化环节(反应塔、分馏塔)：该环节是热的作用下(不用催化剂)使重质油发生裂化反应，转变为裂化气(炼厂气的一种)、汽油、柴油。由于产生多种最终产物，该环节非常关键。一般不允许失负荷。

(7)催化裂化环节(再生器、沉降器、鼓风机)：该环节在加热、氢压和催化剂存在的条件下，使原油蒸馏所得的轻汽油馏分(或石脑油)转变成富含芳烃的高辛烷值汽油(重整汽油)，该过程将蒸馏环节产生的粗产品进行进一步加工，是生产汽油的重要步骤。不允许失负荷。

(8)监视设备：石化企业的重要设备、易燃性产品众多，需要对危险设备及产品进行实时的监视以防止危险发生，监视设备不允许失负荷。

炼油生产线一级负荷中，应急负荷包括：消防负荷、应急照明及疏散照明系统；其他保安负荷包括：紧急停车及安全连锁系统、DCS 设备、监视设备；其他关键负荷包括：石油的常减压蒸馏环节；其他一级负荷包括：催化裂化环节、热裂化环节。

2. 炼油生产线二级负荷

(1)石油产品精制环节(糠醛精制塔、转盘塔)：该环节将轻质馏分油精制为相应的轻质油产品；润滑油料精制为相应的润滑油产品。是石油生产过程中的重要一个环节。

(2)原油预处理环节(进料泵、初馏塔)：该环节脱除原油的水和盐，提高原油的纯度，并且防止设备的腐蚀，在设备内壁结垢和影响成品油的组成。

(3)炼厂气加工环节(气液分离塔、换热器等)：油炼厂副产的气体烃(即炼厂气)为原料，通过石油烃烷基化、石油烃异构化和烯烃叠合等过程制取高辛烷值的汽油组分等，能生产一部分最终产品。

(4)门禁设施。

(5)一般公用设施及照明设备。

炼油生产线设备负荷如表 6.1 所示。

表 6.1 炼油生产线设备负荷表

类型		负荷名称	断电后果	允许断电时间
一级负荷	应急负荷	消防设施	由于石化企业易引起爆炸，若失负荷则有可能导致事故面蔓延	不允许断电
		应急照明及疏散照明	在发生事故的情况下无法及时疏散现场人员	切换时间小于 2s

续表

类型		负荷名称	断电后果	允许断电时间
一级负荷	其他保安负荷	紧急停车及安全连锁系统	增加发生恶性事故的概率	不允许断电
		DCS 设备	影响到产品的质量	不允许断电
		监视设备	容易发生危险	不允许断电
	其他一级负荷	石油的常减压蒸馏环节	如果此环节断电，会影响所有下游企业的生产	不允许断电
		催化裂化环节	是产生汽油的重要步骤	不允许断电
		热裂化环节	是生产汽油、炼厂气的重要步骤	不允许断电
二级负荷		石油产品精制环节	若断电则无法生产润滑油	允许停电时间 10～20min
		原油预处理环节	若断电则无法除去原油中的水和盐，易对设备造成腐蚀	不允许停电
		炼厂气加工环节	能生产部分产品，若失负荷会对最终产品的产量有一定影响	允许停电时间 10～20min
		门禁设施		
		一般公用设施及照明设备		

3. 乙烯生产线一级负荷

(1) 消防设施、应急照明及疏散照明系统、紧急停车及安全连锁系统、DCS 设备的要求和炼油生产线一级负荷一样。

(2) 裂解环节(裂解炉)：石脑油和轻油首先在裂解炉上不辐射吸热，然后发生脱氢和断链反应最终分裂为乙烯和丙烯等。裂解是全流程的第一步，也是最重要的一步，因为目标物就在裂解炉中产生，裂解炉是乙烯装置的核心。

(3) 裂解气压缩(离心压缩机)：工艺过程、负荷比例最大、最重要负荷，不会导致人身伤亡。裂解气压缩的作用是防止温度过高后裂解气焦化，产品报废。一般不允许失负荷。

(4) 乙烯制冷环节和丙烯深冷环节(制冷机)：为分离各烃类提供制冷剂，任何一个环节停车都会导致整个乙烯生产线停车，不允许失负荷。

(5) 急冷环节(急冷锅炉、直接喷淋器)：裂解炉中辐射盘管出口的裂解气为 800～820℃。为了控制二次反应的发生，要迅速把裂解气急冷，防止逆反应。若失负荷则会发生二次反应，原料报废，无法生产乙烯，最大失负荷时间小于 10min。

乙烯生产线一级负荷中，应急负荷包括消防负荷、应急照明及疏散照明系统；其他保安负荷包括紧急停车及安全连锁系统、DCS 设备、监视设备；其他关键负荷包括裂解环节；其他一级负荷包括裂解气压缩环节、乙烯制冷环节、丙烯制冷环节、急冷环节。

4. 乙烯生产线二级负荷

(1)预热环节(进料泵)：对反应原料进行预热，加快反应速度，提高产品产量。

(2)精馏环节(脱乙烷塔、脱丙烷塔)：经过深冷环节后，冷凝液送往脱甲烷塔的相应塔板上，分馏后，塔底物料再送入脱乙烷塔，分离出碳三馏分，此后，再经过加氢处理，乙烯和乙烷的混合物进入乙烯分馏塔分离出乙烯。该环节是制取乙烯或丙烯成品的最后一环节，影响到乙烯及丙烯产品的质量。

(3)预分馏环节(分馏塔、冷凝器)：这个过程将裂解气的温度降到常温，并在冷却过程中分离出裂解汽油和水分。这个过程降低了裂解气的温度，从而保证裂解气压缩机的正常运转，并降低裂解气的压缩机功耗。

(4)门禁设施。

(5)一般公用设施及照明设备。

乙烯生产线重要负荷表如表 6.2 所示。

表 6.2　乙烯生产线重要负荷表

类型		负荷名称	断电后果	允许断电时间
一级负荷	应急负荷	消防设施	由于石化企业易引起爆炸，若失负荷则有可能导致事故面蔓延	不允许断电
		应急照明及疏散照明	在发生事故的情况下无法及时疏散现场人员	切换时间小于 2s
	其他保安负荷	紧急停车及安全连锁系统	增加发生恶性事故的概率	不允许断电
		DCS 设备	影响到产品的质量	不允许断电
		监视设备	容易发生危险	不允许断电
	其他一级负荷	裂解环节	裂解炉是乙烯装置的核心	不允许断电
		裂解气压缩环节	温度过高后裂解气焦化，产品报废	不允许断电
		乙烯制冷环节和丙烯深冷环节	任何一个环节停车都会导致整个乙烯生产线停车	不允许断电
		急冷环节	发生二次反应，原料报废，无法生产乙烯	不允许断电
二级负荷		预热环节	若失负荷则可能影响到聚氯乙烯的生产的速度和产量	允许停电时间小于 10min
		精馏环节	影响到乙烯及丙烯产品的质量	允许停电时间 10～20min
		预分馏环节	若失负荷则可能导致压缩机等功耗过大，甚至无法正常工作	不允许断电
		门禁设施		
		一般公用设施及照明设备		

6.2.2 盐化行业重要负荷

1. 氯碱生产线重要负荷

1) 氯碱生产线一级负荷

(1) 消防设施、应急照明及疏散照明系统、紧急停车及安全连锁系统、DCS 设备的要求和炼油生产一线负荷一样。

(2) 氯处理环节：氯处理装置将电解槽生产的带杂质的湿氯氢冷却、干燥为洁净的氯气氢气，主要设备有液环式压缩机及透平氯压机及鼓风机。由于氯气有毒且易爆，若废氯处理不当会影响到生产人员的生命安全，甚至会导致车间发生爆炸。该环节不允许失负荷。

(3) 电解环节：食盐溶液在直流电的作用下，阳极的氯离子被氧化成氯气，阴极上水分被还原，析出氢气，同时产生氢氧化钠。电解槽是盐水电解产生氯气、氢气的主要设备。若无法运行则导致后续设备停车，经济损失巨大。不允许失负荷。

(4) 化学品库：化学品库主要储存引发剂，低温保存，高于 2℃就会爆炸，不允许失负荷。2008 年初雪灾时，专门调用一台柴油发动机进行供电，其他非电保安措施包括与冷藏汽车、冷库车签的协议关键时候进行转移。

(5) 盐水精制环节：为使电解过程顺利，并保证设备和操作的安全，无论采用哪种电解方法，原料必须精制。另外，在精制的过程中，加入少量的次铝酸盐，以防止三氯化氮积累引起爆炸。该盐水再经过过滤和树脂吸附，进行二次精制，才能用于电解。不允许失负荷。

(6) 监视设备：由于盐化行业属于高危行业，因而对易燃易爆设施的监控显得尤为必要。

氯碱生产线一级负荷中，应急负荷包括消防设施、紧急照明系统和疏散照明系统；保安负荷包括废氯处理环节、DCS 设备、紧急停车系统、化学品库、监视设备；其他一级负荷包括电解环节、盐水精制环节。

2) 氯碱生产线二级负荷

(1) 碱液浓缩环节：由于阴极液的溶液为 10%～12%的氢氧化钠，一般需要经过蒸发(强制循环蒸发器)，于是碱液浓缩并获得氯化钠结晶，由盐浆离心机回收盐分后，碱液被冷却为常温，即为液体烧碱商品，允许停电时间为 10～20min。

(2) 其他公用设施和照明设备。

(3) 门禁设备。

氯碱生产线负荷表如表 6.3 所示。

表 6.3 氯碱生产线负荷表

类型		负荷名称	断电后果	允许断电时间
一级负荷	应急负荷	消防设施	若失负荷则有可能导致事故面蔓延	不允许断电
		应急照明及疏散照明系统	在发生事故的情况下无法及时疏散现场人员	切换时间小于 2s
	保安负荷	氯处理环节	影响到生产人员的生命安全，甚至会导致车间发生爆炸	不允许断电
		DCS 设备	影响到产品的质量	不允许断电
		紧急停车及安全连锁系统	增加发生恶性事故的概率	不允许断电
		化学品库	高于 2℃发生爆炸	不允许断电
		监视设备	对重要设备和产品原料等失去监控	不允许断电
	其他一级负荷	电解环节	导致后续设备停车，经济损失巨大	不允许断电
		盐水精制环节	可能造成爆炸威胁安全	不允许断电
二级负荷		碱液浓缩环节	若停电则影响烧碱纯度	10～20min
		其他公用设施和照明设备		

2. 聚氯乙烯生产线重要负荷

1) 聚氯乙烯生产线一级负荷

(1) 消防设施、应急照明及疏散照明系统、紧急停车及安全连锁系统、DCS 设备、化学品库、监视设备的要求和氯碱生产线一级负荷一样。

(2) 聚合环节(聚合釜)：聚合釜用于生产聚氯乙烯，若失负荷则出料为次品或废品，经济损失巨大。允许断电时间 7～8 个周波。

(3) 氯乙烯合成(氯乙烯单体合成器)：氯化氢和乙炔经过过滤器和预热器后进入转换器进行氯乙烯单体合成，生产的氯乙烯经过压缩和冷凝后被储存到单体贮槽中。该环节生产的氯乙烯是生产聚氯乙烯的原料，若失负荷则无法生产目标产品。允许断电时间 7～8 个周波。

聚氯乙烯生产线中，应急负荷包括消防设施、紧急照明系统和疏散照明系统；保安负荷包括聚合环节、DCS 设备、紧急停车系统、监视设备；其他一级负荷包括：氯乙烯合成环节。

2) 聚氯乙烯生产线二级负荷

(1) 乙炔生成及提纯环节(乙炔发生器、冷凝器)：电石电解将电石和水在乙炔发生器中混合，产生乙炔气体，经过压缩机加压，经过清净塔除去硫化氢，再经过中和塔冷凝器等除去酸和水分。该环节可以得到精制乙炔，若失负荷则生产线停止运行。允许断电时间 7～8 个周波。

(2) 氯乙烯的压缩冷凝环节(压缩机、制冷机)：为了提高聚氯乙烯的产量，氯乙烯在聚合前，需进行压缩和冷凝，降低反应前的温度，提高反应前的压强。若失负荷则导致氯乙烯产量降低、经济性影响较大。停电时间应小于 30min。

(3) 聚氯乙烯压缩干燥环节(离心机、干燥器)：聚合后产生的聚氯乙烯，流入混合釜，水洗再离心脱水、干燥即得树脂成品。脱水干燥使用的装置是旋风分离器、沸腾床干燥器等，若失负荷则影响聚氯乙烯的纯度。停电时间需小于 30min。

聚氯乙烯生产线负荷表如表 6.4 所示。

表 6.4　聚氯乙烯生产线负荷表

<table>
<tr><th colspan="2">类型</th><th>负荷名称</th><th>断电后果</th><th>允许断电时间</th></tr>
<tr><td rowspan="7">一级负荷</td><td rowspan="2">应急负荷</td><td>消防设施</td><td>由于盐化企业易引起爆炸，若失负荷则有可能导致事故面蔓延</td><td>不允许断电</td></tr>
<tr><td>应急及疏散照明系统</td><td>在发生事故的情况下无法及时疏散现场人员</td><td>切换时间小于 2s</td></tr>
<tr><td rowspan="4">保安负荷</td><td>聚合环节</td><td>出料为次品或废品，经济损失巨大</td><td>7～8 个周波</td></tr>
<tr><td>DCS 设备</td><td>影响到产品的质量</td><td>不允许断电</td></tr>
<tr><td>紧急停车及安全连锁系统</td><td>增加发生恶性事故的概率</td><td>不允许断电</td></tr>
<tr><td>监视系统</td><td>对重要设备产品等失去监控</td><td>不允许断电</td></tr>
<tr><td>其他一级负荷</td><td>氯乙烯合成环节</td><td>无法生产目标产品</td><td>7～8 个周波</td></tr>
<tr><td colspan="2" rowspan="3">二级负荷</td><td>乙炔生成及提纯环节</td><td>生产线停止运行</td><td>7～8 个周波</td></tr>
<tr><td>氯乙烯的压缩冷凝环节</td><td>导致氯乙烯产量降低、经济性影响较大</td><td>小于 30min</td></tr>
<tr><td>聚氯乙烯压缩干燥环节</td><td>影响聚氯乙烯的纯度</td><td>小于 30min</td></tr>
</table>

6.2.3　醋酸行业重要负荷

1. 一级负荷

(1) 消防设施、应急照明及疏散照明系统、DCS 设备、紧急停车及安全连锁系统的要求和炼油生产线一级负荷一样。

(2) 醋酸合成环节(主要设备：合成釜)：是煤化工反应的主要环节，目标产物醋酸在该环节产生。允许断电时间 7～8 个周波。

(3) 闪蒸罐内的降温环节(主要设备：闪蒸罐)：该环节将醋酸及反应液在减压的条件下形成气液两相，被分离出来的铑催化剂被送回合成釜，维持催化剂的浓度稳定，该环节也是重要的移去反应热的环节。允许断电时间 7～8 个周波。

(4) 脱氢环节(脱氢塔)：该环节用于脱去乙醛，由于乙醛是主要的羰基杂质，且易在催化剂的条件下生成碳烷基碘，因而除去乙醛对醋酸的品质有重要的意义。允许断电时间 7～8 个周波。

(5) 脱碘环节(树脂床，泵)：由于羰基法制醋酸是采用碘化物做催化剂，因而醋酸产品不可避免得含有碘化物，而碘化物的存在却严重限制了工艺合成醋酸的应用，并且使催化剂中毒，经济损失巨大。采用载银离子交换树脂床可有效的除去碘元素。为保证生产的经济性，该环节的允许断电时间为7～8个周波。

(6) 监控设施：由于醋酸生产行业属于高危行业，因而对易燃设备和物品(如醋酸)的监控十分必要，不允许断电。

醋酸行业一级负荷中，应急负荷包括消防设施、紧急照明系统和疏散照明系统；保安负荷包括监控设施、DCS设备、紧急停车系统；其他一级负荷包括：醋酸生产环节、闪蒸罐内的降温环节、脱氢环节、脱碘环节。

2. 二级负荷

(1) 脱水环节(脱水塔)：脱水塔的主要作用是对含水4%～14%的粗醋酸精馏，进一步分离大多数水、碘甲烷和醋酸甲酯等轻组份并送合成釜。该过程用于保证制取醋酸的浓度。

(2) 精馏环节(精馏塔)：进一步除去含有的丙酸和碘元素，获得成品醋酸。

(3) 甲醇进料环节(进料泵)：主要设备是进料泵，用于将甲醇输入到合成釜中，一般一条生产线有两个以上的进料泵，允许断电时间7～8个周波。

(4) 门禁系统。

(5) 其他公用设施及照明设备。

醋酸行业负荷表如表6.5所示。

表6.5 醋酸行业负荷表

类型		负荷名称	断电后果	允许断电时间
一级负荷	应急负荷	消防设施	由于醋酸行业部分设施及产品极易引起爆炸，若失负荷则有可能导致事故面蔓延	不允许断电
		应急及疏散照明系统	在发生事故的情况下无法及时疏散现场人员	切换时间小于2s
	其他保安负荷	DCS系统	造成醋酸生产过程中进料、温度等失控，影响醋酸的生产甚至造成紧急停车	不允许断电
		监控设施	失去对高危设备和易燃物品的监视，易发生火灾	不允许断电
		紧急停车及安全连锁系统	易造成恶性事故	不允许断电
	其他一级负荷	醋酸合成环节	目标产物在该环节产生，若失负荷导致生产线停产	7～8个周波
		脱氢环节	无法脱去乙醛等羰基化合物，严重影响醋酸的品质	7～8个周波
		脱碘环节	若失负荷则易造成催化剂中毒，经济损失巨大	7～8个周波

续表

类型		负荷名称	断电后果	允许断电时间
一级负荷	其他一级负荷	闪蒸罐内的降温环节	若失负荷则无法将醋酸及反应液分离，并影响催化剂的浓度	7～8 个周波
二级负荷		甲醇进料环节	无法将甲醛送入合成釜	7～8 个周波
		精馏环节	无法除去丙酸及碘元素，影响醋酸的纯度	允许断电 30min 以内
		脱水环节	影响醋酸的纯度	允许断电 30min 以内
		门禁系统		无特殊规定
		其他公用设施及照明设备		无特殊规定

6.2.4　医药化工行业重要负荷

1. 一级负荷

(1) 纯净水制备设备系统：为整个生产车间提供工艺用水，包括饮用水、纯化水和注射用水，按照 GMP 要求，生产制药环节必须使用符合规范的纯净水，以防止对药品的污染。允许停电时间为 10～20min。

(2) 车间监控设备：原料药厂的电视监控设备用于监控氰化钾及溶剂媒的保存情况，由于氰化钾属于危险物品，溶剂媒属于易燃物品，故电视监控设备原则上来说不能失负荷。

(3) 空气净化设备：GMP 对制药厂的空气质量有着严格的规定，如表 6.6 所示，空气净化是制药厂的一个极其重要的环节，直接关系着药品的卫生情况，若车间的空气中颗粒浓度过高，直接会导致对药品的污染。不允许失负荷。

表 6.6　GMP 相关规定

洁净度级别	尘粒最大允许数/m³		微生物最大允许数	
	≥0.5μm	≥5μm	浮游菌/m³	沉降菌/皿
100 级	3500	0	5	1
10000 级	350000	2000	100	3
100000 级	3500000	20000	500	10
300000 级	10000000	60000	—	15

(4) 消防设施(加压泵、稳压泵)：由于原料药厂的溶剂媒极易引起爆炸，故原料药厂的消防设施必不可少，不允许失负荷。

(5) 反应釜：反应釜为重要的生产设备，其中的温度控制较其他化工行业的要求尤为严格，超过一定限值范围可能会造成爆炸等安全事故，在故障断电情况下，搅拌器不能动作，温度无法控制可能会造成原料废弃，由于循环水泵不能工作甚至造成反应器会爆炸。反应釜采用的非电保安措施就是靠手动阀门让反应釜出料，没有配置应急电源。对于反应釜来说，原则上是不允许停电的，停电会导致整个生产线的停运。

(6) 灭菌柜：用于储存药品成品或半成品，允许停电时间为 10～20min。

(7) 药用干燥设备(离心机)(3.0kW×4)：原料在反应釜反应后制得药品，要对其进行干燥，使其结晶，才能粉碎和包装。若长时间停电则有可能造成制得的药品报废，干燥设备允许停电 10～20min。

(8) 药用筛分机械 1.5kW×5：用于对干燥后的药品进行筛分，形成成品。

(9) 结晶设备 2.2kW×5：按照 GMP 要求，结晶工艺对设备要求较高，搅拌速度一般为 28～36r/min，否则会造成废料。一般不允许停电。

(10) 药品过滤设备：是药品精制的一个重要环节，在防止颗粒及细菌对药品造成污染方面有重要作用。过滤设备包括脱碳过滤器和筒式除菌过滤器。一般来讲，不允许停电。

(11) 循环水设备：用于原料厂非工艺用水(主要用于产生蒸汽和冷却、洗涤等的用水)的循环使用，非工艺水要求是自来水或者水质较好的进水。若失负荷则无法对贮藏设备进行喷淋冷却或导致人身净化区无法使用，故不允许失负荷。

(12) 应急照明及疏散照明系统：应急照明及疏散照明系统是重要的安全设施，是保障建筑物内人员安全、及时疏散的前提，并有利于救援工作的顺利进行，从而最大限度地减少人员的伤亡和降低财产的损失。切换时间应小于 2s。

(13) 消防设施：为保证发生火灾紧急情况下将事故灾害降到最低，应配备消防设施，不允许失负荷。

医药化工行业一级负荷中，应急负荷包括消防设施、应急照明及疏散照明系统；保安负荷包括纯净水制备系统、车间监控设备、空气净化设备。

2. 二级负荷

(1) 制冷设备：用于原料药厂的温度调节，在我国的《医药工业洁净厂房设计规范》中有如下规定：空气洁净级别 100 级、10000 级区域一般控制温度为 20～24℃；100000 级区域控制温度为 18～28℃。制冷设备包括冷冻机和循环泵两部分，停电时间不超过 20min。

(2) 铝塑泡罩包装机：是生产原料药的最后一个重要环节，根据 GMP 的要求，该环节对生产环境及包装有一定要求，若失负荷则有可能对原料药造成污染。

(3) 喷码机：原料药的最后一个包装环节，对原料药进行标识，若停电造成的影响较小。

(4)污水处理设施：为了防止污水对环境的污染，需要对制药厂产生的污水进行净化，不允许失负荷。

医药化工行业重要负荷表如表6.7所示。

表6.7　医药化工行业重要负荷表

类型		负荷名称	断电后果	允许断电时间
一级负荷	应急负荷	消防设施	由于原料药厂的溶剂媒极易引起爆炸，若失负荷则有可能导致事故面蔓延	不允许断电
		应急照明及疏散照明系统	在发生事故的情况下无法及时疏散现场人员	切换时间小于2s
	其他保安负荷	纯净水制备系统	药品被污染	10～20min
		车间监控设备	可能发生火灾事故	不允许断电
		空气净化设备	药品被污染	不允许断电
	其他一级负荷	反应釜	无法进行药品合成	不允许断电
		灭菌柜	药品被污染	10～20min
		药用干燥设备（离心机）	不能干燥药品，无法得到成品，可能导致药品报废	10～20min
		药用筛分机械	无法对药品进行筛分，后续工作无法进行	10～20min
		结晶设备	药品无法结晶，可能导致药品报废	10～20min
		药品过滤设备	影响药品的纯度，有可能造成药品的污染	不允许断电
		循环水设备	无法对高温储藏设备降温、无法对工作人员进行净化	不允许断电
二级负荷		制冷设备	导致原料药厂温度过高	无特殊规定
		铝塑泡罩包装机	无法对原料药进行密封包装，可能造成药品的污染	10～20min
		喷码机	对原料药进行表示	无特殊规定
		污水处理设施	无法对药厂排放的污水进行处理，导致水污染	1h以内

6.3　供电电源及自备应急电源配置

6.3.1　石化

1. 供电方式

根据《石油化工装置电力设计规范》(SH/T 3038—2017)的要求，大型工厂应采用自发电为主的方式，重要用电负荷应有两个独立电源供电，两个电源要分别来自不同的电网或来自同一电网上在运行时互相联系很弱。

另外要保证向一级负荷供电的双回电源线路是专用的，在架设上应保持距离，避免一回路发生故障时波及另一回路。

2. 内部接线

根据 SH/T 3038—2017 的要求，具有两条或以上生产线的生产装置，每条生产线上的用电设备应由同一母线段供电；该生产线上直接由工厂总变电所供电的大电动机，应与向该生产线供电的回路接在同一条 10kV 母线上。

10kV 配电系统规定如下：

一般采用单母线或分段单母线，分段开关应设自投的接线。母线的分段应考虑生产流程等具体情况，同一生产系统的用电设备应连接在同一段母线上。

当母线上连有 25MW 及以上容量发电机组或馈线回路较多时，可采用双母线接线。当需要限制出线上短路电流时，应优先考虑变压器分列运行；其次在变压器回路装设电抗器，只有装设总分流电抗器不能满足要求时，方可在 10kV 出线上装设限流电抗器。

对于 380V 低压配电系统，应采用分段单母线，母线分段开关可自投切的接线。

3. 应急电源的配置

根据 SH/T 3038—2017 的要求，一级负荷中的特别重要负荷，除了有两个电源供电外，尚应增加应急电源，并禁止其他负荷接入应急供电系统。

生产过程中，凡需要采取应急措施者，首先应在工艺和设备设计中采取非电气应急措施，仅当不能满足要求时方可列为重要负荷。

应急电源有以下几种形式：①直流蓄电池装置；②UPS 电源装置；③自启动柴油发电机组；④自启动燃气发电机组；⑤独立于正常电源外的其他类型发电机组。

允许中断 15s 以上者，可选择快速自启动柴油发电机组或燃气发电机组；自投装置动作时间满足允许断电时间的，可选择带有自动投入装置的独立于正常电源的专用馈线线路；允许中断时间为毫秒级的供电，可选择用充电器蓄电池组的静止型 UPS 电源供电装置。

6.3.2 盐化

1. 供电方式

6 万 t 以上的盐化工厂，由于不具备来自两个方向变电站条件，但又具有较高可靠性需求，可采用专线主供、公网热备运行方式，主供电源失电后，公网热备电源自动投切，两路电源应装有可靠的电气、机械闭锁装置。

6 万 t 以下的盐化工厂，进线电源可采用母线分段，互供互备运行方式；要求公网热备电源自动投切，两路电源应装有可靠的电气、机械闭锁装置。

2. 内部接线

6 万 t 以上的盐化工厂采用双电源(同一变电站不同母线)一路专线、一路辐射公网供电。

6 万 t 以下的盐化工厂采用双电源(同一变电站不同母线)两路辐射公网供电。

3. 应急电源的配置

盐化工工厂的应急照明的允许停电时间≤1min，可配置自备应急电源蓄电池/UPS/EPS，工作方式可采用在线/热备，后备时间>30min，切换时间<5s，切换方式为 STS/ATS。

消防用电的允许停电时间≤1min，可配置自备应急电源柴油发电机/EPS，工作方式可采用冷备/热备，后备时间>60min，切换时间<30s，切换方式为 ATS。

紧急停车及安全连锁系统的允许停电时间≤200ms，可配置自备应急电源 UPS，工作方式可采用在线/热备，后备时间 30～120min，切换时间≤200ms，切换方式为在线/ATS。

DCS 设备的允许停电时间≤200ms，可配置自备应急电源 UPS，工作方式可采用在线/热备，后备时间 30～120min，切换时间≤200ms，切换方式为在线/ATS。

监视设备的允许停电时间≤1min，可配置自备应急电源 UPS，工作方式可采用在线/热备，后备时间 30～120min，切换时间≤1min，切换方式为在线/ATS。

氯处理环节的允许停电时间≤1min，可配置自备应急电源柴油发电机，工作方式可采用冷备/热备，后备时间 30～120min，切换时间<30s，切换方式为 ATS。

化学品库的允许停电时间≤10min，可配置自备应急电源柴油发电机，工作方式可采用冷备/热备，后备时间 30～120min，切换时间<30s，切换方式为 ATS。

6.3.3 煤化

1. 供电方式

6 万 t 以上的煤化工厂，由于不具备来自两个方向变电站条件，但又具有较高可靠性需求，可采用专线主供、公网热备运行方式，主供电源失电后，公网热备电源自动投切，两路电源应装有可靠的电气、机械闭锁装置。

6 万 t 以下的煤化工厂，进线电源可采用母线分段，互供互备运行方式；要求公网热备电源自动投切，两路电源应装有可靠的电气、机械闭锁装置。

2. 内部接线

6 万 t 以上的煤化工厂采用双电源(同一变电站不同母线)一路专线、一路辐射公网供电。

6万t以下的煤化工厂采用双电源(同一变电站不同母线)两路辐射公网供电。

3. 应急电源的配置

煤化工工厂的应急照明的允许停电时间≤1min，可配置自备应急电源蓄电池/UPS/EPS，工作方式可采用在线/热备，后备时间>30min，切换时间<5s，切换方式为STS/ATS。

消防用电的允许停电时间≤1min，可配置自备应急电源柴油发电机/EPS，工作方式可采用冷备/热备，后备时间>60min，切换时间<30s，切换方式为ATS。

DCS设备的允许停电时间≤200ms，可配置自备应急电源UPS，工作方式可采用在线/热备，后备时间30～120min，切换时间≤200ms，切换方式为在线/ATS。

车间监视设备的允许停电时间≤1min，可配置自备应急电源UPS，工作方式可采用在线/热备，后备时间 30～120min，切换时间≤200ms，切换方式为在线/ATS。

紧急停车系统的允许停电时间≤200ms，可配置自备应急电源柴油发电机，工作方式可采用冷备/热备，后备时间30～120min，切换时间<30s，切换方式为ATS。

循环泵的允许停电时间≤1min，可配置自备应急电源柴油发电机，工作方式可采用冷备/热备，后备时间30～120min，切换时间<30s，切换方式为ATS。

6.3.4 医药化工

1. 供电方式

6万t以上的医药化工工厂，由于不具备来自两个方向变电站条件，但又具有较高可靠性需求，可采用专线主供、公网热备运行方式，主供电源失电后，公网热备电源自动投切，两路电源应装有可靠的电气、机械闭锁装置。

6万t以下的医药化工工厂的盐化工厂，进线电源可采用母线分段，互供互备运行方式；要求公网热备电源自动投切，两路电源应装有可靠的电气、机械闭锁装置。

2. 内部接线

6万t以上的医药化工工厂采用双电源(同一变电站不同母线)一路专线、一路辐射公网供电。

6万t以下的医药化工工厂采用双电源(同一变电站不同母线)两路辐射公网供电。

3. 应急电源的配置

医药化工工厂的应急照明及疏散照明的允许停电时间≤1min，可配置自备应急电源蓄电池/UPS/EPS，工作方式可采用在线/热备，后备时间>30min，切换时间<5s，切换方式为 STS/ATS。

消防设施的允许停电时间≤1min，可配置自备应急电源柴油发电机/EPS，工作方式可采用冷备/热备，后备时间>60min，切换时间<30s，切换方式为 ATS。

纯净水制备系统的允许停电时间≤10min，可配置自备应急电源柴油发电机，工作方式可采用冷备/热备，后备时间 30～120min，切换时间≤10min，切换方式为手动/ATS。

车间监控设备的允许停电时间≤1min，可配置自备应急电源 UPS，工作方式可采用在线/热备，后备时间 30～120min，切换时间≤200ms，切换方式为在线/ATS。

空气净化设备的允许停电时间≤10min，可配置自备应急电源柴油发电机，工作方式可采用冷备/热备，后备时间 30～120min，切换时间<10min，切换方式为 ATS/手动。

反应釜的允许停电时间≤200ms，可配置自备应急电源 UPS，工作方式可采用在线/热备，后备时间 30～120min，切换时间<200ms，切换方式为 ATS/手动。

6.4 配置实例

6.4.1 石化

1. 调研单位概述

中国石化扬子石油化工有限公司系中石化的全资子公司，主营业务为石油炼制和烃类衍生物的生产与销售，目前拥有以 800 万 t/年原油加工、65 万 t/年乙烯、140 万 t/年芳烃装置为核心的 43 套大型石油化工生产装置，年产聚烯烃塑料、聚酯原料、橡胶原料、基本有机化工原料、成品油等 5 大类 44 种商品 700 多万 t。

2. 调研单位供电情况介绍

该用电单位为多回路电源供电，其中 220kV 电缆 2 回，10kV 电缆 2 回，均是专线电缆供电。该用电单位的变压器容量为 360MV·A，自备 6 台 60MW 发电机基本满足用电需求，供电公司两条 220kV 槽扬Ⅰ、Ⅱ线作为联络，联络线的最高供电负荷为 3 万 kW，年用电量为 2.4 亿 kW·h。

3. 重要负荷情况

扬子石化的重要负荷容量如表 6.8 所示。

表 6.8　扬子石化的重要负荷容量

<table>
<tr><th>单位</th><th colspan="2">类型</th><th>负荷名称</th></tr>
<tr><td rowspan="6">扬子石化</td><td rowspan="5">一级负荷</td><td rowspan="2">应急负荷</td><td>应急照明及疏散照明</td></tr>
<tr><td>消防设施</td></tr>
<tr><td rowspan="3">其他保安负荷</td><td>聚合釜</td></tr>
<tr><td>化学品库</td></tr>
<tr><td>氯处理设备</td></tr>
<tr><td colspan="2">二级负荷</td><td>电解槽 6 列</td></tr>
</table>

4. 应急电源配置情况

本书中的保安负荷均有非电保安措施：聚合釜可以添加终止剂；化学品库可以转移(也可由应急发电车供电)；废氯处理设备的气动阀门可以关闭。故需要为应急负荷配备应急电源即可。

6.4.2 盐化

1. 调研单位概述

郴州华湘化工有限责任公司(华湘化工)是由原 711 矿郴州电化厂改制重组的新型化工企业，隶属于中国核工业集团公司，年产 5 万 t PVC 糊树脂和 7.8 万 t 烧碱及系列产品，是国内 PVC 糊树脂行业的第三大生产厂家，2007 年销售收入 6.38 亿元。

2. 调研单位供电情况介绍

该用电单位为单电源多回路供电，包括 4 回 10kV 的电缆供电，均是专线供电。该企业建设 2 台 75t 锅炉配套 6MW+12MW 发电机组的热电联产项目，并准备自建 110kV 变电站，最高负荷为 30000kW，年用电量为 24000kW·h。

3. 重要负荷情况

华湘化工的重要负荷容量如表 6.9 所示。

表 6.9　华湘化工的重要负荷容量

<table>
<tr><th>单位</th><th colspan="2">类型</th><th>负荷名称</th></tr>
<tr><td rowspan="6">华湘化工有限责任公司</td><td rowspan="5">一级负荷</td><td rowspan="2">应急负荷</td><td>应急照明及疏散照明</td></tr>
<tr><td>消防设施</td></tr>
<tr><td rowspan="3">其他保安负荷</td><td>聚合釜</td></tr>
<tr><td>化学品库</td></tr>
<tr><td>氯处理设备</td></tr>
<tr><td colspan="2">二级负荷</td><td>电解槽 6 列</td></tr>
</table>

4. 应急电源配置情况

本书中的保安负荷均有非电保安措施：聚合釜可以添加终止剂；化学品库可以转移(也可由应急发电车供电)；废氯处理设备的气动阀门可以关闭。故需要为应急负荷配备应急电源即可。

6.4.3 煤化

1. 调研单位概述

塞拉尼斯总部在美国达拉斯市，是世界领先的增值工业化学品生产商，主要生产乙酰基产品(包括醋酸、醋酸乙烯单体、乳液、共聚甲醛产品)以及高性能工程塑料，六合化学工业园区的塞拉尼斯分公司主要是利用周围工厂的甲醇和一氧化碳在反应釜中合成醋酸，属于煤化工行业。

2. 调研单位供电情况介绍

该用电单位为多电源多回路供电，有两条 110kV 的专供电缆进线，变压器容量是 36000kV·A，年用电量 1860 万 kW·h。

3. 重要负荷情况

美国塞拉尼斯公司的重要负荷如表 6.10 所示。

表 6.10　美国塞拉尼斯公司的重要负荷容量

<table>
<tr><th>单位</th><th>总容量/kV·A</th><th colspan="2">类型</th><th>负荷名称</th><th>容量/kV·A</th><th>占总容量的比例/%</th></tr>
<tr><td rowspan="7">美国塞拉尼斯公司</td><td rowspan="7">360000</td><td rowspan="6">一级负荷</td><td rowspan="2">应急负荷</td><td>应急照明及疏散照明</td><td></td><td rowspan="2"></td></tr>
<tr><td>消防设施</td><td></td></tr>
<tr><td rowspan="4">其他一级负荷</td><td>反应釜搅拌器</td><td>90</td><td rowspan="4">0.38</td></tr>
<tr><td>循环泵、10kV 变 690V 变频器</td><td>560×2</td></tr>
<tr><td>化学品库</td><td>15</td></tr>
<tr><td>空压器</td><td>100～200</td></tr>
<tr><td colspan="2">二级负荷</td><td>电解槽 6 列</td><td>38000</td><td>10.5</td></tr>
</table>

4. 应急电源配置情况

该用电单位配置 2 台 UPS，容量分别为 40kW 和 50kW；配置两台应急发电机，容量为 400kW 和 300kW。

6.4.4 医药化工

1. 调研单位概述

南京制药厂有限公司是一家以生产、销售化学原料药和药物制剂，兼营化工医药中间体、食物添加剂的大型综合性制药企业。该企业的原料药分公司主要是为南京制药厂生产化学制药品的原料，年生产总值约3000万元，该用电单位属于精细化工。

2. 供电单位供电情况介绍

该用电单位由城网引入两条110kV架空线路，为单电源供电，接线方式为T型接线。该制药厂有两台变压器，容量分别为1600kV·A和800kV·A，最大负荷为1700kW。

3. 重要负荷情况

南京制药厂重要负荷容量如表6.11所示。

表6.11 南京制药厂的重要负荷容量

<table>
<tr><th>单位</th><th>总容量/kV·A</th><th colspan="2">类型</th><th>负荷名称</th><th>容量/kV·A</th><th>占总容量的比例/%</th></tr>
<tr><td rowspan="8">南京制药厂有限公司（原料药分公司）</td><td rowspan="8">2400</td><td rowspan="7">一级负荷</td><td rowspan="2">应急负荷</td><td>应急照明及疏散照明</td><td></td><td rowspan="2">1.9</td></tr>
<tr><td>消防设施</td><td>45.5</td></tr>
<tr><td rowspan="3">其他保安负荷</td><td>纯净水制备设备</td><td>280</td><td rowspan="3">19.3</td></tr>
<tr><td>空气净化设备（压缩机）</td><td>180</td></tr>
<tr><td>氰化钾存放的监控（摄像头，显示屏）</td><td>2</td></tr>
<tr><td rowspan="2">其他一级负荷</td><td>反应器：反应釜（搅拌器）</td><td>48</td><td rowspan="2">20.8</td></tr>
<tr><td>循环水站的循环泵</td><td>450</td></tr>
<tr><td colspan="2">二级负荷</td><td>冰盐水站的冷冻机（200kW）循环泵（十几千瓦）</td><td>210</td><td>8.75</td></tr>
</table>

4. 应急电源配置

该用户已经为保安负荷纯净水制备设备和压缩机配置应急电源柴油发电机，但并未为车间监视设备配置，由于该监视设备负荷较小，建议配置应急电源。

第7章

冶金类重要用户的电源配置

7.1 行业用电概述

7.1.1 冶金工业概述

冶金是一项从金属矿中提炼金属、提纯与合成金属，以及用金属制造有用物质过程的技术。冶金工业是指对金属矿物的勘探、开采、精选、冶炼及轧制成材的工业部门，冶金工业生产钢铁及各种有色金属，供给机械制造、交通运输、国防工业、工程建筑和其他国民经济部门的需要，在我国国民经济建设中占有十分重要的地位，冶金属于高危行业。

我国冶金工业经过多年来的建设，已形成了包括由矿山、烧结、焦化、炼铁、炼钢、轧钢以及相应的铁合金、耐火材料、炭素制品和地质勘探、工程设计、建筑施工、科学研究等部门构成的完整工业体系。

冶金工业分黑色金属(钢、铁、铬、锰)和有色金属(铜、铅锌、锑、铝、镁、镍、钼、钒、钛、钴、锡、铋、汞、金、银、铂、镭、铀、钽、铌、锆、铈、镧、铍、钨、钌、钯等)两大系统组织生产。按其生产特征分为采矿、选矿、钢铁冶炼、有色金属冶炼和金属压力加工等五个互相关联的主要生产专业。在冶金工业生产中，拖动各种生产机械的电动机、各种电炉、电解设备、类型繁多的辅助生产设备、照明装置以及生产过程中普遍使用的自动控制、显示和通信装备等等都处处离不开电能。采矿和选矿相对来说，用电设备中一级负荷较少，多为二三级负荷，因此本书未将采矿和选矿列为重要供电用户。

钢铁、有色金属均属于高危行业，均是重要电力用户，但是由于钢铁工业是我国的比较古老的生产部门，而且其用电设备多而复杂，现在工业上用得最多的是钢铁，在国民经济和社会主义建设中却起着极其重大的作用，一级负荷相对比较多，而且鉴于有些地方将钢铁等之于冶金，因此本书以钢铁为主。

7.1.2 行业分级

1. 行业内部的分级情况

我国对以前的《大中小型工业企业划分标准》(简称《标准》)进行了修改。《标准》将不再沿用旧标准中各行各业分别使用的行业指标，而是依据从业人员、营业收入、资产总额等指标或替代指标，将我国的企业划分为大型、中型、小型、微型等四种类型。其中，大型企业标准定位从业人数超过 1000 人且年营业收入超过 40 亿元；中型企业标准定位为从业人员在 300～1000 人，年营业收入在 2 亿～40 亿元；小型企业标准定位为从业人员人数在 20～300 人，年营业收入在 3 千万～20 千万元；微型企业标准定位为从业人员小于 20 人，年营业收入小于 3 千万元。

2. 电力重要用户分级

大型企业的生产规模大，用电设备多，用电量大，供电安全可靠性要求高，因此，电力重要用户的分级采取大型和特大型企业为非常重要用户、中型企业为重要用户、小型企业作为次重要用户。

7.1.3 行业规范

冶金行业相关规范如下。

《冶金企业安全卫生设计规定》(冶生[1996]204 号)。

《工业与民用电力装置的接地设计规范》(GB50254—96、GB50255—96、GB50256—96、GB50257—97)。

《电力装置安装工程装置施工及验收规范》(GB50169—2016)。

7.1.4 工艺流程介绍

铁冶炼：现代炼铁绝大部分采用高炉炼铁，个别采用直接还原炼铁法和电炉炼铁法。高炉炼铁是将铁矿石在高炉中还原，熔化炼成生铁，此法操作简便，能耗低，成本低廉，可大量生产。生铁除部分用于铸件外，大部分用作炼钢原料。由于适应高炉冶炼的优质焦炭煤日益短缺，相继出现了不用焦炭而用其他能源的非高炉炼铁法。直接还原炼铁法是将矿石在固态下用气体或固体还原剂还原，在低于矿石熔化温度下，炼成含有少量杂质元素的固体或半熔融状态的海绵铁、金属化球团或粒铁，作为炼钢原料(也可作高炉炼铁或铸造的原料)。电炉炼铁法，多采用无炉身的还原电炉，可用强度较差的焦炭(或煤、木炭)作还原剂。电炉炼铁的电加热代替部分焦炭，并可用低级焦炭，但耗电量大，只能在电力充足、电价低廉的条件下使用。

钢冶炼：炼钢主要是以高炉炼成的生铁和直接还原炼铁法炼成的海绵铁以及废

钢为原料，用不同的方法炼成钢。主要的炼钢方法有转炉炼钢法、平炉炼钢法、电弧炉炼钢法 3 类(转炉、平炉、电弧炉)。以上 3 种炼钢工艺可满足一般用户对钢质量的要求。为了满足更高质量、更多品种的高级钢，便出现了多种钢水炉外处理(又称炉外精炼)的方法，如吹氩处理、真空脱气、炉外脱硫等，对转炉、平炉、电弧炉炼出的钢水进行附加处理之后，都可以生产高级的钢种。对某些特殊用途要求特高质量的钢，用炉外处理仍达不到要求，则要用特殊炼钢法炼制。如电渣重熔，是把转炉、平炉、电弧炉等冶炼的钢，铸造或锻压成为电极，通过熔渣电阻热进行二次重熔的精炼工艺；真空冶金，即在低于 1 个大气压直至超高真空条件下进行的冶金过程，包括金属及合金的冶炼、提纯、精炼、成型和处理。

钢液在炼钢炉中冶炼完成之后，必须经盛钢桶(钢包)注入铸模，凝固成一定形状的钢锭或钢坯才能进行再加工。钢锭浇铸可分为上铸法和下铸法。上铸钢锭一般内部结构较好，夹杂物较少，操作费用低；下铸钢锭表面质量良好，但因通过中注管和汤道，使钢中夹杂物增多。近年来，在铸锭方面出现了连续铸钢、压力浇铸和真空浇铸等新技术。钢铁冶炼流程如图 7.1 所示。

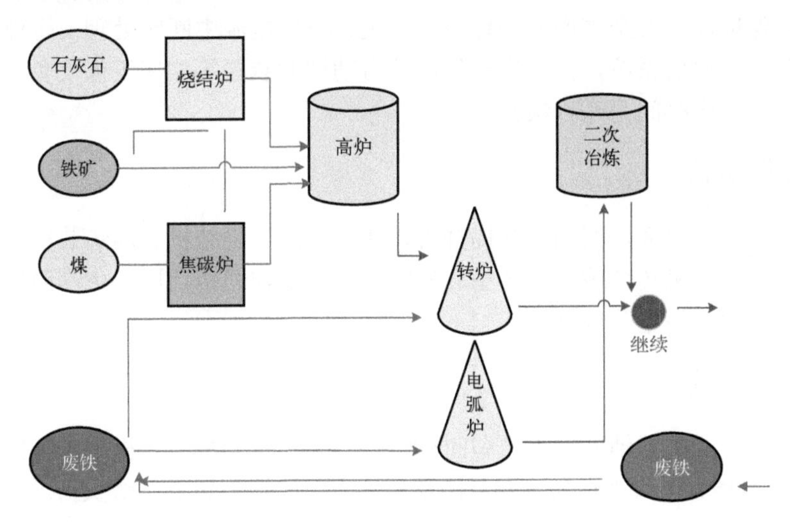

图 7.1　钢铁冶炼流程图

7.2　重要负荷情况

钢铁工业的负荷特点主要是规模大，耗电量多，平均日负荷率为 75%～80%，要求供电可靠性高，负荷设备连续运行工作制较多。由于连续生产的设备多，负荷比较集中，负荷率较高，同时率较高，无功负荷较大，对电能的质量和供电可靠性要求较高，冲击性负荷及高次谐波对电力系统稳定运行有较大影响。

7.2.1 一级负荷

在冶金工矿企业，一级负荷较多，例如高炉炉体的冷却水泵、泥炮机、热风炉助燃风机；平炉的倾动装置、平炉装料机；转炉的吹氧管升降机构及烟罩升降机构；铸锭吊车；大型连轧机；加热炉助燃风机；均热炉钳式吊车；有淹没危险的矿井主排水泵；有爆炸、发生火灾危险或对人身有危害性气体的生产厂房以及矿井的主通风机等。电炉虽然按炉型不同允许断电几分钟到二三十分钟不等，但考虑到断电时间如再延长，炉温下降，也极可能造成凝炉事故，使炉体遭受破坏。所以，除用于表面淬火及渗透加热的小型电阻炉和小型感应电炉之外，均划为一级负荷。电解设备(电解槽)是冶金工业用于冶炼有色金属(铝、铅、钢等)的主要设备，设备容量通常可达数万千瓦，是冶金工业中耗用电能最大约用户。电解设备虽然短时停电 1～2min 不至于引起严重后果，但有时会出现大量有害气体或其他不良现象，因此不允许停电，以免生产遭受损失，并避免由于短时停电后电解槽出现反电势，再度电解时要多消耗大量的电能。因而在冶金工业也将电解设备划为一级负荷。一级负荷基本不允许断电，故障停电时间为毫秒级。

其中，保证高炉安全停产的炉体冷却水泵、正常电源中断时处理安全停产所必需的应急照明、通信系统，保证安全停产的自动控制装置等均属于保安负荷，不允许停电，故障停电时间为毫秒级。

7.2.2 二级负荷

二级负荷数量很大，例如矿井提升机、选矿车间、烧结机、高炉装料系统、转炉上料装置、连铸机传动装置、各型轧机的主传动及辅助传动以及生产照明等。对此级负荷允许短时停电几分钟。

7.2.3 三级负荷

冶金工矿企业内的辅助性生产车间(视修、电修、计器修理、机车车辆修理车间等)、仓库、料场、采暖锅炉房、办公楼及非生产照明等均属于三级负荷。允许较长时间停电。

表 7.1～表 7.9 给出钢铁企业各个系统设备的负荷分级情况。

表 7.1 炼铁系统设备的负荷分级

负荷等级	设备名称	说明
一级	开口机	高炉即将出铁时，突然停风，必须把铁水及时放出，如此时突然停电，会造成铁水灌风口，烧坏风口水套
	泥炮机	在正常工作时突然停电，堵不住铁口，造成喷铁喷渣，会产生灼伤事故

续表

负荷等级	设备名称	说明
一级	热风炉助燃风机	突然停电时，煤气可能倒灌入风机引起爆炸
	铸铁机链条传动和铁水灌倾翻卷扬机	工作时突然停电会造成铁水外溢事故，要求两者之间有电气联锁
	铸铁机喷涂料水泵	工作时突然停电会造成铁块不能脱模，造成铁水外溢事故
	电动高炉鼓风机及蒸汽透平鼓风机的用电设备	突然停电后，高炉发生“坐”料必须把铁水及时放出，会造成铁水灌风口，烧坏风口水套
	鼓风机润滑油泵	在鼓风机停车时突然停电，会烧坏鼓风机轴承，当时高位油箱时可为二级
	炉体冷却水泵	突然断电会烧坏炉壁、炉壳、风口、风口、渣口和铁口水套等设备，使生产遭受重大损失
	汽化冷却装置水泵	突然停电会后如不能及时恢复，会烧坏被冷却的设备(在采用电动水泵强迫循环时)
	煤气洗涤水泵	突然停电会后如不能及时恢复，会导致煤气中大量灰尘堵塞洗涤塔，甚至迫使高炉停产，并难以恢复正常生产
二级	高炉装料系统(从贮矿槽到炉顶的装料设备)	突然停电后如不能及时恢复，会影响高炉生产
	堵渣机	—
	出铁场吊车	在高炉故障时为了及时清理出铁场，不允许长时间停电
	热风炉的各种阀门	每个闸门都有手动机械，故突然停电对高炉影响不大
	热工控制装置电源	突然停电后自动记录仪表停止，将影响对高炉生产的监视和检查
	电除尘	停电后将使大量灰尘进入煤气管道
	灰泥收集装置	突然停电会后如不能及时恢复，将造成耙子被淤泥淤住，重新投入运行很费事
三级	辗泥机	辗泥机一般是按照一班或两班制生产配备的，停电后不致影响高炉生产
	机床等	一般是按照一班或两班制生产配备的，停电后不致影响高炉生产
	吊车	—

注：表中一级负荷均为保安负荷。

表 7.2　炼钢系统设备的负荷分级

负荷等级	设备名称	说明
一级	吹氧管升降机构	在吹炼时突然停电吹氧管提不起来将会烧坏吹氧管并引起严重爆炸事故
	烟罩升降机构	要出钢时突然停电，将影响出钢时间。如电源不能及时恢复，将造成凝炉事故
	氧气顶吹转炉炉体倾动机构、钢水包车和渣罐车	要出钢时突然停电，将影响出钢时间。如电源不能及时恢复，将造成凝炉事故
	废气净化装置引风机(除尘风机)	突然停电后如不能及时恢复，转炉废气无法向车间外排出，严重影响炼钢生产甚至引起其他事故

续表

负荷等级	设备名称	说明
一级	侧吹转炉倾动装置和风机	在吹炼时风机突然停电后，必须立即把转炉倾动，使风嘴置于安全位置，以免发生钢水倒灌入风管的事故，要求风机的电源与倾动装置的电源分开
	平炉装料机	装料杆伸入炉内时突然停电，如不能及时恢复，会烧坏装料杆
	平炉倾动装置	出钢时突然停电会造成跑钢事故
	兑铁水吊车和铸锭吊车	突然停电后如不能及时恢复，将会造成凝包事故。小型企业内的兑铁水吊车和铸锭吊车可分为二级
	余热锅炉给水泵	突然停电如不能及时恢复，将烧坏锅炉
	供炉体、吹氧管、烟罩等冷却用的水泵	突然停电后会烧坏炉体，吹氧管及烟罩等重要设备
	汽化冷却装置水泵	突然停电后如不能及时恢复，将烧坏冷却的设备(在采用电动水泵强迫循环时)
二级	氧气顶吹转炉上料装置(高位料仓倒转炉)	突然停电将影响本炉钢的冶炼
	煤气回收风机	突然停电后将使煤气无法回收造成浪费
	平炉炉门	突然停电将影响平炉生产
	平炉煤气空气蓄热室换向阀	突然停电将影响平炉生产
	炼钢电炉	突然停电将影响平炉生产
	电极升降及倾动装置	突然停电将影响平炉生产
	电磁搅拌	突然停电将影响平炉生产
	连铸机传动装置	突然停电 3～4min 会报废一部分钢水
	原料跨(场)吊车	突然停电将影响炼钢生产
	混铁炉倾动装置	突然停电将影响炼钢生产
	热工控制装置电源	突然停电后自动记录仪表停止，将影响对炼钢生产的监视和检查
	炉前快速化验室	如有直读光谱仪，突然停电后如不能及时恢复，将影响其工作，并将影响炼钢生产
	余热锅炉引风机	突然停电将影响锅炉运行
	脱锭、整模工段	停电时间长会使钢锭模周转不开，影响炼钢生产
	泥浆处理装置	—
三级	氧气顶吹转炉上料装置(高位料仓之前)	一般高位料仓有 6～10h 的贮量，短时停电一般不会影响转炉生产

注：表中一级负荷均为保安负荷。

表 7.3　轧钢系统设备的负荷分级

负荷等级	设备名称	说明
一级	大型连续钢板轧机	国家重要装备，建设投资大，停电造成的损失大
	均热炉的钳式吊车	当夹钳深入炉内夹钢锭时突然停电，如不能及时恢复会烧坏夹钳

续表

负荷等级	设备名称	说明
一级	热风炉助燃风机	烧煤气或烧油的加热炉，突然断电时，煤气或油气可能倒灌入风机引起爆炸
	加热炉等设备的冷却水泵	突然停电会烧坏加热炉或损坏设备
	汽化冷却装置水泵	突然停电后如不能及时恢复，将烧坏冷却的设备(在采用电动水泵强迫循环时)
二级	初轧机、轧梁轧机、型钢轧机、钢板轧机、钢管轧机、线材及冷轧机等的主传动及辅助传动	停电后大量减产
	揭盖机、钢锭车	突然停电将影响轧钢生产
	推钢机、出钢机	突然停电将影响轧钢生产
	轧钢电动机的强迫通风机	突然停电将影响轧钢生产
	酸洗线、剪切线、电镀线	停电后影响产量和质量
	烟道排水泵	长时间停电会堵塞烟道
	冲铁皮水泵以及除磷高压水泵	突然停电将影响轧钢生产
	废酸处理设施	突然停电会造成废液停滞于容器和管道内，有局部性腐蚀

注：表中一级负荷中均为保安负荷。

表 7.4　铁合金系统设备的负荷分级

负荷等级	设备名称	说明
一级	电极升降机构	突然停电后需提升电极，以防止电极与炉料凝结
	电炉冷却水泵	突然断电会烧坏电炉
	浇注间吊车	浇注时突然停电，将造成凝包事故
	回转窑	突然停电后窑身不能转动，如不能即使恢复，会产生热变形，无法继续生产；当有其他非电性措施时为二级
二级	压放、加紧装置	停电后将影响冶炼
	浸出及化学处理罐、槽、泵	突然停电后如不能及时恢复将无法再启动
	电解槽(直流电)	停电将引起电积物重溶槽液混淆，严重影响生产
二级或三级	贮存料仓上料装置	根据贮量确定，贮量在数小时以上者为二级
	供料料仓上料装置	大型电炉供料料仓只做供料缓冲之用，一般为二级，小型电炉供料，可采用倒运措施时为三级
	铁合金电炉	停电后影响产量，大型电炉为二级，小型电炉为三级
	原料间吊车	贮存料仓无上料装置时为二级，有上料装置时为三级
三级	电炉旋转装置	一般设备，无特殊要求
	成包间吊车	—
	电动绞盘	—
	原料加工及原料库吊车	短时停电可利用料仓贮料供料

注：表中一级负荷均为保安负荷。

表 7.5　金属制品系统设备的负荷分级

负荷等级	设备名称	说明
一级	热镀加热风机	使用煤气加热时，突然停电后煤气可能倒灌入风机引起爆炸
	煤气热处理加热风机	使用煤气加热时，突然停电后煤气可能倒灌入风机引起爆炸
二级	拉丝机及其所用电设备	停电后影响生产
	股绳、成绳机及其所属用电设备	停电后影响生产
	吊车、风机及高压水泵等	停电后影响生产
	电镀机组及其所属用电设备	停电后影响生产
	热处理炉所属用电设备	停电后影响生产
	热镀收线机	停电后影响生产
	煤气热处理收线机	停电后影响生产
二级或三级	织网机或制钉机及其所属用电设备	一般为二级，容量很小可列为三级

注：表中一级负荷均为保安负荷。

表 7.6　焦化系统设备的负荷分级

负荷等级	设备名称	说明
一级	推焦车、消火车	正在工作时突然停电，要烧坏推焦杆和消火车，即使有措施也不能完全避免设备无损
	拦焦车	正在工作时突然停电，要烧坏设备
	交换机	停电后，焦炉煤气与高炉煤气仍要交换，如果用人工交换，困难很大
	煤气鼓风机	突然停电后，管内压力将下降成负压，进入空气可能发生爆炸。同时严重影响焦炉生产，损失巨大
	循环氨水泵	在工艺流程上与煤气鼓风机有直接联系，例如焦炉煤气出口处不喷洒氨水冷却时，鼓风机就不能工作
二级	粗苯油泵	停电后产品损失巨大
	精苯油泵	停电后产品损失巨大
	焦油蒸馏泵	突然停电后蒸馏釜的油管内无油，釜内高温将烧坏设备
	结晶机	结晶机内的物料停留时间一般可达 10 多个小时，长时间停电将造成物料凝固，再溶化相当困难
三级	储煤场皮带机、粉碎机等	备煤系统的配煤槽、贮煤塔等一般均有 8～16h 的贮煤量，短时停电不会影响焦炉生产
	焦油其他油泵	—

注：表中一级负荷除交换机外均为保安负荷。

表 7.7　耐火系统设备的负荷分级

负荷等级	设备名称	说明
一级	回转窑	突然停电后窑身不能转动，如不能即使恢复，会产生热变形，无法继续生产；当有其他非电性措施时为二级
	汽化竖窑的上水泵	突然停电有可能引起炉体爆炸

续表

负荷等级	设备名称	说明
二级	隧道窑的排风机	停电后可采取措施及时关闭烟道阀门
三级	皮带机与粉碎机等	—

注：表中一级负荷均为保安负荷。

表 7.8　动力设施的负荷分级

负荷等级	设备名称	说明
一级	全厂加压泵	突然停电后冷却水将停供，会烧坏设备
	消防水泵	—
	煤气加压机	突然停电后煤气管道内出现负压会引起爆炸
	煤气加压机油泵	在鼓风机停车时突然停电，会烧坏轴承，当有高位油箱时可为二级
	煤气发生站鼓风机	突然停电后空气管道、发生炉，净化装置会引起爆炸
	冷却水泵	停电将使压缩机体温急剧上升而烧坏
	润滑油泵	在氧压机等停车时突然停电，会烧坏轴承，当有高位油箱时可为二级
	离心式压缩机润滑油泵	在压缩机停车时突然停电，会烧坏轴承，当有高位油箱时可为二级
一级或二级	全厂取水泵	无贮水池时为一级，有贮水池时为二级
	净环水泵	按供水对象分级
	生产锅炉房	根据锅炉的容量、使用的燃料或蒸汽用户的重要性而定：大容量锅炉(汽包水容量小)的给水泵为一级；使用煤气或烧油的锅炉引风机，因突然停电会引起爆炸，故为一级；供重要用户(如高炉透平鼓风机等)的锅炉给水泵及风机均为一级
	氧压机、空压机	突然停电后如不能及时恢复，造成工艺过程混乱，难以恢复供氧。供炼钢用的大型制氧机为一级，供铆焊用的小型制氧机为二级
二级	浊环水泵	停电后影响水质和水量
	给水净化设施	停电后影响水质
	污水处理设施	停电后会造成污染
	锅炉的上煤系统	停电后煤仓一般能继续供煤约 2h
	煤气发生炉加设机和炉体旋转	突然停电后如不能及时恢复，重新投入运行困难
二级或三级	空气压缩机	全厂性或区域性空压站，供不重要负荷的单独空压机为三级
三级	煤场	—
	采暖锅炉房	根据蒸汽用户确定，一般为三级

注：表中一级负荷及大容量锅炉房的生产锅炉房为保安负荷。

表 7.9　其他设施的负荷分级

负荷等级	设备名称	说明
一级	安全停产所必需的应急照明、通信系统	—
	保证安全停产的自动控制装置	—

续表

负荷等级	设备名称	说明
二级	电讯间	无蓄电池设施时为一级
	生产照明	
	中心化验室	对重要化验停电将造成废品
	仓库	—
	料场	—
	采暖锅炉房	—
	办公楼及非生产照明	—
三级	机修设施	—
	电修设施	—
	机车车辆修理设施	—
	计器修理间	—

注：表中一级负荷均为保安负荷。

7.3 供电电源及自备应急电源配置

7.3.1 供电方式

《冶金企业安全卫生设计暂行规定》中规定如下。

3.8.12 炼钢厂(车间)的主要设备，应有两道电源，冶炼炉与连铸机等主要设备，应有断电安全保护措施。

3.8.13.5 氧枪本体结构设计应合理，传动设备应安全可靠。应有备用蓄电池电源、机械自动制动装置、过张力保护和钢绳松动报警装置，并应设有冷却水流量差、温差和氧气流量压力的专用仪表和控制装置。氧枪孔应有氮气密封装置。

3.8.14.1 电炉各传动设备应保证停电时出完一炉钢后回复原位。电极应保证提升至安全位置或上极限位置后锁定。炉盖旋转与升降，应保证回复原始位置后锁定。

3.8.14.2 炼钢用的变压器，应设防爆装置。

3.10.6 规定钢屑料场的上部不应架设高低压电线。

3.14.1 企业电力负荷应进行分级，保安电源应符合《钢铁企业电力设计技术暂行条例》和GB158—83《爆炸与火灾危险场所电力装置设计规范》的规定。

3.14.2 企业高低压供配电及建筑物防雷设计应符合GB152—83《工业与民用供电系统设计规范》、GB165—83《工业与民用电力装置的接地设计规范》及GB1232—83《电力装置安装工程施工及验收规范》的规定。

3.14.3 电缆的选择与敷设，应按《钢铁企业电缆选择与敷设的设计技术暂行条例》的规定执行。

在工矿企业内，为了减轻电动机启动对照明的影响．电气照明线路和动力线路一般是分开的。如果动力线路内没有频繁启动的电动机，则两种线路可由同一台配电变压器供电。最好是用专用的照明变压器对照明系统供电，这种办法将增加一些设备投资，但却能大大减轻由于电动机频繁启动引起网路电压波动造成灯光闪烁的现象。对于事故照明，必须有可靠的独立电源来保证供电。

7.3.2　内部接线

冶金工业的厂区或矿区一般来说都比较大，生产厂房和车间分布很广，厂房和车间内的用电设备既有高压的(3kV、6kV、10kV)，又有低压的(220V、380V、60V)，而企业总降压变电所从电力系统接受的是 35～110kV 高压电能。为了把从电力系统接受到的高压电能，经过降压再把电能分配到备用电厂房和车间去，达就需要每个工矿企业内部有一个合理的供电系统。工矿企业内部供电系统由总降压变电所、车间变电所(包括开闭所)、厂区及车间内的高压和低压配电线路以及用电设备所组成。图 7.2 中的虚框内即表示工矿企业内部供电系统的部分示意图。

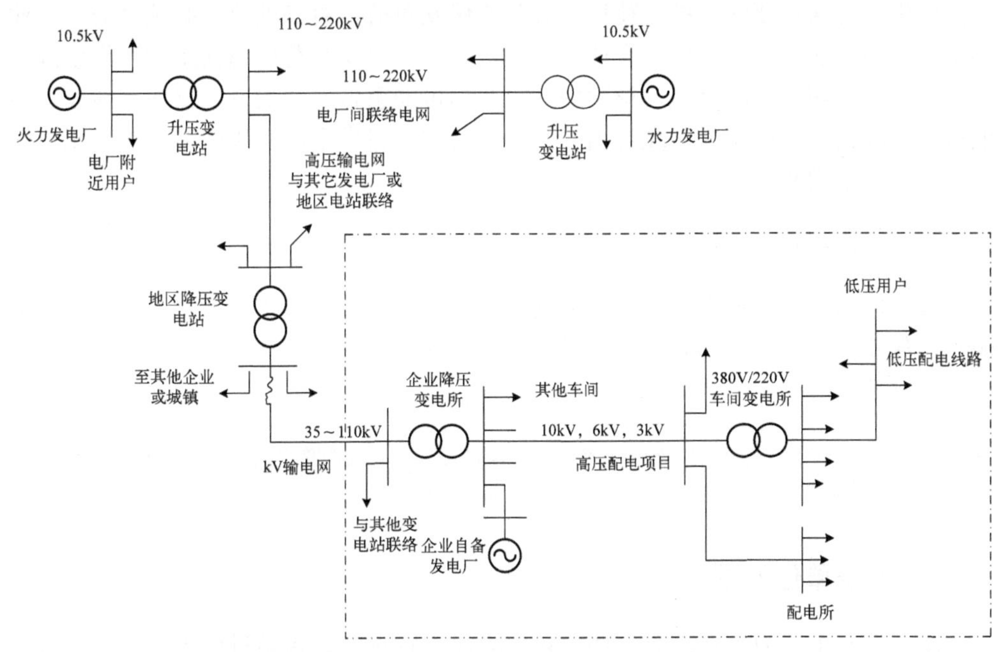

图 7.2　工矿企业内部供电系统的部分示意图

一般来说，冶金工业的大、中型工矿企业均设立总降压变电所，把高压降为 3～10kV 电压(此范围电压又称为高压配电电压)内车间变电所配电。为了保证供电的可靠性，总降压变电所均设有两台降压变压器，个别大型企业也有设立两台以上的。而小型矿山或钢锭厂则可以由附近企业间接转送供电或者设立一个简单的降压变电所直接从电力网受电。

对于大型钢铁联合企业，考虑其生产对国民经济的重要性需要有自备电厂提供备用电源时，可建立企业自备热电厂，同时为生产提供蒸汽和热水。在电力网比较发达的情况下，冶金业的工矿企业一般均从电力系统的两个独立电源接受电能，保证供电的不间断性。

在一个生产车间内，根据生产规模、用电设备的布局及用电量大小等情况，可设立一个或几个车间变电所。几个相邻且用电量都不大的车间，也可以共同设立一个车间变电所。变电所的位置可以选择在几个车间的负荷中心附近，单独建立；也可以建在其中用电量最大的车间内。车间变电所一艇设置 1～2 台(最多不超过 3 台)容量不超过 1000kV·A 的变压器，将电压降为 380V/220V 对低压用电设备供电。对车间内的高压用电设备(如选矿车间的球磨机电动机、烧结车间的主抽风机电动机、轧钢车间主轮机可控硅电力拖动装置的整流变压器等等)，则直接由车间变电所的 3kV、6kV、10kV 高压母线对其供电。

一级负荷要求应由两个独立电源供电，对特殊重要的一级负荷应由两个独立电源点供电。特殊重要的一统负荷通常又叫作保安负荷，对保安负荷必须考虑当企业的工作电源突然中断时为保证企业安全停产，专供保安负荷应急使用的可靠电源。二级负荷应由两回线路供电，该两回线路应尽可能引自不同的变压器或母线段。当取得两回线路确有困难时，允许由一回专用架空线路供电。三级负荷对供电无特殊要求，可用单回线路供电。

7.3.3 应急电源配置

保安电源取自企业自备发电厂或其他总降压变电站，它实质上也是一个独立电源点。保安负荷的大小和企业的规模、工艺设备的类型以及车间电力装备的组成和性质等有关。

7.4 配置实例

7.4.1 调研单位概述

本书调研单位为天津钢管集团公司。天津钢管集团公司是目前国内规模最大的石油套管生产基地，俗称天津“大无缝”。该项目是国家“八五”重点工程。1989 年破土动工，1992 年热试成功，1996 年正式投产。主要产品还有钢坯、无缝钢管、石油套管、高中压锅炉管、高压气瓶管、液压支架管、管线管等专用管材。生产工艺主要由电炉系统、轧管工艺、管加工系统、热处理四部分组成。其中，电炉系统包括150t和90t的超高功率电弧炉、LF 炉外精炼炉、VD真空脱气炉、钢包底吹氧装置、喂丝设备 和六流圆坯连铸用电设备等组成。轧管工艺的用电设备包括五类型号的轧机(¢ 250MPMl、¢ 168PQF、¢ 180Assel、¢ 460PQF、¢ 258PQF)，¢ 720 旋扩管机组，冷轧冷拔机组，热扩管机组组成。管加工系统包括一条割缝筛管生产线、一条钻杆生产线、一条异性管生产线、五条光管生产线、十八条螺纹加工生产线。主要设备包括20台管体车丝机、14台接箍车丝机、配套设备有10台水压机、11套称重测量装置及切管机、倒棱机、接箍拧接机、接箍磷化装置、墩粗机等。热处理工艺包括8 条热处理线，其中一条光亮热处理线，一条固熔热处理线。

7.4.2 调研单位供电情况介绍

天津钢管集团公司目前是从220kV民生村变电站环出两回220kV架空线路，线路属于客户资产，自行维护；一总站变电容量为(63×4+140×2)MV·A；年最大负荷为31.5万kW，用电量16.6亿kW·h，生产总值287.43亿元。

2008年新上二总站，从500kV东郊变电站出两回线，和民钢一、民钢二互相调换后分别接入一、二总站，即一、二总站均实现双电源供电；二总站一期变电容量为(63×2+140)kV·A，二期变电容量也是(63×2+140)kV·A，即二期后二总站规模和一总站一致，届时一、二总站总变电容量达1064MV·A。

7.4.3 重要负荷

如表7.10所示，除厂区照明外，其余负荷基本上全部为一级负荷，而且，设备对电能质量的要求非常高，7～8个周波的电压骤降造成低压保护装置动作，生产终止。停电后的固定损失1000万元，每小时的产值损失约300万元。

表7.10 天津钢管集团的重要负荷容量

单位	总容量/kV·A	类型		负荷名称	容量/kV·A	占总容量的比例/%	允许停电时间(周波、秒、分钟)	断电影响
天津钢管集团股份有限公司	532000	一级负荷	保安负荷	超高功率电弧炉、应急事故照明	15960	3	7～8个周波	电弧炉突然断电，低压保护装置动作，生产终止，损失重大
			其他一级负荷	电炉系统：LF 炉外精炼炉、VD真空脱气炉、钢包底吹氧装置、喂丝设备和六流圆坯连铸用电设备等	306455	57.6	7～8个周波	突然断电有可能造成爆炸、烧坏设备的危险

续表

单位	总容量/kV·A	类型		负荷名称	容量/kV·A	占总容量的比例/%	允许停电时间(周波、秒、分钟)	断电影响
天津钢管集团股份有限公司	532000	一级负荷	其他一级负荷	轧管工艺：轧机，旋扩管机组，冷轧冷拔机组，热扩管机组	85276	16.03	小于 1min	停电后大量减产
				管加工系统：20 台管体车丝机，14 台接箍车丝机，配套设备有 10 台水压机，11 套称重测量装置及切管机、倒棱机、接箍拧接机、接箍磷化装置、墩粗机等	19020	3.58	小于 1min	停电后大量减产
				热处理工艺：8 条热处理线，其中一条光亮热处理线，一条固熔热处理线	10000	1.88	小于 1min	停电后大量减产
		二级负荷		钢研所等厂区照明负荷	4849	0.91	几分钟～几十分钟	影响生产

7.4.4 应急电源配置

企业自备三台柴油发电机，容量为(500×2+750)kV·A，17s 自动启动。由于生产用电量太大，两台 500kV·A 的柴油发电机仅保障应急事故照明和轧钢炉等设备的阀门，750kV·A 的发电机保障回转窑的交流电机用电。除此之外，该企业有一套完整的非电保安措施来保障人身及设备安全，包括高位水箱、柴油泵、临近冶炼企业的氮气相互支援等，使停电后的损失达到最小化。

由上可见，钢管厂的整体容量虽然非常大，但应急电源容量占总容量的比例不高，重点保证机场的保安负荷，在 3%左右，约为十几千千瓦。对于其他一级负荷，由于有一些非电保安措施，可以减少备用电源的设置，在减少损失的同时降低成本。

钢铁厂的自动控制系统、消防系统、热风炉助燃风机不允许断电，应备有在线 UPS；其他关键负荷，供炉体、吹氧管、烟罩等冷却用的水泵、吹氧管升降机构、氧气顶吹转炉炉体倾动机构、钢水包车和渣罐车等可以断电几秒钟，如果无 UPS，可以配置合理台数的柴油发电机作为应急电源，选择自动投切，启动时间 15s 以内的应急电源，可以保证持续供电。

此外，对于照明负荷，由于钢铁厂的车间多、面积大、生产流程复杂，设备多而危险，遇突然停电失去照明后，将造成极大混乱。为此，在各车间均设置应急照明电源。除按规定采用双电源末端自动切换外，其灯具采用自带镍铬电池的应急灯具，这样不会在电源切换过程中突然中断照明。应急照明均采用三线式，以满足突然停电时应急照明能点燃(正常情况下，应急照明是正常照明的一部分)。

第 8 章

电子及制造业类重要用户的电源配置

8.1 行业用电概述

8.1.1 芯片制造

1. 行业概述

芯片制造业是 20 世纪 80 年代末随产业分工趋势加剧由中国台湾省的台积电(TSMC)引发并作为一个独立业态而发展。

目前，我国芯片制造业已从量的扩张向着质的飞跃进步，在产能和经济规模、技术水平、加工类别等方面取得了举世瞩目的成就，已成为世界芯片代工的重要基地之一；它的发展速度之快已被世界公认，对我国整个 IC 产业的进步起到了很大的提升作用。我国芯片制造厂有近 50 家，具有 8in 及其 12in 的纯芯片代工企业(Pure-play Foundries)已有七家，即中芯国际、华虹 NEC、上海宏力、海力士-意法半导体(无锡)、和舰科技、台积电(上海)、上海先进等企业，形成了颇具规模的企业群体和生产能力。

本书所调研的企业是和硕联合科技股份有限公司，和硕联合科技长期以来致力于研发主机板的设计，业务涵盖从主机板、显示卡，到液晶显示器、液晶电视、桌上型计算机、无线产品等信息相关产品，较好地覆盖了芯片制造的整个行业，具有很强的代表性。

2. 行业规范

SEMI 是 Semiconductor Equipment and Materials International(国际半导体产业协会)的简称，行业规范包括 SEMI F50 标准《半导体工厂的电力公用事业电压暂降性能指南》和 SEMI F49 标准《半导体工厂系统电压跌落抗扰度指南》SEMI F47《半导体设备电压暂降抗扰度测试规格》。

3. 业务流程/生产过程/工艺流程介绍

芯片的制造过程可概分为晶圆处理工序、晶圆针测工序、构装工序、测试工序等几个步骤，工艺流程如图 8.1 所示。其中晶圆处理工序和晶圆针测工序为前段工序，而构装工序、测试工序为后段工序。

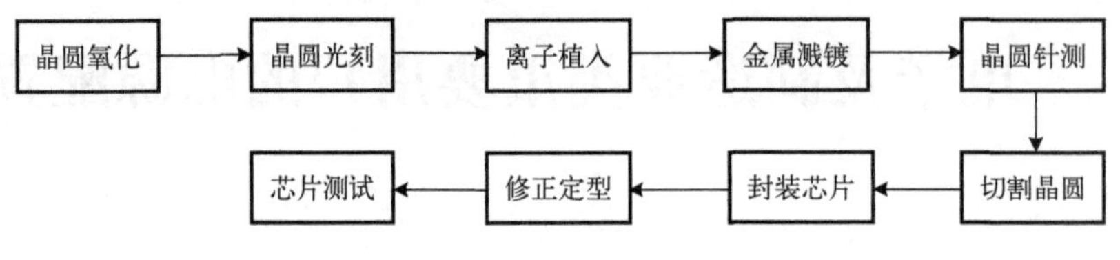

图 8.1　工艺流程介绍图

(1) 晶圆处理工序：本工序的主要工作是在晶圆上制作电路及电子元件(如晶体管、电容、逻辑开关等)，一般基本步骤是先将晶圆适当清洗，再在其表面进行氧化及化学气相沉积，然后进行涂膜、曝光、显影、蚀刻、离子植入、金属溅镀等反复步骤，最终在晶圆上完成数层电路及元件加工与制作。

(2) 晶圆针测工序：在用针测(Probe)仪对每个晶粒检测其电气特性，并将不合格的晶粒标上记号后，将晶圆切开，分割成一颗颗单独的晶粒，再按其电气特性分类，装入不同的托盘中，不合格的晶粒则舍弃。

(3) 构装工序：就是将单个的晶粒固定在塑胶或陶瓷制的芯片基座上，并把晶粒上蚀刻出的一些引接线端与基座底部伸出的插脚连接，以作为与外界电路板连接之用，最后盖上塑胶盖板，用胶水封死。

(4) 测试工序：芯片制造的最后一道工序为测试，其又可分为一般测试和特殊测试，前者是将封装后的芯片置于各种环境下测试其电气特性而特殊测试则是根据客户特殊需求的技术参数，做有针对性的专门测试，以决定是否须为客户设计专用芯片。

8.1.2 液晶显示器制造业

1. 行业概述

LCD (liquid crystal display) 即液晶显示器，是一种数字显示技术。当前 LCD 液晶显示器正处于发展的鼎盛时代，技术发展非常迅速，已由最初的 TN-LCD (扭曲向列相)，发展到 STN-LCD (超扭曲向列相)，再到当前的 TFT-LCD (薄膜晶体管)。LCD 现已发展成为技术密集、资金密集型的高新技术产业。

中国内地从 20 世纪 80 年代初就开始引进了 TN-LCD 生产线，是目前世界上最大的 TN-LCD 生产国。据不完全统计，目前全国引进和建立 LCD 生产线 40 多条，有 LCD 配套厂 30 余家，其中不乏 TFT-LCD 生产线。

国内的三家大型液晶显示器生产商是上海广电信息产业股份有限公司（上广电）、京东方、昆山龙腾光电有限公司，国外十大液晶显示器制造商：三星（13.2%）、夏普（13.0%）、索尼（10.3%）、LG（7.4%）、AOC（6.6%）、Funai（5.3%）、松下（4.4%）、东芝（4.0%）、Jabil（2.9%）、TTE（2.1%）。全球液晶面板出货区域按份额依次为中国台湾、韩国、日本。

2. 行业生产商介绍

1）国内企业 4 代以上生产线

4.5 代线：2008 年 3 月 27 日，京东方与成都工业投资集团公司和成都高新投资集团公司签署了投资 31 亿元建设 4.5 代液晶屏生产线的计划；7 月 22 日，A 股上市公司深天马 A（000050.SZ）发布公告称，其总投资超过 30 亿元的 4.5 代液晶屏生产线将落户成都。这两条 4.5 代线建成后，成都将是国内中小尺寸液晶屏最大的生产基地。

5 代线（最大切割尺寸 19 英寸）。主要由京东方、上广电、龙腾光电、深圳群创等投资建设并生产。

国内至今尚无超过“5 代线”的公司，上广电目前在 6 代线和 7.5 代线之间作抉择，技术尚未最终选定，6 代线的总投资额约在 20 亿美元以上，7.5 代线的总投资额约在 25 亿～30 亿美元；根据京东方 9 月 13 日的公告，京东方与合肥市人民政府、合肥鑫城国有资产经营有限公司、合肥市建设投资控股（集团）有限公司于此前一天在合肥签署了《合肥薄膜晶体管液晶显示器件（TFT-LCD）六代线项目投资框架协议》。根据该协议，京东方冀望已久的 6 代线液晶屏项目将于 2009 年 3 月底在合肥正式动工，预计于 2010 年第四季度投产，计划总投资达到 175 亿元，设计产能为 9 万片/月。

2）国外企业生产线

全球的 5 代以上液晶面板生产线主要被 5 家企业掌控，分别是中国台湾地区的友达光电、奇美电子，日本的夏普以及韩国的三星、LG-飞利浦。这些企业供应着全球主要液晶电视品牌厂家的面板需求。已开通的大屏幕液晶生产线有夏普 1 条 8 代线；LPL1 条 7.5 代线；三星 2 条 7 代线。6 条 6 代线，分别为夏普、LPL、友达、广辉、华映以及东芝、松下、日立合资的 IPS Alpha 所拥有；奇美 1 条 5.5 代线。夏普已决定兴建第二条 8 代线，友达的第一条 7.5 代线已开始测试，很快会投产，奇美的 7.5 代线也在建设中。2007 年将投入的有：三星电子的 8 代线，与奇美电子的 7.5 及 6 代生产线。

3. 行业规范

行业规范有《数字电视液晶显示器通用规范》（SJ/T 11343—2015）。

4. 工艺流程介绍

液晶显示器主要由ITO导电玻璃、液晶、偏光片、封接材料(边框胶)、导电胶、取向层、衬垫料等组成。液晶显示器制造工艺流程就是这些材料的加工和组合过程，如图8.2所示。

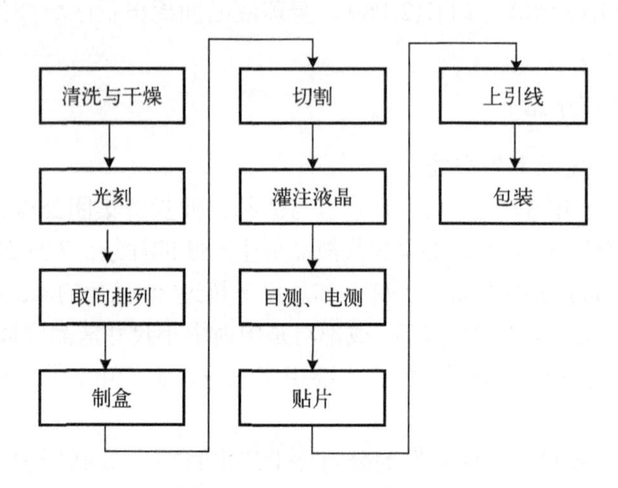

图8.2 液晶显示器流程图

液晶显示器的制造是在洁净室环境下进行的，在工艺上可以大体分成清洗与干燥、光刻、取向排列、制盒、切割、灌注液晶、目测、电测、贴片、上引线、包装等工序。

8.1.3 机械制造业

1. 行业概述

机械制造业主要是通过对金属原材料物理形状的改变、组装成为产品，使其增值。它主要包括机械加工、机床等加工、组装性行业。机械制造业涉及的工业领域主要有机械设备、汽车、造船、飞行器、机车、日用器具等。只要是以一个个零部件组装为主要工序的工业领域都是属于机械制造业的范畴。

机械制造业按行业性质大致分为交通运输设备制造业和电气机械及器材制造业两类。

(1)交通运输设备制造业包括铁路运输设备制造、汽车零部件及配件制造制造、船用配套设备制造、航天器设备制造等。

(2)电气机械及器材制造业包括发电机及发电机组制造、变压器、整流器、电容器及配套设备制造、其他输配电及控制设备制造等。

机械制造业涉及行业性质广泛，故用电负荷类型各异，对电能质量要求也有所不同，但机械制造业的通用负荷类型大致相同，通用电力负荷包括有：应急电源、消防设备用电、安全检查、中心控制用电、制冷系统(包括通风系统)用电、办公空调负荷、车间厂房用电等。根据不同的机械制造行业的特殊性质，其重要负荷会有相应的变化。

2. 行业分级

由于机械制造业行业类型比较复杂，机械制造业的不同行业对电力应急需求也有所不同，并且调研数据有限，南京航空动力设备制造厂不能作为整个机械制造业的典型，仅以此作为参考。

3. 行业规范

机械制造业行业类型多样，不同的行业其供电、重要负荷等相关的国家标准、行业规范也有所不同，具体各类行业规范不具代表性，故在此不做赘述。

4. 业务流程/生产过程/工艺流程介绍

机械制造业行业类型多样，不同的行业，其业务流程，生产过程大不相同，所以某一类行业的业务流程不能作为典型。

8.2　重要负荷情况

8.2.1　芯片制造

1. 保安负荷

应急事故照明、消防、电梯：由于生产芯片所用危险化学物品极易引起爆炸，若失负荷则有可能导致事故面蔓延。不允许失负荷。

紧急停车及安全连锁系统：为保证芯片厂的安全生产，降低发生恶性事故的概率，应适当的设置紧急停车及安全连锁系统，该系统按照安全独立原则要求，独立于 DCS 集散控制系统，其安全级别高于 DCS。作为安全保护系统，凌驾于生产过程控制之上，实时在线监测装置的安全性。只有当生产装置出现紧急情况时，不需要经过 DCS 系统，而直接由 ESD 发出保护联锁信号，对现场设备进行安全保护，避免危险扩散造成巨大损失。不允许失负荷。

2. 一级负荷

生产线作为芯片制造的重要环节，断电会带来巨大经济损失且恢复困难，故生产线各设备不允许失负荷，包括光刻机、晶圆旋干机、加热器、测试系统、切割机和空气压缩机，而排风机给产生高温的机台排风。允许停电时间为10～20min。

3. 二级负荷情况

(1)空调：保持厂房室内温度。

(2)冰水主机：冰水机组主要用来冷却水、卤水或其他二次冷媒作为空调、冷冻冷藏或工业制程，此机组可为原厂制造或是在现场组装。冰水机组的基本元件包括压缩机与其驱动设备、蒸发器(冰水器)、冷凝器、液冷媒膨胀或流量控制装置，以及控制盘，有些机组还有储液器、液气分离器与节能器，此外一些附属装置也常被使用，如油冷却器、油分离器、回油装置、排气装置与油泵等。允许停电时间为30min。

(3)冷却水塔：冷却水塔主要用于电厂或大型生产厂区，它的主要作用为冷却循环用水。一般经过前期处理的具有再利用价值的水，就通入冷却水塔，把水降温，然后再利用，达到节约水的作用。允许停电时间为30min。

(4)冰水泵：允许停电时间为30min。

(5)循环泵：是采取机械形式制冷的低温液体循环设备，具有提供低温液体、低温水浴的作用，结合旋转蒸发器、真空冷冻干燥箱、循环水式真空泵，磁力搅拌器等仪器，进行多功能低温下的化学反应作业及药物储存。允许停电时间为30min。

(6)冷却水泵：允许停电时间为30min。

(7)厂区照明负荷(包含了办公照明)要考虑防爆问题，装防爆灯具。照明设置要将生产区域和人员活动区域能全部覆盖，特定的生产区域要考虑灯具的防腐。

芯片制造负荷如表8.1所示。

表8.1 芯片制造负荷表

<table>
<tr><th colspan="2">类型</th><th>负荷名称</th><th>断电后果</th><th>允许断电时间</th></tr>
<tr><td rowspan="11">一级负荷</td><td rowspan="2">应急负荷</td><td>消防设施</td><td>生产芯片所用某些化学物品极易引起爆炸，失负荷则有可能导致事故面蔓延</td><td>不允许断电</td></tr>
<tr><td>应急照明及疏散照明</td><td>在发生事故的情况下无法及时疏散现场人员</td><td>切换时间小于2s</td></tr>
<tr><td>其他保安负荷</td><td>紧急停车及安全连锁系统</td><td>发生恶性事故造成重大损失</td><td>不允许断电</td></tr>
<tr><td rowspan="8">其他一级负荷</td><td>光刻机</td><td rowspan="6">生产线恢复困难，造成重大经济损失</td><td rowspan="6">不允许断电</td></tr>
<tr><td>晶圆旋干机</td></tr>
<tr><td>加热器</td></tr>
<tr><td>测试系统</td></tr>
<tr><td>切割机</td></tr>
<tr><td>空气压缩机</td></tr>
<tr><td>排风机</td><td>机台过热，影响生产效率</td><td>10～20min</td></tr>
<tr><td>服务器(UPS)</td><td>废料、停产、数据损坏</td><td>不允许断电</td></tr>
</table>

续表

类型	负荷名称	断电后果	允许断电时间
二级负荷	空调	导致厂房温度过高	无特殊规定
	冰水主机	导致厂房温度过高	30min
	冷却水塔、冰水泵、循环泵	无法对厂房排放的污水进行处理，导致水污染	30min
	厂区照明负荷	在发生事故的情况下无法及时疏散现场人员	10～20min

8.2.2　液晶显示器制造业

1. 一级负荷

1)清洗与干燥工艺(超声波清洗机、等离子清洗机及干燥炉的干燥设备)

清洗是指清除吸附在玻璃表面的各种有害杂质或油污的工艺。清洗方法是利用各种化学试剂和有机溶剂与吸附在玻璃表面上的杂质及油污发生化学反应和溶解作用，或伴以超声、加热、抽真空等物理措施，使杂质从玻璃表面脱附(或称解吸)，然后用大量的高纯热、冷去离子水清洗，从而获得洁净的玻璃表面。经过清洗的玻璃需要经过干燥处理，主要方法有烘干法、甩干法、有机溶剂脱水法和风刀吹干法等。该过程不允许失负荷。

该工艺主要用到的设备有超声波清洗机、等离子清洗机及干燥炉的干燥设备。

2)光刻工艺(涂布机曝光机)

光刻的目的是按照产品设计要求，在导电玻璃上涂敷感光胶，并进行曝光，然后利用光刻胶的保护作用，对 ITO 导电层进行选择性化学腐蚀，从而在 ITO 导电玻璃上得到与掩模版完全对应的图形。光刻工艺流程为涂光刻胶—前烘—显影—坚膜—刻蚀—剥离去膜—水洗。该过程不允许失负荷。

光刻工艺主要用到的设备有涂布机、曝光机等。

3)取向排列工艺(摩擦机)

此步工艺为在蚀刻完成的 ITO 玻璃表面涂覆取向层，并用特定的方法对限向层进行处理，以使液晶分子能够在取向层表面沿特定的方向取向(排列)，此步骤是液晶显示器生产的特有技术。该过程不允许失负荷。

取向排列工艺主要用到的设备有摩擦机等。

4)丝印制盒工艺(丝网印刷机、喷粉机、贴合机、热压机)

此步工艺是把两片导电玻璃对叠，利用封接材料贴合起来并固化，制成间隙为特定厚度的玻璃盒。制盒技术是制造液晶显示器的最为关键的技术之一(严格控制液晶盒的间距)。丝印制盒工艺流程包括：丝印边框及银点、喷衬垫料、对位压合、固化。现在对 LCD 显示条件要求越来越高，在贴合工序中由原来的手动贴合向采用精度较高的全自动贴合设备转换。该过程不允许失负荷。

丝印制盒工艺主要用到的设备有丝网印刷机、喷粉机、贴合机、热压机等。

5) 切割工艺(切割机和裂片机)

在LCD生产制作中为提高制作效率、降低成本、形成批量生产，往往在较大玻璃上制作多个液晶显示器，再分割成小单元进行液晶灌注，切割工艺的目的就是把整盒的玻璃分裂独立液晶显示器的单体。该过程不允许失负荷。

切割工艺主要用到的设备有切割机和裂片机等。

6) 液晶灌注及封口工艺(液晶灌注机和整平封口机)

液晶灌注的工艺原理是将空盒放置在抽真空的液晶灌注密闭室内，盒中的气体由封口处抽出，然后使封口处接触液晶，并向真空室内充气，液晶在外界气压作用下，被充入空盒内。封口工艺原理是采用密封胶黏接封口，通过挤压回缩等方法，使封口胶恰当地收缩入封口内，再通过紫外光照射，使封口胶固化，形成牢固的封口。该过程不允许失负荷。

液晶灌注及封口工艺要用到的设备有液晶灌注机和整平封口机等。

7) 贴片工艺(切片机、贴片机、偏光片除泡机)

贴片工艺就是把液晶显示器黏贴偏光片的工序，该工序可分为切割偏光片和黏贴偏光片。在黏贴偏光片过程中，由于玻璃不干净等原因造成偏光片无法牢固贴附于玻璃上，这就需要采用偏光片除泡机消除气泡等。该过程不允许失负荷。

贴片工艺主要用到的设备有切片机、贴片机、偏光片除泡机等。

其中，应急负荷包括消防、应急照明、疏散照明。

保安负荷包括：光刻工艺(涂布机曝光机)、取向排列工艺(摩擦机)、丝印制盒工艺(丝网印刷机、喷粉机、贴合机、热压机)、切割工艺(切割机和裂片机)、液晶灌注及封口工艺(液晶灌注机和整平封口机)、贴片工艺(切片机、贴片机、偏光片除泡机)、空气净化设备。

2. 二级负荷情况

1) 光台检测及电测工艺(光台和电测机)

光台检测是根据液晶的旋光特性，在两片相互垂直(或平行)的偏光片之间形成的亮场(或暗场)，通过检测人员的肉眼观察以检查产品的质量，通过目测从中挑出废品的过程。电测工艺是对液晶显示器加上电压信号，来观察实际显示状态是否合格正常的过程。一般电测机采用交流驱动的方式进行测试。

光台检测及电测工艺主要用到的设备有光台和电测机等。

2) LCD金属引线的连接和加工工艺(插PIN涂胶机)

LCD的连接就是将LCD上的电极引脚与驱动电路的电极相连，使驱动电压信号能加到LCD上，又称为上引脚。

LCD 金属引线的连接和加工工艺主要用到的设备有插 PIN 涂胶机。

3) 照明、生活用电、门禁系统、公用设施等

液晶显示器制造负荷如表 8.2 所示。

表 8.2　液晶显示器制造负荷表

<table>
<tr><th colspan="2">类型</th><th colspan="2">负荷名称</th><th>断电后果</th><th>允许断电时间</th></tr>
<tr><td rowspan="10">一级负荷</td><td rowspan="2">应急负荷</td><td colspan="2">消防设施</td><td>若失负荷则有可能导致事故面蔓延</td><td>不允许断电</td></tr>
<tr><td colspan="2">应急照明及疏散照明</td><td>在发生事故的情况下无法及时疏散现场人员</td><td>切换时间小于 2s</td></tr>
<tr><td rowspan="8">其他保安负荷</td><td rowspan="6">生产台上的操作流程</td><td>光刻工艺(涂布机曝光机)</td><td>造成 LCD 短路，LCD 缺显示，显示质量将受到影响</td><td>不允许断电</td></tr>
<tr><td>取向排列工艺(摩擦机)</td><td>取向效果的好坏对于液晶显示器的均一性、视角、响应速度、阈值电压等基本性能都有重要影响</td><td>不允许断电</td></tr>
<tr><td>丝印制盒工艺(丝网印刷机、喷粉机、贴合机、热压机)</td><td>对液晶面板的显示质量有着最重要的影响</td><td>不允许断电</td></tr>
<tr><td>切割工艺(切割机和裂片机)</td><td>切割/裂片工序，在许多面板厂还是影响产品良品率的主要因素之一</td><td>不允许断电</td></tr>
<tr><td>液晶灌注及封口工艺(液晶灌注机和整平封口机)</td><td>液晶灌注不良将导致液晶显示面板的品质急剧下降甚至不可用，从而导致大量次品的出现甚至造成出产的面板大量报废，使后段生产无法进行，</td><td>不允许断电</td></tr>
<tr><td>贴片工艺(切片机、贴片机、偏光片除泡机)</td><td>LCD 生产后工序的关键设备，一定程度上决定着 LCD 产品的最终质量</td><td>不允许断电</td></tr>
<tr><td colspan="2">空气净化设备</td><td colspan="2">不允许断电</td></tr>
<tr><td colspan="2">清洗与干燥工艺(超声波清洗机、等离子清洗机及干燥炉的干燥设备)</td><td>显示质量将受到影响</td><td>10～20min</td></tr>
<tr><td colspan="2" rowspan="3">二级负荷</td><td colspan="2">光台检测及电测工艺(光台和电测机)</td><td></td><td>无特殊规定</td></tr>
<tr><td colspan="2">LCD 金属引线的连接和加工工艺(插 PIN 涂胶机)</td><td></td><td>无特殊规定</td></tr>
<tr><td colspan="2">照明，生活用电，门禁系统，公用设施等</td><td></td><td>无特殊规定</td></tr>
</table>

8.2.3　机械制造业

1. 一级负荷

(1) 应急负荷，包括应急照明以及消防控制中心及消防设备用电，包括电话、火灾报警、排烟风机等。

(2) 安全监控、中心控制系统：对全厂各个部门、厂房车间进行调度控制，一旦发生断电，将造成混乱。

(3) 测试台：测试台为一级负荷中最重要的负荷，测试台主要用于模拟发电机在空中飞行高速运转时的工况。每台测试台容量 300～400kV·A，目前为止测试台总容量为 2000kV·A，规划中还有 4 台，容量也将超过 2000kV·A，如果突然断电会造成飞车事故，造成人身安全事故和生产中的发动机、测试台损坏。

(4) 高频炉：也是该企业的一级负荷，容量为 3000kV·A，其中，高炉系统对供电连续性要求较高的是高炉的冷却设备(冷却水泵)，允许断电时间为 10min，如果超出 10min，高炉如果不能及时冷却，就会出现爆炸的危险。该企业为高炉设置了非电保安措施，是一个 2000t 的水塔，此水塔如果只给冷却设备服务，可供 1 天的冷却水，并通过手动关闭阀门，可以保证高炉安全地降温停炉。此外，高炉系统有比较严重的有谐波问题，目前主要进行了就地补偿。

(5) 动平衡机：用于发动机检修检测的动平衡机，容量为 200kV·A，价值 2000 多万。动平衡机也不允许瞬间断电，其配有高位冷却油箱的非电保安措施。

其中，应急负荷包括消防、应急照明；保安负荷包括：安全监控、中心控制系统、测试台和高频炉；其他最关键负荷：发动机检修的动平衡机。

2. 二级负荷情况

(1) 普通照明、办公用电。

(2) 空调、制冷系统(包括通风)。

(3) 供水、污水处理。

(4) 防汛排涝系统。

(5) 精密制造、表面处理车间设备用电、数控机床等。数控机床即为用数字技术控制机床完成机械加工的各个环节，其属于精密仪器，对电能质量要求较高。如果断电，会造成产品报废。

8.3 供电电源及自备应急电源配置

8.3.1 芯片制造

1. 供电方式

年产量 6 万 t 以上的芯片制造厂，由于不具备来自两个方向变电站条件，但又具有较高可靠性需求，可采用专线主供、公网热备运行方式，主供电源失电后，公网热备电源自动投切，两路电源应装有可靠的电气、机械闭锁装置。

年产量 6 万 t 以下的芯片制造厂，进线电源可采用母线分段，互供互备运行方式；要求公网热备电源自动投切，两路电源应装有可靠的电气、机械闭锁装置。

2. 内部接线

年产量 6 万 t 以上的芯片制造厂采用双电源(同一变电站不同母线)一路专线、一路辐射公网供电。

年产量 6 万 t 以下的芯片制造厂采用双电源(同一变电站不同母线)两路辐射公网供电。

3. 应急电源的配置

芯片制造厂的应急照明及疏散照明的允许停电时间≤1min，可配置自备应急电源蓄电池/UPS/EPS，工作方式可采用在线/热备，后备时间>30min，切换时间<5s，切换方式为 STS/ATS。

消防设施的允许停电时间≤1min，可配置自备应急电源柴油发电机/EPS，工作方式可采用冷备/热备，后备时间>60min，切换时间<30s，切换方式为 ATS。

紧急停车及安全连锁系统的允许停电时间≤200ms，可配置自备应急电源 UPS，工作方式可采用在线/热备，后备时间 30～120min，切换时间≤200ms，切换方式为在线/ATS。

IT CIM 设备的允许停电时间≤200ms，可配置自备应急电源动态 UPS，工作方式可采用热备，后备时间为持续供电，切换时间≤200ms，切换方式为在线/ATS。

自动送板机的允许停电时间≤200ms，可配置自备应急电源动态 UPS，工作方式可采用热备，后备时间为持续供电，切换时间≤200ms，切换方式为在线/ATS。

刮锡机的允许停电时间≤200ms，可配置自备应急电源动态 UPS，工作方式可采用热备，后备时间为持续供电，切换时间≤200ms，切换方式为在线/ATS。

焊膏印刷机的允许停电时间≤200ms，可配置自备应急电源动态 UPS，工作方式可采用热备，后备时间为持续供电，切换时间≤200ms，切换方式为在线/ATS。

高速贴片机的允许停电时间≤200ms，可配置自备应急电源动态 UPS，工作方式可采用热备，后备时间为持续供电，切换时间≤200ms，切换方式为在线/ATS。

波峰焊炉设备的允许停电时间≤200ms，可配置自备应急电源动态 UPS，工作方式可采用热备，后备时间为持续供电，切换时间≤200ms，切换方式为在线/ATS。

8.3.2　液晶显示器制造业

1. 供电方式

(1) 6 万 t 以上的液晶显示器制造厂，由于不具备来自两个方向变电站条件，但又具有较高可靠性需求，可采用专线主供、公网热备运行方式，主供电源失电后，公网热备电源自动投切，两路电源应装有可靠的电气、机械闭锁装置。

(2) 6 万 t 以下的液晶显示器制造厂，进线电源可采用母线分段，互供互备运行方式；要求公网热备电源自动投切，两路电源应装有可靠的电气、机械闭锁装置。

2. 内部接线

(1)6 万 t 以上的液晶显示器制造厂采用双电源(同一变电站不同母线)一路专线、一路辐射公网供电。

(2)6 万 t 以下的液晶显示器制造厂采用双电源(同一变电站不同母线)两路辐射公网供电。

3. 应急电源的配置

液晶显示器制造厂的应急照明及疏散照明的允许停电时间≤1min，可配置自备应急电源蓄电池/UPS/EPS，工作方式可采用在线/热备，后备时间>30min，切换时间<5s，切换方式为 STS/ATS。

消防设施的允许停电时间≤1min，可配置自备应急电源柴油发电机/EPS，工作方式可采用冷备/热备，后备时间>60min，切换时间<30s，切换方式为 ATS。

紧急停车及安全连锁系统的允许停电时间≤200ms，可配置自备应急电源 UPS，工作方式可采用在线/热备，后备时间 30～120min，切换时间≤200ms，切换方式为在线/ATS。

光刻工艺的允许停电时间≤200ms，可配置自备应急电源动态 UPS，工作方式可采用热备，后备时间为持续供电，切换时间≤200ms，切换方式为在线/ATS。

取向排列工艺的允许停电时间≤200ms，可配置自备应急电源动态 UPS，工作方式可采用热备，后备时间为持续供电，切换时间≤200ms，切换方式为在线/ATS。

丝印制盒工艺的允许停电时间≤200ms，可配置自备应急电源动态 UPS，工作方式可采用热备，后备时间为持续供电，切换时间≤200ms，切换方式为在线/ATS。

切割工艺的允许停电时间≤200ms，可配置自备应急电源动态 UPS，工作方式可采用热备，后备时间为持续供电，切换时间≤200ms，切换方式为在线/ATS。

液晶灌注及封口工艺的允许停电时间≤200ms，可配置自备应急电源动态 UPS，工作方式可采用热备，后备时间为持续供电，切换时间≤200ms，切换方式为在线/ATS。

波峰焊炉设备的允许停电时间≤200ms，可配置自备应急电源动态 UPS，工作方式可采用热备，后备时间为持续供电，切换时间≤200ms，切换方式为在线/ATS。

8.3.3 机械制造业

1. 供电方式

机械制造业是工业类重要电力用户，采用专线主供、公网热备运行方式，主供电源失电后，公网热备电源自动投切，两路电源应装有可靠的电气、机械闭锁装置。

2. 内部接线

采用双回路一路专线、一路辐射公网进线供电。

3. 应急电源的配置

机械制造业的应急照明的允许停电时间≤1min，可配置自备应急电源蓄电池/UPS/EPS，工作方式可采用在线/热备，后备时间>30min，切换时间<5s，切换方式为 STS/ATS。

消防设施的允许停电时间≤1min，可配置自备应急电源柴油发电机/EPS，工作方式可采用冷备/热备，后备时间>60min，切换时间<30s，切换方式为 ATS。

测试台的允许停电时间≤200ms，可配置自备应急电源 UPS，工作方式可采用在线/热备，后备时间 30～120min，切换时间≤200ms，切换方式为在线/ATS。

高频炉的允许停电时间≤10min，可配置自备应急电源柴油发电机，工作方式可采用冷备/热备，后备时间 30～120min，切换时间<30s，切换方式为 ATS。

8.4 配置实例

8.4.1 芯片制造

1. 调研单位概述

苏州某科技公司坐落于驰名中外的苏州工业园区，是一家具有雄厚外资，制造尖端集成电路的一流晶圆专工企业。年生产总值达 20.085 亿元。该公司提供服务包括多项目晶圆(MPW)服务、IP 服务、BOAC、Mini-library 等。和舰长期致力于推动中国半导体产业的整体发展，已与多家设计公司建立合作关系，通过与和舰的技术生产合作，这些设计公司在市场开拓及公司营运上取得重大成果；和舰亦为各地产业化基地提供优惠的 MPW 服务

2. 调研单位供电情况介绍

该用电单位为单电源双回路供电，均是专线电缆供电。其最高负荷 21000kW，变压器容量为 59500kV·A，基本满足用电需求。年用电量为 16338.55 万 kW·h。

3. 重要负荷情况

调研单位重要负荷如表 8.3 所示。

4. 应急电源配置

本书中的应急负荷、保安负荷均有非电保安措施，部分关键负荷配有非电保安措施。自备柴油发电机容量 9600kV·A；UPS 容量 6580kV·A，可以满足所有重要负荷的需要。

表 8.3 苏州某科技公司重要负荷表

类型		负荷名称	允许停电时间
一级负荷	应急负荷	应急事故照明	小于 1min
	保安负荷	门禁、紧急广播	
	其他关键负荷	现场生产机台	0s
		制程排风系统	0s
		制程冷却系统	0s
		IT CIM 设备	1s
二级负荷		冰水系统	17s
		厂区照明负荷	17s

8.4.2 液晶显示器制造业

1. 调研单位概述

苏州某液晶显示器公司产品为液晶板(计算机显示器为主)，来料是韩国，主要是组装。高压电机 6kV，三星主要是用压缩空气操作机械手。PLC 控制系统(每个设备上都装 PLC，控制每个设备的执行，受 DCS 系统控制，相当一个终端。)对电能质量要求较高。生产用电占 29%，资源用电(辅助设备，空压机、空调、测试)占 70%～80%，办公用电占 2%～4%。

2. 调研单位供电情况介绍

供电电压为 20kV，容量为 18000kV·A 的多电源多回路供电方式，年用电量(47154951+12288369 万)kW·h，最高负荷(6500+6472)kW，年生产总值 9.5186 亿元。

3. 重要负荷情况

保安负荷采用 750kV·A 的柴油发电机为备用供电。

重要负荷采用 600kW 380V 发电机组对重要系统 UPS 供给，包括公司 IT 系统 UPS 供给、UT 栋 DCS 控制系统 UPS 供给、公司消防电源应急电源供给、公司照明应急电源供给。

4. 供电方式及应急电源配置

苏州某液晶显示器公司供电方式及应急电源配置表如表 8.4 所示。

备用线路有两条。

1) 备用线路一：20kV 设置备用电缆

线路参数：1EA 20kV 240mm^2 共计 3EA；敷设时间：2007 年 7 月；敷设效果：任何入线 CABLE 故障时，可以在 1h 内投入备用 CABLE；提高供电可靠性。

2) 备用线路二：6kV 设置备用电缆

线路参数：1EA 8.7/15kV 240mm^2 共计 2EA；敷设时间：2008 年 4 月；敷设效果：任何一根 CABLE 故障时，可以在 1h 内投入备用 CABLE；提高供电可靠性。

表 8.4　苏州某液晶显示器公司重要负荷表

总容量/kV·A	类型		负荷名称	容量/kV·A	占总容量的比例/%
18000	一级负荷	应急负荷	应急照明及疏散照明		
			消防设施		
		保安负荷	主要供应车间 LINE 设备(OLB\ASS`Y\AG\FT 等)	7500	29
			净化系统的空调(冷冻机、冷却泵、热水泵、空气处理单元)	4830	65
	二级负荷		门禁系统		
			公用设施		
			生活用电	350	2
			照明	422	4
			污水处理(水泵)(二级负荷)	4500	

8.4.3　机械制造业

1. 调研单位概述

某航空动力机械公司是航空二集团的龙头企业，公司航机技术国内领先，主营以直升机发动机、无人驾驶飞机的发动机、鱼雷发动机等中小航空发动机为主，是我国军用中小型航空发动机的研制生产基地，形成了活塞式、涡桨式、涡轴式、涡扇式航空发动机的产品系统，在航空发动机、摩托车及其发动机、精密机械、光机电一体化等产业领域兼具竞争优势。

2. 调研单位供电情况介绍

南方航空动力机械公司由株洲电业局供电，年用电量 8000 万～9000 万 kW·h，年最大负荷 22000kW，其中居民负荷占到 13000kW。

3. 重要负荷情况

某航空动力机械公司的重要负荷表如表 8.5 所示。

由表 8.5 可见，测试台、高频炉以及应急负荷所占比重明显偏高，且均属于保安负荷必须重点保障，这是由行业性质所决定的。测试台断电将会造成飞车，危及人身安全的同时会造成发动机严重损坏；高频炉对断电要求较高的主要是冷却设备(泵)，高频炉如果不能及时冷却，就会出现爆炸的危险；应急负荷所占比重相对较少，其中包括应急照明，消防设备用电。该厂目前配置有 1750kW 的柴油发电机，基本能够满足测试台的应急供电保障需求。柴油发电机为自动投切，启动时间 17s，可以保证持续供电，以避免由此带来的重大损失。此外，动平衡机属于最关键负荷，也相对较重要，断电时间应尽可能短。

表 8.5 某航空动力机械公司重要负荷表

<table>
<tr><th>类型</th><th>负荷名称</th></tr>
<tr><td>保安负荷</td><td>应急负荷、测试台、高频炉</td></tr>
<tr><td>最关键负荷</td><td>应急负荷、测试台；高频炉(20～30 台)；发动机检修的动平衡机</td></tr>
<tr><td rowspan="7">一级负荷</td><td>测试台</td></tr>
<tr><td>高频炉</td></tr>
<tr><td>动平衡机</td></tr>
<tr><td>安全检查、中心控制室用电</td></tr>
<tr><td>安保监控系统</td></tr>
<tr><td>应急负荷</td></tr>
<tr><td>车间控制系统(控制通风、供水、照明)(UPS)</td></tr>
<tr><td rowspan="5">二级负荷</td><td>数控机床</td></tr>
<tr><td>供水、污水处理、防汛排涝系统</td></tr>
<tr><td>其他办公用电</td></tr>
<tr><td>制冷系统(包括通风)</td></tr>
<tr><td>办公空调</td></tr>
</table>

数控机床属于精密仪器，对电能质量要求较高，一旦断电将会造成产品报废，由于不会危及人身安全以及设备的重大损失，故归为二级负荷。

4. 供电方式及应急电源配置

1) 供电方式

该机械制造厂老区变压器容量为 10MV·A×2、110kV，由南三线和团三线单电源双回路供电。南三线电压等级为 110kV，专线架空进线。团三线电压等级为 110kV，为城网 T 接架空进线。新区变电站为 10kV，变压器容量(4000+2500) kV·A。

2) 应急电源配置

该机械制造厂目前已经配置有 1750kW 的柴油发电机，基本满足测试台的应急供电需求。柴油发电机为自动投切，启动时间为 17s，可以保证持续供电，以避免由此带来的重大损失。且提供数台 UPS 供给应急负荷，如包括应急照明，消防控制中心及消防设备用电，安全监控、中心控制系统，以及车间控制系统(控制通风、供水、照明)等。建议再装配一台 3500kW 的柴油发电机，提供于高频炉和动平衡机的应急电源，从而更加有效地满足该机械制造厂的全面安全的应急供电需求。

第 9 章

广播电视类重要用户的电源配置

9.1 广播电视类重要用户

广播电视类重要电力用户包括国家级和省级广播电视机构及广播电台、电视台、无线发射台、监测台、卫星地球站等，断电可能造成大的政治影响和社会影响。

9.2 行业用电概述

9.2.1 行业概述

广播类用户调研的是江苏省广播电视总台，属于广播类重要用户中的二级重要用户。电视总台的主要业务有广播电台、电视及有线电视台的运营，除电视和广播业务外，总台还会拥有一些电影制片厂、音像出版社、广播电报、文化周刊、广电网站等，几乎囊括了当今大众传媒的所有业态，其中，电视业务是产业的核心，以江苏省广播电视总台为例，2007 年总台收入 26 亿，电视的收入超过了 20 亿。因此广播电视类用户的以电视台为主。

9.2.2 重要负荷

最新《民用建筑电气设计标准》(GB51348-2019) 中规定了广播电台的重要负荷组成。

一级负荷中特别重要的负荷：计算机系统电源。

一级负荷：直播的语音播音室、电视演播厅、控制室、录像室、中心机房、微波机房及其发射机房的用电。

二级负荷：洗印室、电视电影室、审听室、主客梯、楼梯照明、办公用电、办公空调、机房空调(立波特精密空调)。

电视台的一级负荷主要由播控中心、新闻中心直播室、城市频道直播室、计算机网络系统和演播大厅中的重要负荷组成。其中，播控中心、新闻中心直播室和计算机网络系统是电视台一级负荷中最关键的负荷。

9.2.3 业务流程介绍

(1)播控中心：播控中心是电视节目的制作中心，电视节目的制作主要指电视节目的前期、现场和后期制作，是电视节目播出的核心和基础，是广播电台音频制作、音频传输中的关键环节部门。为了保障安全、优质地制作和传输广播节目，对供电系统提出苛刻要求。

(2)直播室：分成新闻中心的直播室和城市频道中众多栏目的直播室，其中新闻中心直播室的要求更高一些。

(3)演播大厅：随着电视事业的发展，目前省一级的电视台都开始建设演播大厅，用于综艺节目的录播和现场直播。

(4)计算机网络系统：计算机办公自动化网络系统和数字音频自动播出网络系统。

9.3 重要负荷情况

9.3.1 一级负荷

(1)播控中心：一级负荷是电视节目的制作和播出设备，包括摄录设备、照明控制、摄像机控制、现场录音、道具控制等电子类设备和计算机类设备，以及微波接收传输机房的传输设备，共40kV·A。制作中心的这些重要负荷都不允许断电，且电压允许波动范围在5%。由于夜间外界电压波动较大，有时高达430V以上，影响了播出质量，危及技术设备安全运行，采用大功率稳压器供电方式，确保技术设备用电稳定、可靠。

(2)直播室：一级负荷主要包括灯光、摄像机和导播台，其中灯光多数为卤素灯，允许断电时间为3ms，电压降低70%时即会熄灭，并需要10～20min才能重新点亮，摄像机也有很多为数字摄像机，导播台为电子设备，因此这三种负荷都需要在线UPS作为备用电源才能满足可靠性的要求。

(3)演播大厅：一级负荷主要是各种舞台灯光、摄像机和导播台，其中舞台灯光负荷的用电量最大。江苏省广播电视总台正在建设十几个演播大厅，演播大厅的一级负荷用电量很大，每个演播厅需要500kV·A，按10个演播厅计算，一级负荷的总容量是 5000kV·A。一级负荷不允许断电，由于很多是卤素灯，其对电能质量的要求也非常高。

(4) 计算机网络系统：计算机办公自动化网络系统和数字音频自动播出网络系统。这些数据处理设备，对供电要求更高。既要 24h 不间断，又要求供电稳定、可靠、高质量。断电、低电压、瞬间停电都会给广播音频传输带来严重后果，是音频传输中不能容忍的。电视数字化、网络化的推广，在电视节目制作中运用多媒体计算机软件、硬件技术对数字电视信号进行处理，在数字化的环境中完成电视节目的制作。这里的数字信号可以是直接产生的，如数字摄像机产生的数字信号、计算机软件生成的数字信号；也可以是由模拟信号经过数字化过程后产生的，如经过视频与音频采集卡获得的数字信号等。计算机要参与节目制作、节目编辑、电视字幕制作、数字影视制作等。因此对高质量电力的依赖程度随着电视节目数字化、网络化的脚步也越来越高。

其中，应急负荷包括：消防、应急照明；保安负荷包括：消防用电机、排风机、水泵、应急照明。

9.3.2　二级负荷

(1) 录播类节目：可以进行重复录播。

(2) 洗印室。

(3) 电视电影室。

(4) 审听室。

(5) 主客梯。

(6) 楼梯照明。

(7) 办公用电。

(8) 办公空调。

(9) 机房空调(立波特精密空调)。

9.4　供电电源及自备应急电源配置

9.4.1　供电方式

国家级广播电台、电视台可采用专线主供、公网热备运行方式，主供电源失电后，公网热备电源自动投切，两路电源应装有可靠的电气、机械闭锁装置。

各省级广播电台、电视台及传输发射台站可采用专线主供、公网热备运行方式，主供电源失电后，公网热备电源自动投切，两路电源应装有可靠的电气、机械闭锁装置。

各地市级广播电视台及传输发射台由于该类用户一般容量不大，可采用两路电源互供互备，任一路电源都能带满负荷，且应尽量配置备用电源自动投切装置。

9.4.2 内部接线

国家级广播电台、电视台可采用双电源(不同方向变电站)一路专线、一路环网公网供电。

各省级广播电台、电视台及传输发射台站可采用双电源(不同方向变电站)一路专线、一路辐射公网供电。

各地市级广播电视台及传输发射台可采用双回路两路辐射公网进线供电。

9.4.3 应急电源配置

广播电视的消防用电机的允许停电时间≤1min，可配置自备应急电源EPS/柴油发电机组，工作方式可采用热备/冷备，后备时间>60min，切换时间<30s，切换方式为ATS。

应急照明的允许停电时间≤1min，可配置自备应急电源蓄电池/UPS/EPS，工作方式可采用热备/冷备，后备时间>30min，切换时间<5s，切换方式为ATS。

演播室、直播机房、制播系统、总控机房、监测机房、节目集成平台、节目传输系统等的允许停电时间≤800ms，可配置自备应急电源UPS+发电机，工作方式可采用在线/热备，后备时间30～120min，切换时间≤800ms，切换方式为在线/STS。

9.5 配置实例

9.5.1 单位概述

某省广播电视总台现拥有新闻综合、城市、综艺、影视、公共、体育、国际、少儿八个免费电视频道和四个数字付费频道，开播新闻综合、经济、文艺、音乐、交通广播网、健康、金陵之声、旅游频道等10套广播节目。

9.5.2 调研单位供电情况介绍

该用电单位总负荷3000kV·A，变压器总容量3264kV·A。

9.5.3 重要负荷

某省广播电视总台重要负荷情况如表9.1所示。

表 9.1　某省广播电视总台重要负荷情况

类型	负荷名称
最关键负荷	播控中心(制作)、新闻中心、计算机网络系统、部分演播大厅、消防和应急照明
一级负荷	播控中心(制作)：电台音频制作、音频传输中设备，包括：摄录设备、照明控制、摄像机控制、现场录音、道具控制等电子类设备和计算机类设备，以及微波接收传输设备
	新闻中心(直播室)：灯光(卤素灯)，摄像机
	城市频道(直播室)：灯光，摄像机
	演播大厅：舞台光、摄像机、导播台
	计算机网络系统：计算中心、音频工作站、网络系统、有线电视播控机房、广播电视监测台
	消防、动力及应急负荷：消防用电机、排风机、水泵、应急照明
二级负荷	录播节目
	洗印室、电视电影室、审听室、主客梯、楼梯照明、办公用电、办公空调、机房空调(立波特精密空调)

9.5.4　用户供电可靠性情况

关于广播电视台等重要传媒单位的供电可靠性，如果断电则是政治事故，会造成某省(13 个市)所有的 12 个频道、卫星电视及转播节目都停播。去年中央人民广播电台操作不当造成停电 32min，此次严重事故后，引起了国家广播总局的充分重视，要求省级以上电台全部配置应急发电机作为第三路电源备用。因此某省电视总台计划配置 2 台 1000kV·A 的发电机以保证新闻等重要直播节目的不间断播出播。

9.5.5　应急电源配置

(1) 播控中心：目前某省广播电台为这些重要负荷配置了独立的 52kV·A 的在线 UPS，可以支持 30 分钟供电。

两路低压进线都采取自投方式。这样只要有一路进线电压失电，另一路低压电源通过“联络柜”，就会立即进行自投送电。

选用 52kV·A 柴油发电机作供电备份。在特殊情况下，若两路进线高压都有异常时，值班人员就可以紧急启动 52kV·A 柴油发电机发电，供给技术设备用电。从而确保播出控制中心机房和微波接收传输机房设备的用电要求。

(2) 直播室：直播室的一级负荷容量为 80kV·A，全部配有独立的在线 UPS，城市频道中的一级负荷容量也为 80kV·A，只有摄像机自身配有 UPS，而导播台(操作台)和灯光都没有 UPS，断电后只能插播其他节目。

(3) 演播大厅：日后计划为演播大厅配置适当容量的 UPS，但是演出的灯光由于负荷太多仍然无法保证，零线很粗，功率因数 0.9，采用集中补偿的方式。

(4) 计算机网络系统：对计算机网络中心规划设计了整套独立电源，并采取直接从配电房的播出稳压器和录音制作稳压器上，分别送电到网络中心。这两路稳压电源，经控制互投后，输入到不间断电源 UPS，作为其常规的计算机网络系统的配用电源。这里，应选用“在线式”UPS 电源，经 UPS 输出提供给相关设备。由于在线式 UPS 始终是由逆变器向设备供电，这就从根本上清除了来自市电电网的电压波动，免受外界电力干扰，确保输出电压为纯正弦波输出、高性能的浪涌抑制、稳压稳频供电。在线式 UPS 电源还可提供零转换时间。

某省电视台的 UPS 电源配置可保证新闻、电视剧节目的不间断播出，同时应该为城市频道的其他栏目的直播室配置适当的 UPS 应急电源以保证直播室的灯光和摄像负荷。电视台目前正在购置 2 台 1000kV·A 的发电机，除了保证制作中心、新闻直播室和城市频道直播室的重要负荷，还可以保证网络及一定数量的演出大厅的灯光负荷，但如果 10 个演播厅(每个 500kV·A 左右)同时有演出活动，由于灯光负荷太大，发电机的容量则无法满足要求。

第 10 章

通信类重要用户的电源配置

通信行业重要电力用户包括国家级和省级的枢纽、容灾备份中心、省会级枢纽、长途通信楼、核心网局、互联网安全中心、省级 IDC 数据机房、网管计费中心、国际关口局、卫星地球站，断电可能造成大的社会影响。

10.1 通信行业

10.1.1 行业用电概述

1. 通信行业概述

随着移动、电信、邮电、卫星等通信业务的迅猛发展，人们对通信特别是移动通信越来越依赖，对其要求也越来越高。从人际交流到电子商务，通信网络以特有的方式渗透到现代社会生活的方方面面，人们对于网络覆盖的深度和广度需求尤为迫切。

一方面，从业务种类上分，通信业务通常包含固定、移动和卫星三类业务。另一方面，在建立一个网络之前，首要的问题就是确定最合适的传输介质。传输介质可分为有线和无线两种。有线利用电缆或光缆来充当传输导体，而无线则不必。因此，从通信数据的传输介质上区分，也可以分为有线传输和无线传输。

固定业务一般指电信公司经营的电信业务，主要经营辖区范围内基于固定电信网络的语音、数据、多媒体通信以及数据信息等业务，主要包括电话业务和宽带业务。它的网络需要依赖网线与电话线，属于有线传输。电信公司拥有大容量高速宽带传输网、程控电话网、七号信令网、集中监控监视网、IP 宽带城域网、帧中继网、数字同步网、数字数据网、图像网。传输技术包括 PDH(准同步数字系列)、SDH(同步数字系列)、DWDM(密集波分复用)等。

移动业务一般指移动公司经营的移动业务，主要包括移动电话业务和移动数据业务。它的网络不使用电或光导体进行电磁信号的传递工作，属于无线传输，地球上的大气层为大部分无线传输提供了物理数据通路，由于各种各样的电磁波都可用来携载信号，所以电磁波就被认为是一种介质。无线电波可以通过各种传输天线产生全方位广播或有向发射。典型的天线包括方向塔、缠绕天线、半波偶极天线以及杆型天线。移动公司拥有 WCDMA 网络、1XEV-DO 网络、EV-DO 网络、CDMA 1X 网络、GSM 智能网、GPRS、CDMA 1X、TD-SCDMA、蜂窝移动通信、宽带无线、无线接入、短程无线、无线环境以及 3G、WiMAX、WLAN 等各种移动、无线技术。

此外，通信数据也可以通过卫星传输，卫星通信不同于传统的微波链路工作原理，采用更先进的卫星通信技术，通过卫星地面站向太空通信卫星发射传输指令，建立地面站和空中的传输链路，卫星传输也属于无线传输。卫星通信可以克服因外部地貌环境恶劣而导致的传输链路无法建立的问题。下面重点介绍以固话业务为主的中国电信公司和以移动业务为主的中国移动公司。表 10.1 总结了我国目前五家通信企业主营的业务种类和业务范围。

表 10.1 我国目前五家通信企业主营的业务种类和业务范围表

业务种类	通信公司	业务范围
固话业务	中国电信、中国网通、中国铁通、中国联通	电话业务：固话业务、程控新业务、ISDN、小灵通
		数据业务：宽带业务(ADSL、FTTX+LAN)、拨号上网、专线
		分组交换(PAC)业务:数字数据电路 DDN 业务、帧中继 FR 业务、异步转移模式(ATM)业务、服务器托管、机架出租、磁盘空间出租、虚拟主机、域名服务、企业(集团)邮箱、网页设计制作、网络广告发布
		其他业务：会易通、新视通
		智能网业务：IP 业务及卡类业务、声讯业务
移动业务	中国移动、中国联通	话音业务：主叫显示、呼叫转移、呼叫限制、呼叫等待、会议电话、国内自动漫游、国际自动漫游、移动传真与数据通信、双频网络
		移动数据业务：GPRS 业务、短消息、留言信箱、全球通秘书、全球通 IP 电话、全球通 WAP、信息点播、手机银行、移动股市、理财通、免费频道
卫星业务	中国卫通	卫星通信

2. 行业规范

行业规范有《通信电源设备安装工程设计规范》(GB 51194—2016)、《民用建筑电气设计标准》(GB 51348—2019)、《建筑设计防火规范》(GB 50016—2014)。

3. 业务流程/生产过程/工艺流程介绍

通信事业在经济建设和国防建设中起着非常重要的作用，因此对其供电的可靠性提出了较高的要求。

通信电源是各种通信系统中必不可少的组成部分，电源系统的可靠性是影响通信系统可靠性的重要因素。通信电源系统由交流供电系统、直流供电系统和相应的接地系统构成。交流供电系统包括电网高低电源、油机发电机组备用电源(长时间备用电源)、重要部门的 UPS 电源；直流供电系统则由整流器、蓄电池(短时间备用电源)、直流变换器以及相应的配电柜组成；良好的接地和防雷装置，可以提高通信质量，确保通信设备及操作人员的安全。

通信电源系统的工作原理及具体要求如下。

通信行业对电源需求有成熟的设计规范，通信电源系统由交流配电、整流柜、直流配电和监控模块组成，如图 10.1 所示。集散式监控系统可将交流配电柜、直流配电柜和整流柜放在不同楼层，实现分散供电，进行实时监控。交流配电柜主要完成市电输入或油机输入切换和交流输出分配功能，要求采取必要的防护措施，交流配电柜一般具有三级防雷措施、单面操作维护、实时状态显示和告警等功能；直流配电柜主要完成直流输出路数分配、电池接入和负载边接等功能，一般要求可自由出线，可出面操作维护，可实现柜内并机和柜外并机，具有状态显示和告警功能，能检测每一路熔断器的通断状态；整流柜的主要功能是将输入交流电转换输出为满足通信要求的直流电源，它一般由多台整流模块并联组成，共同分担负载，并能良好地均分负载，单模块故障不应影响系统工作。电源模块采用低压差自入均流技术，使模块间的电流不均衡度小于 3%，并具有输出短路故障自动恢复功能。

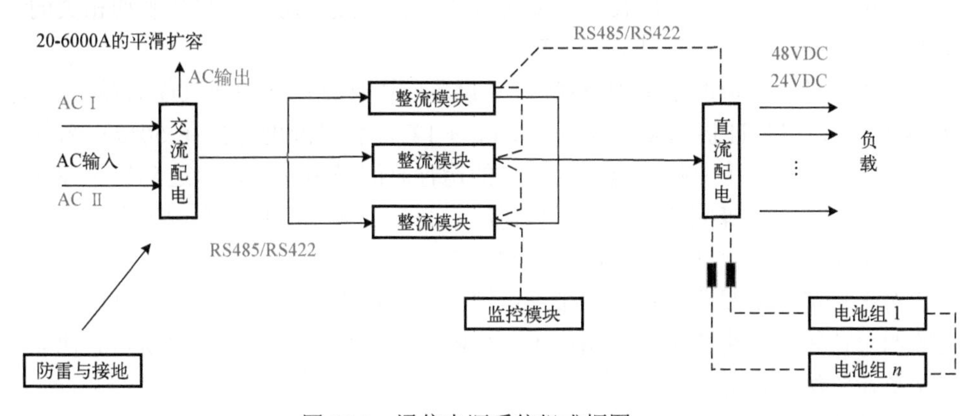

图 10.1　通信电源系统组成框图

同时，要求电源的平均无故障时间必须大于 100 万 h，不可用度必须小于千万分之四，以保证通信系统的网络能源供应。因此整流模块、蓄电池、交/直流配电柜、监控模块、开关稳压电源必须具有技术先进、操作便捷、可靠性好、稳定耐用等特点，同时具有多种保护电路，以确保系统的安全 。

综上所述，为通信设备提供可靠、稳定、小型、高效的电力支撑就成为了通信业务发展的基础。网络基础设施必须具备以下特性：大容量、高带宽、零时延；高速、灵活的接入；高可靠、绝对安全；无间断运营。为了赢得市场，迎接光速经济的到来，建立大容量的光传送网络，运营商必须积极为大量的网络数据中心和应用提供商对网络的需求做好准备。

10.1.2 重要负荷

1. 一级负荷

一级负荷即市电停电时，由备用油机保证供电的负荷。一般包括：通信生产负荷、机房专用空调负荷、机房保证照明负荷、大楼采暖设备、大楼智能布线及消防用电等。

1）通信生产负荷

包括直流供电负荷和交流供电负荷两大类。直流供电的设备主要有移动交换设备、移动基站设备、光传输设备及数据设备等，供电电压等级主要是 48V 及 24V 两种，一般移动通信综合楼只取单一的 48V 作为直流供电电源。交流供电的设备主要有各种数据设备、网管设备、计费设备及大楼智能布线系统设备、保安监控设备等。

2）机房专用空调、照明负荷

当电信楼通讯机房通信设备负荷等级为一、二级负荷时，与其密切相关的专用空调、照明负荷等级应与其对应一致。

对机房精密空调的要求如下：①要求设备应该具有良好的换气能力（达到每小时 60 次左右），以保证机房温度控制在 24℃±1℃，相对湿度保持在 50%±3%的范围内；②必须提供集中监控功能；③设备的运行时间必须保证可以达到每年 8760h。因此，必须有油机等应急电源在紧急情况下为机房的专用精密空调供电，冬天温度不高的情况下也要保证至少 50%的空调负荷。

对于机房专用照明，可采用带蓄电池的应急灯来作为工作照明，以提高某些房间照明负荷等级，避免由于照明停电，影响正常工作，造成通信中断。其他非重要照明负荷等级可定为三级。

3）消防负荷

特别要提出的是通信行业的消防负荷，由于枢纽大楼中有大量整层的计算机、交换机、UPS 等负荷，温度很高，对环境的要求较高，要特别重视通信枢纽大楼的消防负荷的供电。甚至有人提出电信楼的用电设备可分为消防用电设备和非消防用电设备。

电信楼消防用电设备的负荷等级应根据《建筑设计防火规范》（GB 50016—2014）和《高层民用建筑设计防火规范》（GB 50045—1995）对消防电源的要求来确定。

(1) 对于建筑高度低于 24m 的电信楼，其室外消防用水量超过 25L/s 者，消防用电按二级负荷设计；对于低于 25L/s 者按三级负荷设计。

(2) 对于建筑高度高于 50m 或高于 24m 且每层面积超过 1000 的电信楼(一类高层)。消防用电按一级负荷设计。对于建筑高度在 24m 至 50m 之间且并非每层面积超过 1000 的电信楼(二类高层)。消防用电可按二级负荷设计。

(3) 高层建筑的消防控制室、消防水泵、消防电梯、防烟排烟风机等的供电，应在最末一级配电箱处设置自动切换装置。

电信楼非消防用电负荷通常包括照明、动力、通信设备用电等。

应急负荷包括：消防、应急照明。

关键负荷包括：通信生产负荷、机房专用空调负荷、机房保证照明负荷、大楼采暖设备、大楼智能布线及消防用电。

2. 二级负荷

二级负荷即市电停电时，可以暂时断电的负荷。一般包括：大楼办公区照明、电梯、办公区(非机房用)的空调、营业厅热风幕等负荷。

(1) 大楼办公区照明。

(2) 电梯。

(3) 办公区(非机房用)的空调。

(4) 营业厅热风幕等负荷。

根据《民用建筑电气设计规范》，电信楼动力用电设备包括生活水泵、升降机械等，对于市话局，电信枢纽的客梯负荷等级为二级，其余非重要用电设备负荷等级一般可取三级。以上用电设备负荷等级应根据电信楼的实际情况统筹考虑确定。

10.1.3　供电电源及自备应急电源配置

1. 供电方式

电源系统是由交流供电系统、直流供电系统和相应的接地系统组成。集中供电、分散供电、混合供电为 3 种比较典型的系统组成方式。直流供电系统由整流设备、蓄电池组和直流配电设备组成。

通信电源系统的设备多，分布广，不仅单个电源设备的可靠性会影响系统的可靠性，电源系统的总体结构也会对自身的可靠性造成很大的影响。

通信电源系统总体结构主要包含两方面的内容：一方面是如何配置电源设备，如何向通信设备供电，即供电方式；另一方面是如何维护管理电源设备，即维护管理体制。

国家级通信枢纽站可采用专线主供、公网热备运行方式，主供电源失电后，公网热备电源自动投切，两路电源应装有可靠的电气、机械闭锁装置。

国家二级通信枢纽站可采用两路电源互供互备，任一路电源都能带满负荷，而且应尽量配置备用电源自动投切装置。

2. 内部接线

国家级通信枢纽站可采用双电源(不同方向变电站)一路专线、一路环网公网供电。

国家二级通信枢纽站可采用双回路一路专线、一路环网公网进线供电。

3. 应急电源配置

与其他行业不同，通信设备通常使用的是直流电，交流负荷与直流负荷都有，故有一套独立的配电系统。把 220V 的交流电经整流变为 48V、24V、60V 的直流电使用。同时设有蓄电池组，短时间停电时供给设备直流电。为防止长时间停电，通常都设有柴油或汽油发电机供给整流设备交流电，通信设备以蓄电池组、发电机作为备用电源来保证通讯设备负荷等级的要求。

通信行业的开关电源、传输设备、上网数据设备、上网用交换机设备、语音交换数据设备、计算机系统、机房空调的允许停电时间≤800ms，可配置自备应急电源UPS/UPS+发电机，工作方式可采用在线/热备，后备时间 30～120min，切换时间≤800ms，切换方式为在线/STS。

空调的允许停电时间≤1min，可配置自备应急电源 EPS/柴油发电机组，工作方式可采用热备/冷备，后备时间 30～120min，切换时间<30s，切换方式为 ATS。

服务器、传输设备、交换机的允许停电时间≤800ms，可配置自备应急电源 UPS，工作方式可采用在线/热备，后备时间 30～120min，切换时间<800ms，切换方式为在线。

10.1.4 配置实例

1. 调研单位1——移动通信枢纽楼

某移动通信公司主要业务是移动电话业务。移动通信综合大楼的主要工作设备有传输机、微波机、整流设备以及作计费、监控、数据业务用的电子计算机设备。

该通信枢纽楼属一类建筑。其通信生产设备、消防用电为一级负荷中特别重要负荷；机房空调、客梯、排污及生活水泵为一级负荷；一般的动力和照明属三级负荷，示意图如图 10.2 所示。

2. 调研单位内部接线情况介绍

调研单位内部接线情况如图 10.3 所示。

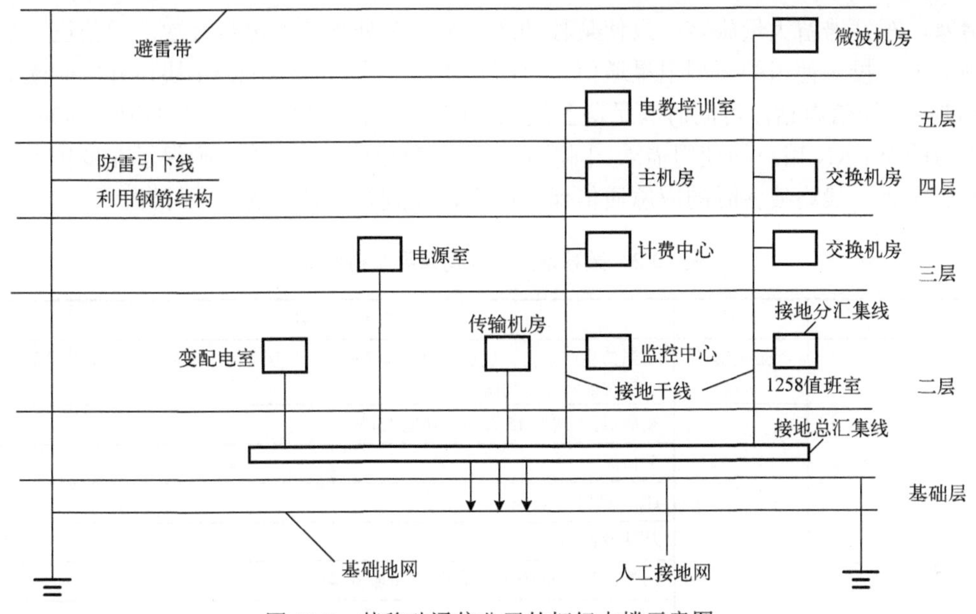

图 10.2　某移动通信公司的枢纽大楼示意图

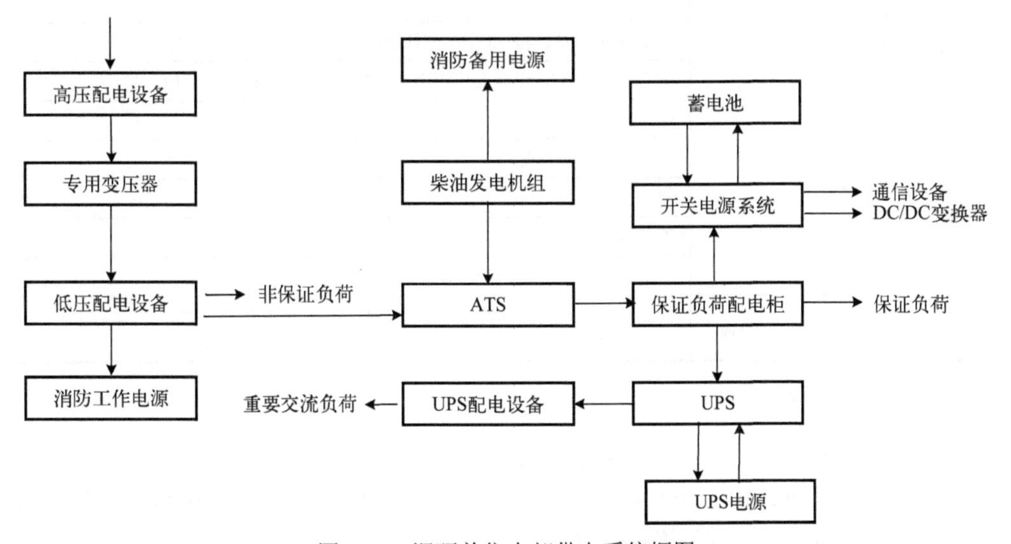

图 10.3　调研单位内部供电系统框图

3.　重要负荷情况

某移动通信公司重要负荷容量表如表 10.2 所示。

4.　用户供电可靠性情况

在 2008 年抗击暴风雪的通信抢险救灾中，电力系统供电紧张，公路、铁路交通堵塞，车站滞留大量旅客，致使某移动通信公司多处基站停电数万次，通信压力急剧加大。投入使用的新型卫星通信车可配置小区 2 个、载频 TRX4 块，并同时配有 4 部卫星通信电话，可同时满足覆盖区域方圆内手机用户和同时满足周边 5OOm 范围内的 WLAN 用户的使用需求。圆满完成了应急通信保障任务，确保了在抵抗重大自然灾害、战略战备时的应急通信保障能力，受到社会各界的一致好评。

表 10.2　某移动通信公司重要负荷容量表

单位	类型	负荷名称
某移动通信公司(81 号楼 通信枢纽大楼)	最关键负荷	通信生产负荷、机房专用空调负荷、机房保证照明负荷、大楼采暖设备、大楼智能布线及消防用电等
	一级负荷	端局(每个端局 15 万线，耗电 15kW)
		关口局
		HLR 机房
		基站设备
		网管设备(100 个工作站及 50 个服务器)
		移动智能网
		计费
		传输设备(1 个，按 15 个机架计算，直流转换成交流电计算)
		电力机房(1 个，电池充电 2000A·h 4 组，直流转换成交流电计算)
		机房专用空调
		机房保证照明负荷
		通信生产负荷
		消防负荷
		预留负荷(为日后增容考虑)
	二级负荷	建筑电气常用负荷：照明、水泵、新风机组电热水器、电梯、非机房用空调等

5. 应急电源配置

(1) 市电供电时，由市电向保证负荷及非保证负荷供电。当市电停电时，通过 ATS 自动启动油机，向一级负荷(保证负荷)供电；市电来电时，油机自动关机，市电恢复向保证负荷及非保证负荷供电。

(2) 市电供电时，市电经整流模块将交流电源整流成直流电源，一方面向直流负载供电，另一方面向蓄电池组浮充供电。市电停电而油机尚未启动时，蓄电池放电通过直流配电设备向直流负载不间断地供电。

(3) 当市电停电而油机尚未启动时，对于重要的交流负荷用 UPS 或逆变器保证交流不间断供电。UPS 不间断供电原理是：正常情况下，UPS 主机中整流模块将交流电转换成直流电向 UPS 中逆变模块供电，同时也向 UPS 电池浮充充电，UPS 中逆变模块将直流电转换成交流电向负载供电；当市电停电且油机尚未启动时，UPS 蓄电池向 UPS 主机中逆变模块供电，保证逆变器交流电源输出不间断；市电恢复后，UPS 主机中的整流模块恢复工作，一方面向逆变模块供电，另一方面向 UPS 电池浮充供电。逆变器多以一 48V 直流电源系统中的蓄电池作为后备电源，其原理类似于 UPS 中 的逆变模块。

10.2 固定电信服务

10.2.1 行业用电概述

1. 固定电信服务行业概述

电话网是传递电话信息的电信网，是可以进行交互型话音通信、开放电话业务的电信网。电话网包括本地电话网、长途电话网、国际电话网等多种类型。是业务量最大、服务面最广的电信网。

电话网经历了由模拟电话网向综合数字电话网的演变，除了电话业务，还可以兼容许多非电话业务。因此电话网可以说是电信网的基础。

数字电话网与模拟电话网相比，在通信质量、业务种类、为非话业务提供服务、实现维护、运行和管理自动化等方面都更具优越性。现在电话网正在向综合业务数字网、宽带综合业务数字网以及个人通信网的方向发展。届时电话网将不仅能提供电话通信、还能按照用户的要求，同时提供数据、图像等多种多样的服务。在发展到个人通信网时，还可以向用户提供在任何地点、任何时间与任何个人进行通信的服务。

2. 行业分级

固定电信服务是指固定电话等电信服务活动，包括以下业务。

(1) 固定网本地电话服务。

(2) 固定网国内、国际、港澳台长途电话服务。

(3) 固定电话网呼叫中心服务业。

(4) 固定电话网语音信箱业务。

(5) 固定电话网可视电话会议服务业务。

(6) 固定电话网其他服务。

3. 业务流程介绍

通信电源是各种通信系统中必不可少的组成部分，电源系统的可靠性是影响通信系统可靠性的重要因素。通信电源系统由交流供电系统、直流供电系统和相应的接地系统构成。交流供电系统包括电网高低电源、油机发电机组备用电源(长时间备用电源)、重要部门的UPS电源；直流供电系统则由整流器、蓄电池(短时间备用电源)、直流变换器及相应的配电柜组成；良好的接地和防雷装置，可以提高通信质量，确保通信设备及操作人员的安全。

通信电源系统的设备多，分布广，不仅单个电源设备的可靠性会影响系统的可靠性，电源系统的总体结构也会对自身的可靠性造成很大的影响。

通信电源系统总体结构主要包含两方面的内容：①配置电源设备，向通信设备供电；②维护管理电源设备，即维护管理体制。

10.2.2 重要负荷

1. 一级负荷

一级负荷包括7种：①开关电源；②传输设备；③上网数据设备；④上网用交换机设备；⑤语音交换数据设备；⑥计算机系统；⑦机房空调(立波特精密空调)。

2. 二级负荷情况

二级负荷包括：①电梯；②办公用电；③办公空调。

10.2.3 供电电源及自备应急电源配置

固定电信服务供电电源及自备应急电源配置同10.1.3节。

10.2.4 配置实例

1. 调研单位概述

某市电信分公司隶属中国电信集团湖南省电信有限公司，是国有控特大型企业，业务覆盖该市区及所辖11个县(市、区)，资产达18亿元，电信基础用户超过80万，包括大容量高速宽带传输网、程控电话网、七号信令网、集中监控监视网、IP宽带城域网、帧中继网、数字同步网、数字数据网、图像网。传输技术包括PDH(准同步数字系列)、SDH(同步数字系列)、DWDM (密集波分复用)等。

2. 调研单位供电情况介绍

该市电信网的物理拓扑结构包括2个枢纽站、13个分局及740个普通网点三级。枢纽站为人民东路第一枢纽站(也是该市电信分公司的办公地)和七里洞第二枢纽站，其中，第一枢纽站由供电公司双电源供电，两台1000kV·A变压器，开关电源蓄电池能够维持供电4、5h，自备800kV·A柴油发电机。

3. 重要负荷情况

该市电信分公司重要负荷情况如表 10.3 所示。

表 10.3 某市电信分公司重要负荷表

类型		负荷名称
一级负荷	应急负荷	应急照明
	其他保安负荷	传输设备、交换数据设备、计算机系统、机房照明
	其他关键负荷	开关电源可停(交流变直流)
		机房空调
	其他一级负荷	上网数据设备(程控
		交换机(语音，音频信号变成数据信号)
		语音交换数据设备
		上网用交换机设备
二级负荷		电梯
		办公用电
		办公空调

4. 应急电源配置

该市电信分公司 13 个分局包括 3 个市内分局(苏仙岭 150kW、下湄桥 50kW、火车站 50kW)、9 个县局和 1 个郊区局，单电源供电，开关电源蓄电池备用 10h，另自备柴油发电机。普通网点功率为 5～10kW，备用蓄电池保证 10h 供电。市区小灵通基站传输距离 500m，无蓄电池。

第 11 章

信息安全类重要用户的电源配置

信息安全类重要电力用户主要考虑金融行业用户，一般指证券数据中心和银行，前者包括全国性证券公司、省级证券交易中心、市级证券交易中心，后者包括国家级银行、省级银行一级数据中心和营业厅、地市级银行营业网点，这些用户断电可能可能造成大的经济损失和社会影响。

11.1 行业用电概述

金融业是指经营金融商品的特殊行业，它包括银行业、保险业、信托业、证券业和租赁业。

金融业具有指标性、垄断性、高风险性、效益依赖性和高负债经营性的特点。指标性是指金融的指标数据从各个角度反映了国民经济的整体和个体状况，金融业是国民经济发展的晴雨表。垄断性一方面是指金融业是政府严格控制的行业，未经中央银行审批，任何单位和个人都不允许随意开设金融机构；另一方面是指具体金融业务的相对垄断性，信贷业务主要集中在四大商业银行，证券业务主要集中在国泰、华夏、南方等全国性证券公司，保险业务主要集中在中国人民财产保险股份公司，平安财产保险股份公司和太平洋财产保险股份公司。高风险性是指金融业是巨额资金的集散中心，涉及国民经济各部门。单位和个人，其任何经营决策的失误都可能导致“多米诺骨牌效应”。效益依赖性是指金融效益取决于国民经济总体效益，受政策影响很大。高负债经营性是相对于一般工商企业而言，其自有资金比率较低。

金融业在国民经济中处于牵一发而动全身的地位，关系到经济发展和社会稳定，具有优化资金配置和调节、反映、监督经济的作用。金融业的独特地位和固有特点，使各国政府都非常重视本国金融业的发展，我国对此有一个认识和发展过程。过去我国金融业发展既缓慢又不规范，经过十几年改革，金融业以空前未有的速度和规模在成长。随着经济的稳步增长和经济、金融体制改革的深入，金融业有着美好的发展前景。下面主要对银行业和证券业进行介绍。

11.2　重要负荷情况

调研的典型用户是某市证券公司、上海中国银行某市分行信息科技中心。主要负荷组成如下。

一级负荷中特别重要的负荷：重要计算机系统和防盗报警系统。

一级负荷：大型银行营业厅及门厅照明、应急照明、一般银行的防盗照明。

二级负荷：客梯电力、小型银行营业厅及门厅照明。

11.3　供电电源及自备应急电源配置

11.3.1　供电方式

国家一级数据中心、国家级银行可采用专线主供、公网热备运行方式，主供电源失电后，公网热备电源自动投切，两路电源应装有可靠的电气、机械闭锁装置。

国家二级数据中心可采用两路电源互供互备，任一路电源都能带满负荷，而且应尽量配置备用电源自动投切装置。

11.3.2　内部接线

国家一级数据中心、国家级银行可采用双电源(不同方向变电站)一路专线、一路环网公网供电。

国家二级数据中心可采用双回路一路专线、一路环网公网进线供电。

11.3.3　应急电源配置

重要信息系统的微波传输设备、程控交换机、移动集群通信、调度中心、卫星通信设施的允许停电时间≤800ms，可配置自备应急电源 UPS，工作方式可采用在线/热备，后备时间 30～120min，切换时间≤800ms，切换方式为在线/STS。

金融业的服务器、交换机、磁盘阵列、通讯终端、一般银行的防盗照明、大型银行营业厅及门厅照明、应急照明、机房的精密空调的允许停电时间≤800ms，可配置自备应急电源 UPS/UPS+发电机，工作方式可采用在线/热备，后备时间 30～120min，切换时间≤800ms，切换方式为在线/STS。

11.4 配置实例

11.4.1 配置实例1——中国银行某市分行信息技术处

1. 调研单位(一)概述

中国银行某市分行信息技术处也为中国银行在华东五省一市(浙、闽、徽、赣、苏、沪)的数据中心，是中行全国五个区域数据中心之一。其主要功能是，所辖省市的所有中行的前台交易(营业厅柜面)、后台(包括POS机的后台交易)、ATM机、网上银行、网络(网页归各个省行，网络数据在此)业务都在此处进行数据处理，服务器采用备份，以前是本地服务器备份，现在正在进行异地备份容灾项目建设(四大商业银行都在进行此项目)，此外，数据中心夜间也有业务，要进行白天的交易清算和ATM机的一些业务处理，因此机房24h都要运行。另外，该信息技术处也负责中行华东区的网络维护，租用电信部门的专用通信通道，内部网自行维护。电气设计等均按中国银行的要求建设。

2. 调研单位(一)供电情况介绍

中国银行某市分行信息技术处的供电电压为10kV，配变容量约为3200kV·A，最高负荷1200kW，年生产总值几百亿元。

3. 调研单位(一)内部接线情况介绍

线路为两路电源，由一个开闭所进线。没有开关电源。该数据中心由该市市南供电公司管辖，从桂果开闭所两路10kV线路果7、果8进线，各带一台1600kV·A变压器，变压器高低压母线有母联开关联络。

4. 调研单位(一)重要负荷情况

(1)保安负荷：应急事故照明、消防、电梯。

(2)一级负荷：主机房的计算机设备，包括三类服务器(主机类(IBM 商用服务器)、小型机类服务器、机架式服务器)、交换机、磁盘阵列、为计算机负荷供电的不间断电UPS，以及机房的精密空调；此外，还有消防泵房、紧急照明负荷。

(3)二级负荷：办公电脑、办公中央空调；照明负荷(包含办公照明)。

中国银行某市分行信息技术处重要负荷情况如表11.1所示。

5. 调研单位用户供电可靠性和应急电源配置情况

1)用户供电可靠性情况

2007年10月27日由于220kV长春变电站停电，该处的果8进线失电3.5h，桂果开闭所由于10kV出线负荷较大母联未投入，由于该处的10kV母联为人工投切(带负荷自动投切恐怕失去另外一路电源)，当时柴油发电机自动启动起来，当10kV母联开关投入后，发电机自动复位，达到了应急的目的。

表 11.1　中国银行某市分行信息技术处重要负荷表

类型	负荷名称
最关键负荷	主机房的计算机设备、机房的精密空调、应急事故照明、消防
一级负荷	主机房的计算机设备，包括三类服务器(主机类(IBM 商用服务器)、小型机类服务器、机架式服务器)、交换机、磁盘阵列
	机房的精密空调(市电断电的话，可以用油溴化理机组，或最多减掉50%的空调负荷)
	消防泵房、紧急照明负荷
二级负荷	办公中央空调
	办公电脑
	照明负荷(包含了办公照明)

2)应急电源配置

主机房的计算机设备由三组 UPS(300×2+160×3+160×2)kV·A 并联方式不间断供电，三组UPS互为备用。此外，UPS、机房空调、消防泵房、紧急照明等都接在两台柴油发电机(1000＋1600)kW上，启动时间为5s，30s带满负荷，有两个油库储备柴油。还有部分人员办公及楼宇中央空调没有接入应急电源，这些负荷考虑也应算作一级负荷，因为如果数据中心的办公电脑数据因断电发生丢失，会造成人民财产的直接损失，因此这部分办公用电负荷也应该配置应急电源。

11.4.2　配置实例 2——某市证券公司

1. 调研单位(二)概述

某市证券公司成立于1990年11月26日，同年12月19日开业，为不以营利为目的的法人，归属中国证监会直接管理。秉承“法制、监管、自律、规范”的八字方针，该证券交易所致力于创造透明、开放、安全、高效的市场环境，切实保护投资者权益，其主要职能包括：提供证券交易的场所和设施；制定证券交易所的业务规则；接受上市申请，安排证券上市；组织、监督证券交易；对会员、上市公司进行监管；管理和公布市场信息

证所市场交易采用电子竞价交易方式，所有上市交易证券的买卖均须通过电脑主机进行公开申报竞价，由主机按照价格优先、时间优先的原则自动撮合成交。目前交易主机日处理能力为委托2900万笔，成交6000万笔，每秒可完成16000笔交易。

经过多年的持续发展，该证券市场已成为中国内地首屈一指的市场，上市公司数、上市股票数、市价总值、流通市值、证券成交总额、股票成交金额和国债成交金额等各项指标均居首位。至2008年10月16日，该证券市场拥有上市证券1177只，上市公司864家，总股本15268.89亿元；一大批国民经济支柱企业、重点企业、基础行业企业和高新科技企业通过上市，既筹集了发展资金，又转换了经营机制。

2. 调研单位(二)供电情况介绍

供电电压为10kV，配变容量约为22050(2000×3+1600×3+1000×2+1250)kV·A，最高负荷4800kW(交易所为1000kW)，年用电为1800万kW·h，年生产总值200亿～300亿元。

3. 调研单位(二)重要负荷情况

调研单位重要负荷情况如下，重要负荷表如表11.2所示。

(1)保安负荷：应急事故照明、消防、电梯，容量约为900kV·A。

(2)一级负荷：通讯终端(电话、宽带网络)，容量约为1000kV·A；机房的精密空调。服务器(UPS)、交换机、磁盘阵列。

(3)二级负荷：办公电脑、办公中央空调；照明负荷(包含办公照明)。

表11.2 信息安全调研单位重要负荷表

<table>
<tr><th colspan="2">类型</th><th>负荷名称</th><th>断电后果</th><th>允许断电时间</th></tr>
<tr><td rowspan="6">一级负荷</td><td rowspan="2">保安负荷</td><td>消防设施</td><td></td><td>不允许断电</td></tr>
<tr><td>应急照明及疏散照明</td><td>在发生事故的情况下无法及时疏散现场人员</td><td>切换时间小于2s</td></tr>
<tr><td rowspan="4">其他一级负荷</td><td>主机房的计算机设备</td><td>整个证券公司的核心</td><td>不允许断电</td></tr>
<tr><td>精密空调</td><td>空气净化作用，可能引起电脑故障</td><td>不允许断电</td></tr>
<tr><td>消防泵房</td><td></td><td>不允许断电</td></tr>
<tr><td>紧急照明负荷</td><td></td><td>不允许断电</td></tr>
<tr><td colspan="2" rowspan="4">二级负荷</td><td>办公电脑</td><td>影响整个证券公司的工作的正常进行</td><td>允许停电时间小于10min</td></tr>
<tr><td>办公中央空调</td><td></td><td>允许停电时间 10～20min</td></tr>
<tr><td>门禁设施</td><td></td><td></td></tr>
<tr><td>一般公用设施及照明设备</td><td></td><td></td></tr>
</table>

第 12 章

供水和污水处理类重要用户的电源配置

供水和污水处理类重要电力用户包括供水加压类、二次加压类和污水处理类用户，前两者包括供水面积大的大、中型水厂(用水泵进行取水)、重要的加压站，断电可能造成社会公共秩序混乱，后者包括国家一级污水处理厂、中型、小型污水处理厂，断电可能造成环境污染。

12.1 供水行业

12.1.1 行业用电概述

1. 供水行业概述

供水行业包括城市供水、供气、供热、污水处理、垃圾处理及公共交通事业，是城市经济和社会发展的载体，直接关系到社会公共利益，关系到人民群众的生活质量，关系到城市经济和社会的可持续发展。

供水类的重要用户主要分为水厂、污水处理厂和水提升泵站三类用户。

为解决百姓的吃水问题，各个地区会根据各地的实际情况建设足够供应全地区饮水需求的水厂，在大中城市且水源丰富的地区一般会形成水网。

调研的典型用户是天津塘沽中法供水有限公司和南方水务有限公司(东江水厂)。

2. 行业分级

水厂一般包括取水厂(泵站)和净水厂。根据水源的不同，水厂可分为两种：一种是靠重力自流供水；另一种是用水泵对源水进行提升进行取水。后一种水厂对电力的依赖性更强，因为取水泵和送水泵都是水厂的主要负荷，占到用电量的三分之二，且不能停电。

3. 生产过程介绍

选好合适的水源水和取水口，用管道输送至一级泵房(取水泵房)，并在一级泵房前加氯以杀灭藻类、植物和贝类动物；再通过一级泵房将水送至厂内处理系统中。在这里，通常经过混合(加入适量氯化铝)反应、沉淀、过滤、消毒等处理工艺，每一工艺配以相应的构筑物(如沉淀池、滤池、清水池等)，滤后消毒一般是加氯和氨，投加了消毒剂的水经清水池、并在池内停留一小时左右就成为合格的饮用水，再经过二级泵房(输水泵房)加压输送到城市管网中，供生活饮用和生产使用，水厂的供水调度流程图如图 12.1 所示。

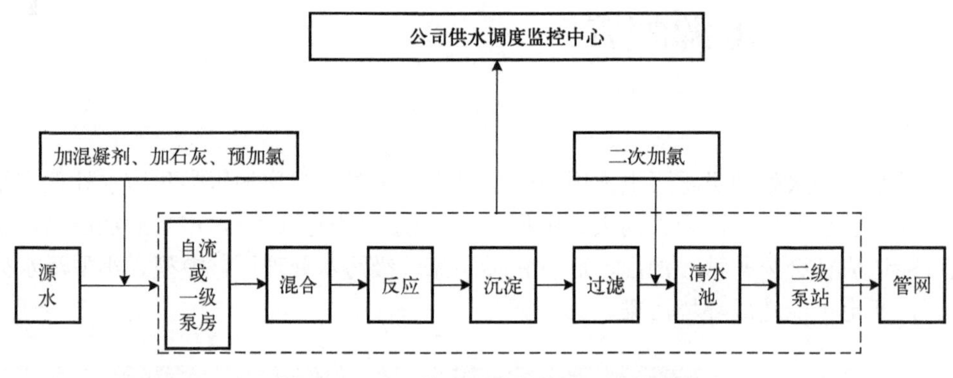

图 12.1 公司供水调度监控中心流程图

12.1.2 重要负荷

1. 一级负荷

供水行业中一级负荷包括：①取水泵站；②加压泵站；③送水泵站；④离心机；⑤煤气压缩机；⑥SCADA 控制系统；⑦一氧化碳报警器；⑧电动机；⑨电动阀门。

应急负荷包括：消防、应急照明、疏散照明；保安负荷包括：消防栓、应急照明、沼气池。

2. 二级负荷情况

二级负荷包括：①污泥泵；②搅拌器；③办公用电；④空调。

12.1.3 供电电源及自备应急电源配置

1. 供电方式

供水面积大的大型水厂、污水处理厂由于用户不具备来自两个方向变电站的条件，但又具有较高可靠性需求，可采用专线主供、公网热备运行方式，主供电源失电后，公网热备电源自动投切，两路电源应装有可靠的电气、机械闭锁装置。

中型水厂、污水处理厂进线电源可采用母线分段，互供互备运行方式；要求公网热备电源自动投切，两路电源应装有可靠的电气、机械闭锁装置。

达到一定供水面积的中型水厂、污水处理厂采用专线主供、公网热备运行方式，主供电源失电后，公网热备电源自动投切，两路电源应装有可靠的电气、机械闭锁装置。

2. 内部接线

供水面积大的大型水厂、污水处理厂可采用双电源(同一变电站不同母线)一路专线、一路辐射公网供电。

中型水厂、污水处理厂可采用双电源(同一变电站不同母线)两路辐射公网供电。

达到一定供水面积的中型水厂、污水处理厂可采用双回路一路专线、一路辐射公网进线供电。

12.1.4 配置实例

1. 调研单位概述

某水务有限公司的某市自来水有限责任公司，是该水务有限公司的核心企业，创建于 1958 年，公司现有员工 200 多人，各类专业技术人员 100 余人。现拥有 8 个水厂，日供水能力达到 36.85 万 t，60%的供水依靠郴州市自来水有限责任公司。郴州市的地表水源丰富，但地下水量不足，经过复旦大学城市规划进行设计，将原来的 11 个水厂变为 8 个水厂，水源主要依靠地表水。

2. 调研单位供电情况介绍

某市某水厂靠三级加压进行供水，总容量 2500kV·A，最大负荷为 1720kW，其中取水泵 1000kW×2、加压泵站 400kW×2、送水泵 400kW×2+560kW×2，年用电量为 360 万 kW·h。供电电源情况为，由双电源供电，其中秀水线为专线，主要为取水泵供电(10kV)，珠江线也为专线，主要为加压泵和送水泵供电(35kV)。

3. 重要负荷情况

(1) 一级负荷包括：取水泵 1000kW×2；加压泵站 400kW×2；送水泵 400kW×2+560kW×2。

(2) 二级负荷包括：加氯泵 7.5kW×2。

取水泵、加压泵、送水泵是该企业的一级负荷，共 8 台泵，平时各自只开启一台，紧急情况下 4 台送水泵同时运行。要求进水泵可以断电一定时间，但出水泵不能停电，出水泵一旦停电后管网内压力下降，有可能影响服务区域内的群众用水，某水厂重要负荷表如表 12.1 所示。

表 12.1 某水厂重要负荷表

类型	负荷名称
最关键负荷	取水泵、加压泵、送水泵
一级负荷	取水泵（1000kW×2，一主一备）
	加压泵（400kW×2，一主一备）
	送水泵（400kW×2+560kW×2，紧急情况下全开）
二级负荷	加氯泵

4. 用户供电可靠性情况

以 2008 年元月中旬某市持续低温冰冻、城区供水的严峻形势为例。该市的地表水源丰富，但地下水量不足，水源主要依靠地表水。全市共 8 个水厂，七座水厂因无电而停止生产，一度唯有一个水厂在无电状态下仍凭借重力自流供水，地势相对较低的地方一直没有断水，而地势相对较高的地方被迫断水。城区供水量最低时仅有 3000t/h。城区内出现大面积停水，郴城面临全城停水的危机。共计经济损失 1900 余万元。

除该水厂外，其他七座水厂对电力的依赖性很大，其中最大的一座为某水厂，靠三级加压进行供水。该水厂不供水的情况下，某水厂可保证 50%的供水量，但需要电力供应，本次冰灾期间，某水厂因断电导致断水达 11 天。

5. 用户现有应急电源配置情况

水厂应急电源的配置情况普遍不满足要求。该水厂虽然配置有 5 台柴油发电机，但单台容量最大没有超过 200kW，总容量 675kW，这些发电机应该是为该企业其他小型水厂配置的应急电源，远远无法满足东江水厂的应急需求。

由于水厂的关键负荷容量都非常大，占到总容量的 90%以上，且大型水厂如果配置柴油发电机，单台的容量都在 500～1000kW，还有许多水厂购置的加压泵和取水泵是为 6kV 供电，在使用供电企业的 10kV 应急发电车时，也会导致无法接入的情况。因此，从实际出发，综合经济分析，建议大型水厂（供水量不小于全区域 50%的水厂）的应急电源采用从供电企业获得的方式，在电气设计上必须考虑备用电源。

对于中小型水厂，在水网没有形成的区域，必须配置足够容量（如上文所述）的自备应急电源。

12.2 加压站行业

12.2.1 行业用电概述

1. 供水加压站行业概述

城市公共集中式供水企业和自建设施供水单位向城市居民提供的生活饮用水和城市其他用途的水。

1) 城市公共集中式供水

城市公共集中式供水企业以公共供水管道及其附属设施向单位和居民的生活、生产和其他活动提供用水。

2) 自建设施供水

城市自建设施供水单位以其自行建设的供水管道及其附属设施主要向本单位的生活、生产和其他活动提供用水。

3) 二次供水

供水单位将来自城市公共供水和自建设施的供水，经贮存、加压或经深度处理和消毒后，由供水管道或专用管道向用户供水。二次供水是目前高层供水的唯一选择方式。

2. 供水加压站行业分级

1) 取水工程

城市取水工程包括城市水源（含地表水、地下水）、取水口、取水构筑物、提升原水的一级泵站及输送原水到净水工程的输水管等设施，还应包括在特殊情况下为蓄、引城市水源所筑的水闸、堤坝等设施。取水工程的功能是将原水取、送到城市净水工程，为城市提供足够的用水。

2) 净水工程

净水工程包括城市自来水厂、清水库、输送净水的二级泵站等设施。净水工程的功能是将原水净化处理成符合城市用水水质标准的净水，并加压输入城市供水管网。

3) 输配水工程

输配水工程包括从净水工程输入城市供配水管网的输水管道，供配水管网以及调节水量、水压的高压水池和水塔、清水增压泵站等设施。输配水工程的功能是将净水保质、保量、稳压地输送至用户。

12.2.2 重要负荷

城市供水加压站中的主要用电设备及控制设备有水泵、潜污泵、加压泵、水位自控装置、电动葫芦、变频调速设备、软启动装置、泵站闭路电视监控系统、泵站PLC自控系统、PLC信号屏及其他配套设施。

1. 一级负荷

一级负荷包括：①水泵；②潜污泵；③加压泵；④变频调速设备；⑤泵站闭路电视监控系统；⑥泵站PLC自控系统；⑦PLC信号屏及其他配套设施。

应急负荷包括：消防、应急照明、疏散照明、事故安全照明；保安负荷包括：泵站闭路电视监控系统、泵站PLC自控系统、PLC信号屏及其他配套设施。

2. 二级负荷

二级负荷包括：①电动葫芦；②水位自控装置；③软启动装置。

12.3 污水处理行业

12.3.1 行业用电概述

1. 行业概述

污水是人类在生活、生产活动中用过的，并为生活废料或生产废料所污染的水。污水主要包括生活污水、工业废水和被污染的降水等。

污水处理就是利用各种设施，设备和工艺技术，将污水中所含的污染物质从水中分离去除，使有害的物质转化为无害的物质、有用的物质，水则得到净化，并使资源得到充分利用。

城镇污水是指城镇居民生活污水，机关、学校、医院、商业服务机构及各种公共设施排水，以及允许排入城镇污水收集系统的工业废水和初期雨水等。城镇污水处理厂就是指对进入城镇污水收集系统的污水进行净化处理的污水处理厂。

污水处理厂一般分为城市集中污水处理厂和各污染源分散污水处理厂，处理后排入水体或城市管道。有时为了回收循环利用废水资源，需要提高处理后出水水质时则需建设污水回收或循环利用污水处理厂。

随着经济发展和城市人口的增加，城市工业废水和生活污水逐年增多，为了减少或降低工业废水和城市生活污水的排放，保护生态环境，提高人民生活质量的需要，污水处理厂是一个重要环节，而且厂中用电设备对供电要求也比较高，是电力类重要用户。

某环保股份有限公司2000年12月投入使用，位于郑州市东部，占地面积600亩，是淮河流域最大的污水处理厂，日处理生活污水能力为40万t，负责郑州市51%～52%的生活污水处理，年生产总值约为1.2亿～1.3亿元，属于国家一级污水处理公司，与郑州市另外两家污水处理厂（日处理水量分别为30万t和10万t）共同肩负着郑州市日常居民生活污水的净化处理任务，其工艺流程具有典型性，可以作为重要电力用户来分析。

2. 行业分级

污水处理厂是根据污水处理出来水的级别来决定的。

一级处理厂主要是用物理方法(如隔栅、沉淀池等)去除污染物，对污水进行简单的处理，比如调 pH、混凝、沉淀等，也叫作预处理，使出水达到一级处理标准，它为一级处理服务，对不溶性污染物有一定去除作用。目前国内一级厂都将逐步改造为二级厂。

二级处理厂在一级处理后污水不能达标排放的基础上，再对污水进行处理。这个处理的方法很多，最经济的方法就是在一级处理的基础上主要用生物处理方法(如活性污泥、厌氧好氧等)去除溶解性污染物，达到二级处理标准，是目前全世界处理市政污水的主要形式。不同的污水工艺方法就会不同，有的工艺还会很复杂。

三级处理厂是在二级处理的基础上再用化学或物理方法(如强化混凝、超滤等)进一步提高出水水质，进行深度处理，一般来说经过该处理后水就可以回用。

3. 行业规范

行业规范包括：《城市污水处理厂运行维护及其安全技术规程》(CJJ60—2011)、《城镇污水处理厂主要水污染物排放标准》(DB33/2169—2018)、《城镇污水处理厂污染物排放标准》(GB18918—2002)。

4. 生产过程介绍

生活污水处理的生产过程为通过格栅对原污水进行初步预处理 — 由低压水泵对污水进行提升—由鼓风机系统的一部分小管线对污水进行曝气沉砂工艺处理 —经初沉池对污水进行沉淀处理—在曝气池中，再由鼓风机的大部分管线对污水进行旋流(曝气)沉砂处理—处理后的水再在二沉池中进行沉降—(沉降后进行中水处理)—最后将处理后的水排放到河流中。其中污泥回流、离心机等小型工艺过程已经包含在以上工艺流程中。

如图 12.2 所示是含污泥处理过程的污水处理工艺的主要流程。

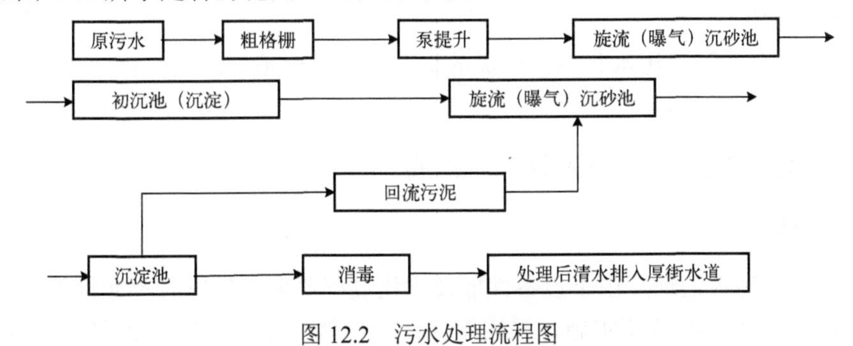

图 12.2　污水处理流程图

12.3.2 重要负荷

1. 一级负荷

(1) 进水泵：进水泵是污水处理厂工艺运行中主要的动力提升设备，是污水处理厂主要电力消耗环节之一。一般进水水泵的用电量大约占到全厂总用电量的近 1/3，是污水处理厂的主要用电设备之一。停电后，设备停机，污水进水泵停止工作，污水处理过程中断，污水将越流排放面进入环境，污染农田及地表水，造成事故性的污染影响，非正常排放时间越长，影响越大。

(2) 鼓风机：鼓风机是污水处理厂另一个主要用电设备，主要用于污水处理暴气鼓风，一般用电负荷也占到整个污水处理厂用电负荷的三分之一以上，其正常运转对污水的处理效果起重要作用。由于停电使冷却系统停止工作，轴承温度迅速升温，轴瓦烧坏，按规定鼓风机电机需冷却 2h 以上才能再次开启。

(3) 污水处理厂的核心部位是曝气系统，而鼓风机房是保证曝气系统正常运行的关键，如果鼓风机房停机，则整个生化系统瘫痪。

(4) 离心机：用于污泥脱水。

(5) 计算机监控系统：计算机监控系统指对污水处理全过程进行实时监控和调度管理的监控系统。使污水处理系统能够安全可靠、经济合理地运行，污水处理厂的管理和操作人员能够全面有效的调度管理和监控整个系统的运行过程，能够简捷准确地操作控制各个生产设备。计算机监控系统由中央监控站、PLC 控制站以及通信网络构成，负责全厂生产过程监视控制与数据采集，计算机监控系统一般不允许停电。

(6) 照明：包括消防照明、事故照明、安全照明、空调用电。

应急负荷包括：消防照明、应急照明、事故安全照明。保安负荷包括：事故照明，安全照明所需电源、计算机系统中央监控站、PLC 控制站的站内电源。

2. 二级负荷

(1) 潜水搅拌器：主要用于调节池、厌氧池和污泥储存池。停运 1～2 天不会造成大的事故和影响。

(2) 潜污泵：用于污水和剩余污泥的提升，停电会造成跳闸。停运 1～2 天不会造成大的事故和影响。

12.3.3 供电电源及自备应急电源配置

1. 供电方式

供电电源污水处理厂由于设备性能及生化过程要求在供电时不允许停电，故污水处理厂供电按二级负荷实施，采用双回线双电源供电、一用一备（备用电源为热备)，电源进线开关与母线分段开关设电气闭锁，这样能做到电力线路或变压器出现一般性故障时不中断供电或迅速恢复供电。双回线供电与单回线供电相比，可靠性要高得多。

2. 应急电源配置

污水处理的应急照明的允许停电时间≤1min，可配置自备应急电源蓄电池/UPS/EPS，工作方式可采用热备/冷备，后备时间>30min，切换时间<5s，切换方式为 ATS。

污水处理的消防设施的允许停电时间≤1min，可配置自备应急电源 EPS/柴油发电机组，工作方式可采用热备/冷备，后备时间>60min，切换时间<30s，切换方式为 ATS。

污水处理的计算机系统中央监控站、PLC 控制站的允许停电时间≤1min，可配置自备应急电源 UPS，工作方式可采用在线/热备，后备时间 30～120min，切换时间≤800ms，切换方式为在线/STS。

12.3.4　配置实例

1. 调研单位概述

某污水处理厂是淮河流域最大的城市污水处理厂，是国务院确定的治理淮河污染的重点项目之一，主要收集和处理郑州市主城区的生活污水及工业废水，服务人口 100 多万。

2. 调研单位供电情况介绍

某环保股份有限公司(某污水处理厂)由郑州市供电公司供电，变压器容量为 1000×3+800×2+5×500=7100kV·A，年最大负荷为 5000kW，年用电量 1300 万 kW·h。供电电源情况为，由单电源双回路供电，分别为同一变电站的祭九板和祭十九板馈出，两回线都为专线，且由架空电缆混供，其中以电缆线路为主。

10kV 高压部分直接带 6 台 175kW 进水泵和 5 台 500kW 鼓风机和一些沼气处理泵，其中，进水泵运行时开启 5 台，1 台备用。此外，I 段母线和 II 段母线上还分别有两台 1000kV·A 和 800kV·A 的变压器，两两互为备用。

3. 重要负荷情况

该企业一级负荷包括进水泵(175kW×6)、鼓风机(500kW×5)、离心机(200W×10)、照明、计算机监控系统。其中 6 台进水泵中有一台备用；鼓风机设置 5 台，则有两台备用鼓风机。这三种负荷要求不允许中断供电，如果这三类负荷因断电而不能正常运行，郑州市一半以上的生活污水将未经任何处理，直接排放进入淮河，对淮河直接造成污染，也可能会产生沼气爆炸。

备用风机可用33%～100%的备用率计算。大型污水处理厂宜选用低备用率，小型污水处理厂宜选用高备用率。或者按工作鼓风机台数设置，小于等于3台时，应设1台备用鼓风机，大于等于4台时，应设2台备用鼓风机。

在以上一级负荷中，事故照明，安全照明所需电源、计算机系统中的中央监控站、PLC控制站的站内电源为保安负荷。

除上面提出的保安负荷外，以上一级负荷中的关键负荷还包括进水泵、鼓风机以及对污水处理全过程进行实时监控和调度管理的计算机监控系统所需电源。

0.4kV低压部分的主要负荷为污泥泵(30kW、40kW×40)、搅拌器(2～3kW)×90。污泥泵和搅拌器都为二级负荷，其中部分污泥泵和搅拌器允许停运1～2天不会造成大的事故和影响。

在污水处理厂配电设计中，辅助设备数量很多，如闸门、起重机，启闭机等，这些设备的设备利用率极低，容量小，可以作为三级负荷。而且还有一些工作照明和厂区道路照明，这些负荷可以作为三级负荷。

污水处理厂重要负荷情况如表12.2所示。

表12.2 污水处理厂重要负荷情况

<table>
<tr><th>单位</th><th colspan="2">类型</th><th>负荷名称</th><th>允许停电时间(周波、秒、分钟)</th><th>断电影响</th></tr>
<tr><td rowspan="5">某环保股份有限公司(某污水处理厂)</td><td rowspan="5">一级负荷</td><td>应急负荷</td><td>消防应急照明、事故安全照明</td><td>不允许</td><td>影响人身安全</td></tr>
<tr><td>其他保安负荷</td><td>计算机系统中央监控站、PLC控制站</td><td>不允许</td><td>影响工艺流程中重要参数的提取和系统的监控</td></tr>
<tr><td rowspan="2">其他关键负荷</td><td>鼓风机</td><td>2h</td><td>停电使冷却系统停止工作，轴承温度迅速升温，轴瓦烧坏</td></tr>
<tr><td>进水泵</td><td>2h</td><td>停电后，设备停机，污水进水泵停止工作，污水处理过程中断，污水将越流排放面进入环境，污染农田及地表水，造成事故性的污染影响</td></tr>
<tr><td>其他一级负荷</td><td>离心机</td><td></td><td>设备损坏</td></tr>
<tr><td rowspan="2"></td><td colspan="2" rowspan="2">二级负荷</td><td>污泥泵</td><td>1～2天</td><td>不会造成大的事故和影响</td></tr>
<tr><td>搅拌器</td><td>1～2天</td><td>不会造成大的事故和影响</td></tr>
</table>

注：(1)按照正常运行时设备的容量来计算，不考虑备用设备的负荷。

(2)事故照明和安全照明负荷按照某小型水电站事故照明应急装置设计中的照明负荷来估算。

4. 用户供电可靠性情况

2008年7月2日22点15分，金水路与东风路高压线故障造成某污水处理厂全厂停电。生产停电如果得不到及时的处理系统将会恶化，时间一长不仅造成出水水质不达标；而且曝气头也会堵塞，导致效率降低、能耗增加。该污水处理厂是由两条线路分别进行供电，因此，在出故障的一条线路无法恢复的情况下，另一条线路经过调整则可以供电，次日深夜 0 点 30 分经过调整的线路恢复了供电。凌晨 2 点主要设备开启，系统恢复运行。次日 6 点 30 分，出现故障的线路经过抢修也恢复了供电。全厂供电恢复后，立刻增加鼓风机的台数，对系统进行调整，同时安排了设备科人员对曝气池的曝气头进行甲酸清洗，以保证曝气头的通畅。7 月 3 日下午系统完全恢复正常，出水水质也完全达标。由于处理及时果断，此次停电对系统造成的影响较小。

5. 应急电源配置

1) 用户现有应急电源配置情况

由于一级负荷的容量很大，约为 3500kW，从经济性上考虑如果配置相应容量的应急电源投资很大，因此该用户没有配置应急电源。从用户的重要性和供电可靠性上考虑，该用户应进行电源改造，由单电源双回路变为双电源供电。

2) 应急电源配置分析

污水处理厂的整体容量虽然非常大，但应急电源容量占总容量的比例不高，重点应保证污水处理厂的保安负荷以便能进行实时监控和调度管理，对污水处理厂进行监控和数据采集，保证污水处理厂安全可靠地生产。应急电源基本容量配置大约为 2.8kW，推荐容量配置大约为 2377.8kW。

污水处理厂中的计算机监控系统不允许断电，以免造成所获数据丢失，应在这些监控系统处备有在线 UPS；对于关键负荷，进水泵和鼓风机这两个重要的用电设备应保证供电可靠性，可以通过对污水处理厂提供双电源回路来提供其供电可靠性。对于一些重要的污水处理厂，如发生停电会造成周围严重环境污染的污水处理厂，则根据关键负荷所占比例来推荐其配备应急电源，而关键负荷占总负荷比例较大，所以推荐配备合理的柴油发电机作为应急电源，选择自动投切，启动时间 15 秒以内的应急电源，可以保证持续供电，从而减少对周围环境造成不可挽救的危害。

此外，对于污水处理厂的照明负荷，由于污水处理厂的面积大，若突然停电则进水泵可能无法正常工作，可能会造成污水溢流的现象，若照明电源中断，会造成人身伤亡等严重事故危害，所以在污水处理厂内应配备事故照明和安全照明等应急照明电源装置。

第 13 章

供气类重要用户的电源配置

供气类重要电力用户包括天然气城市门站、燃气储配站、调压站、供气管网等，断电可能造成安全事故和环境污染。

13.1 行业用电概述

13.1.1 燃气输配系统概述

燃气按照其来源及生产方式大致可分为四大类：天然气、人工燃气(煤制气)、液化石油气和生物气(人工沼气)等。其中天然气、人工燃气、液化石油气可以作为城镇燃气供应的气源，生物气由于热值低、二氧化碳含量高而不宜作为城镇气源。本部分重点介绍城市的供气系统，包括天然气和人工燃气的输配，不包括天然气的生产和远距离输送。

整个燃气输配系统的主要用电负荷为城市门站和储气站的生产、消防和办公用电。由于燃气输配系统对人民生活有着较大的影响，而且燃气的储存和分配具有较高的危险性，所以城市门站或燃气储配站属于电力重要用户。

调研企业为上海煤气站，该煤气站属于煤气储配站，由于煤气供应量减小，该煤气储配站不能全面反应城市燃气系统所有用电负荷应急电源的配置情况。

13.1.2 燃气输配系统分级

1)行业内部的分级情况

城市输配系统的主要部分是燃气管网，根据所采用的管网压力级制不同可分为如下几种。

(1)一级系统：仅用低压管网来分配和供给燃气，一般只适用于小城镇的供气，如供气范围较大时，则输送单位体积燃气的管材用量将急剧增加。

(2) 二级系统：由低压和中压 B 或低压和中压 A 两级管网组成。

(3) 三级系统：包括低压、中压和高压的三级管网。

(4) 多级系统：由低压、中压 B、中压 A 和高压 B，甚至高压 A 的管网组成。

2) 根据行业内部分级，确定电力重要用户分级

由于城市燃气输配系统中的城市门站或燃气储配站应属于一级用户。

13.1.3　燃气输配行业规范

燃气输配行业规范包括：《城镇燃气设计规范(2020 年版)》(GB50028—2006)、《供配电系统设计规范》(GB50052—2009)。

13.1.4　燃气输配系统介绍

燃气开采(生产)出来后通过远距离管道输送到达用气地区的门站，一般为储配站。在站内进行储存、配送、调压、加臭后通过燃气管道输送至千家万户。燃气输配系统包括一种或多种压力等级的管网和相应的设施，其任务是将燃气从供气源点，如城市门站、贮气设施或制气厂，经济、安全、可靠地向用户供气。典型的燃气输配系统构成如图 13.1 所示。

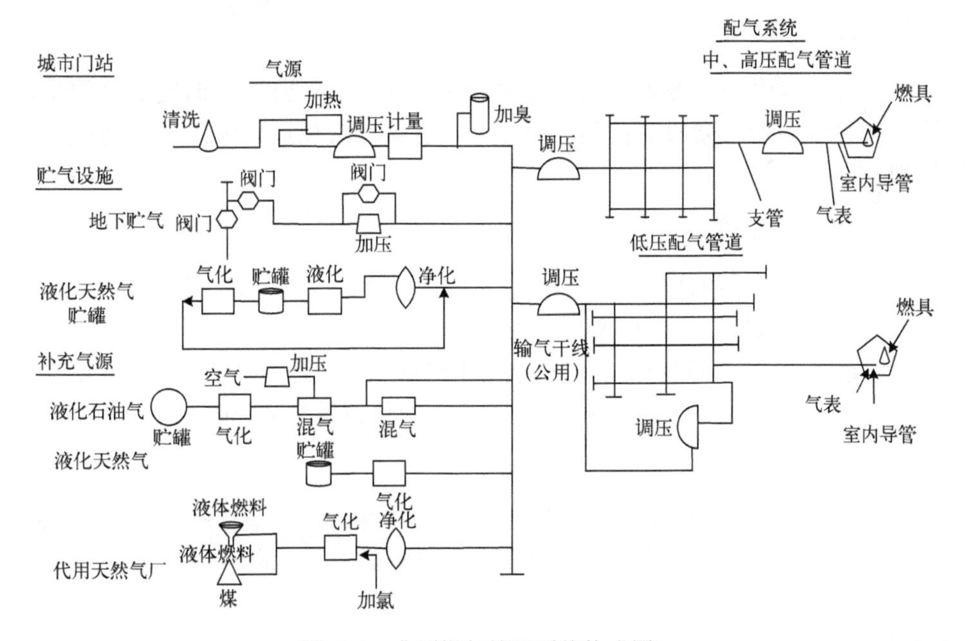

图 13.1　典型燃气输配系统构成图

如图 13.1 所示，供气源点包括三个主要部分：城市门站(配气站)、贮气设施和补充气源。带有储气设施的配气站又称为储配站，城市门站为长距离输气

接入点的配气站。现代化的城市燃气输配系统是复杂的综合设施，通常由下列部分构成。

1. 低压、中压及高压等不同压力等级的燃气管网

城市的燃气输配管网担负着两大功能——输气和配气。通常担负输气功能的管网压力较高，而起配气作用的管网的压力较低。

2. 城市燃气分配站或压气站、调压计量站或区域调压站

燃气分配站将从上游购进的燃气进行调压、计量等工艺过程后输入城市管网中。各种不同压力级别的管网系统之间通过区域调压室或调压计量站相联系。而压气站的功能则是保证在某些管网压力不足的情况下进行压力补充，压气站一般在起输气功能的管网上建立。

3. 储配站

任何一个城市的用户在使用燃气的时候，其用气规律都是不均匀的，因而需要储配站，即储存燃气的设施，将用户用气量少时多余的燃气量加以储存，而在用户的用气量增加时通过储气设施提供燃气以满足用户的需要。

4. 监控与调度中心

监控与调度中心为城市燃气输配系统的管理中心，监控与调度的目的是随时能够了解系统中的主要设施的运行状况，并能够对监视过程中出现的情况加以有效处理。

5. 维护管理中心

输配系统中出现的任何非正常情况，维护管理中心都能获取信息并采用合适的手段加以处理，包括抢修、更换、巡查等。

输配系统应保证不间断地、可靠地给用户供气，在运行管理方面应是安全的，在维修检测方面应是简便的，同时还应考虑在检修或发生故障时，可关断某些部分管段而不致影响全系统的工作。

13.2 重要负荷情况

13.2.1 一级负荷

由于燃气为易燃易爆气体，所以在燃气输配系统中最重要的负荷是消防和安全保障负荷。

(1)消防负荷：主要是消防电泵、警报、控制系统、排烟风机等。不允许停电。

(2)应急照明、疏散照明负荷：不允许停电。

(3)探测仪表：包括可燃性气体浓度探测器、火焰探测仪、天然气泄漏探测仪、感烟探测仪、报警按钮。不允许停电。

(4)监视电视系统：不允许停电。

(5)监控调度系统：主要是对燃气输送系统数据进行采集和并对系统进行远程控制和调整，不允许停电。

(6)紧急停车系统ESD：当重大险情事故发生时动ESD，按预先设定的操作程序快速按步骤停止所有工艺装置的运行，使之处于安全状态。不允许停电。

其中，应急负荷包括：消防负荷、应急照明、疏散照明、紧急停车系统。保安负荷包括：探测仪表、监视电视系统、监控调度系统。

燃气存储和输送安全有严格的非电保安措施。

13.2.2 二级负荷

(1)燃气配送系统：通常是由调压器、阀门、加热器、过滤器、安全装置、旁通管及测量仪表等组成，目的是为调节和稳定管网压力。主要用电设备为加热装置、电动阀门、测量装置等，断电后可能造成居民燃气供应中断。

(2)燃气储存系统：接受气源来气并进行净化、加臭、贮存、控制供气压力、气量分配、计量和气质检测。主要用电设备是压缩机、冷却泵、加臭机以及监测设备等。停电后可能造成供气压力不足，造成居民燃气断供。

13.2.3 三级负荷

储配站、调压站、监控与调度中心和维护管理中心的办公负荷、空调负荷都属于三级负荷。

13.3 供电电源及自备应急电源配置

13.3.1 供电方式

燃气输配系统中的门站、调压站、储配站、监控中心为二级负荷，按照国家标准《供配电系统设计规范》(GB50052—2009)的规定二级负荷应为双回线供电。

13.3.2 应急电源配置

一级负荷都应配置保安电源。

供气用户的SCADA控制系统一氧化碳报警器电动阀门的允许停电时间≤1min，

可配置自备应急电源 UPS/EPS，工作方式可采用热备/冷备，后备时间 30～120min，切换时间≤1min，切换方式为在线/STS。

13.4 配置实例——某市煤气站

13.4.1 调研单位概述

该站有 6 个煤气储气站，作为调峰用，有调度中心一个，站里的主要负荷为煤气压缩机，室内地下室有一氧化碳报警器。站控 SCADA 系统用于阀门、泵等的监测，共有几百个点，备有 UPS 电源，容量不大，可持续供电 30min。

13.4.2 调研单位供电情况介绍

该单位变压器容量为 4600kV·A，供电电压 10kV，供电方式为双电源双回路，最高负荷为 1400～1600kW·h，年用电量为 1015858kW·h，其中生产用电 75%，空调照明 25%。

13.4.3 重要负荷情况

该单位生产安全相关负荷均为重要负荷，主要有应急照明、煤气压缩机、SCADA 控制系统、一氧化碳报警器、冷却水泵、电动机、电动阀门等，如表 13.1 所示。

表 13.1 某市煤气站重要负荷情况

类型		负荷名称
一级负荷	应急负荷	消防负荷、应急照明、疏散照明
	其他保安负荷	SCADA 控制系统
		一氧化碳报警器
二级负荷		煤气压缩机
		冷却水泵
		电动阀门
三级负荷		办公用电
		空调

13.4.4 应急电源配置

(1) 某市煤气站的应急负荷和保安负荷都配有 UPS，容量不大，停电后可维持 30min。

(2) 某市煤气站应急电源容量占总容量的比例不高，重点保证一级负荷用电，在 3.752%左右，约为 157kW。煤气为易燃易爆气体，对于消防负荷应当配置柴油发电机，应急照明和疏散照明系统配置 UPS。对于 SCADA 系统和一氧化碳报警器也应当配置 UPS。建议该站配备 200kW 的柴油发电机，以满足消防和监控需要。

第 14 章

交通运输类重要用户的电源配置

交通运输类重要电力用户主要包括管道运输、机场供电、铁路运输和城市轨道交通等，用户范围和断电影响如表 14.1 所示。

表 14.1　交通运输类重要用户范围和断电影响

重要电力用户类别		重要电力用户范围	断电影响
管道运输	天然气运输	天然气输气干线、输气支线、矿场集气支线、矿场集气干线、配气管线、普通计量站等	可能造成安全事故和环境污染
	石油运输	石油输送首站、末站、减压站和压力、热力不可逾越的中间(热)泵站、其他各类输油站等	可能造成安全事故和环境污染
民用供电		国际航空枢纽、地区性枢纽机场及一些普通小型机场	可能引发人身伤亡、造成重大安全事故、造成大的政治影响和社会影响
铁路、城市轨道交通		铁路牵引站、国家级铁路干线枢纽站、次级枢纽站、铁路大型客运站、中型客运站、铁路普通客运站；城市轨道交通牵引站、城市轨道交通换乘站、城市轨道交通普通客运站	可能造成安全事故和大的社会影响

14.1　管道运输

管道运输是将气体、液体及固体散装物资由生产地(气田、油田及矿场)输送到消费者(生产或生活消费)手中的转移过程，是生产出来的物质产品实现商品化的一个流通环节，是物质产品价值和使用价值得以实现的必不可少的生产延续过程。

管道运输业是使用各种贮运工艺装置，用自然力(地层能量)和机械力(机械增压)通过大口径密封耐压输送管道，使气体、液体及固体散装物资在区域之间实现位置移动的物质生产部门。所运流体货物包括原油、成品油、天然气(包括油田伴生气)和煤、铁等固体料浆。管道按所运货物种类相应分为原油管道、成品油管道、天然气管道和固体料浆管道。前两者通常统称为油品管道或输油管道。

管道运输行业是新兴的、经济的运输方式，与铁路、公路、水运、航空并列为五大运输业，是运输业的五大支柱之一。近年来发展较快，但在整个运输量中所占比重还很小，主要是石油部门用于原油和天然气的输送。

以下分别介绍石油、天然气管道输送及其负荷分类情况。

14.1.1 石油管道输送类重要用户的电源配置

14.1.1.1 行业用电概述

1. *石油管道输送概述*

输油管道按照所输油品种类可分为原油管道和成品油管道两种。油田、炼油厂和油库等企业内部的输油管，以及油田到附近炼油厂或港口、炼油厂到附近油库或港口等的输油管道，长度一般较短，不成为独立系统，属于企业内部管道。从油田通向距离较远的炼油厂、港口(或火车装油站)的原油管道，以及从炼油厂到较远的油库、港口(或火车装油站)的成品油管道，都有管径大、距离长、具备各种配套辅助工程的特点，这种管道都是独立的经营管理系统，叫作长距离输油管道或干线输油管道。这里仅讨论输送原油的干线输油管道。干线输油管道由输油站和线路两大部分组成。位于管道起点的输油站叫起点输油站或首站，管道终点的输油站称为末站，管道中间的油油站叫中间输油站或中间站。

首站的任务是接受原油经计量后输向下一站。首站主要由油罐区、计量系统和输油泵房组成，如果原油需要加热输送，还应设置加热设备。

中间站将原油加压并加热(如果为加热输送)以便继续向下一站输送，站内有输油泵房、加热设备(如果为加热输送)和油罐等。

末站的任务是接受管道来油，并输向炼油厂或向铁路、水路转运。末站设有油罐区和计量系统等。输送高凝固点原油的管道，末站还设有反输泵房和加热设备，以备反输。

此外，各输油站设有仪表控制、通信机务、清管、供热、供水及机修等辅助系统，以及供工作人员与家属居住的生活区。

管道的线路部分包括管道本身、线路阀室、阴极保护及通信设施等。输送管道由钢管焊接连接而成，钢管外表面涂有防腐蚀保护层，有的加热输送管道外表面还包有保温层，以减少热量损失. 为了增强防腐效果，还设有阴极保护或牺牲阳极保护设施。管道每隔一定距离以及在较大河流穿越工程两端安装截断阀门，在管道发生破裂事故时，即可将事故两侧阀门及时关闭，以减少漏油量。

输油站分为生产区和生活区两部分。生产区包括 11 部分。

1)输油泵房(或输油泵区)

输油泵房是输油站中提供输油动力的关键部分，内设输油泵机组及辅助系统。

输油泵机组一般都安装在泵房内，不能在露天使用。现代化泵机组能适应温度变化和风雨、沙尘等不利的自然条件，有较高自动控制水平，可以露天设置。

2) 储罐区

首、末站储罐区储量较大，用以调节输量和转运量。中间站只设单罐，用于缓冲(旁接输送)或泄放(密闭输送)。

3) 阀组

阀组由阀门和管汇组成，是控制工艺流程的枢纽。随着阀门工艺质量的改善，阀组已逐渐由室内式改为蓬式或露天式。

4) 计量间

计量间一般设于首、末站。首站的计量间计量油田所交油量，作为核算交接油量的根据。末站计量是向用户发油的依据。目前我国在管道终点除末站计量间外，港口转运部门往往也设有计量系统。

5) 清管设备

清管设备主要为清管器发放筒、接收筒和相应的阀门与控制系统。首站设有发放筒，末站没有接收筒，中间站则兼有接收筒和发放筒，有的中间站也可以不设置它们，清管器直接通过。清管设备都为露天设置。

6) 加热系统

加热输送管道的加热系统一般使用加热炉，分为直接加热和间接加热两种方式。间接加热系统除加热炉外，还有换热器和其他辅助设施。为了伴热站内输油管道，需要有热水或蒸汽伴热管。热源由加热炉(直接加热式)提供，或由专设的热水炉或锅炉供给。

7) 通信系统

管道采用的通信方式通常有明线载波和微波两种。通信系统的机房设在站内，微波通信的微波塔设在机房附近。通信系统除满足通话需要外还承担传输集中控制系统的控制信号和采集数据的任务。

8) 自动控制室

自动控制室是输油站的监控中心。如为全线集中控制的管道，控制室是输油站控制系统与中心控制室的联系枢纽，自动控制系统的远程终端与可编程序控制器等主要控制设备都设在这里。

9) 供电系统

供电系统包括变电所、开关场、配电间及输电线路。变电所将高压输电线路送来的 35kV 电源的电压降为电动机和照明使用的几种较低电压，供站内使用。如果泵站输油机组不使用电动机，一般不设变电所。

10) 供热、供水、排水及消防系统

这些系统包括锅炉房、水源井、水塔、污水处理设施(中间站不设)消防泵房与水池(中间站不设)，以及各种相应的管道。

11)办公室

首、末站人员多，办公室面积较大，中间站办公室则小。高度自动化的管道，中间站无人值守，不设办公室。

根据管道的规模，所输原油的特点及自动化的程度，生产区各个部分的项目和规模会有所不同。

输油站还建有生活区，供泵站工作人员及家属居住。

2. 石油管道输送分级

输油站分散布置于输油管道上，它的任务是为管道输油提供能量(动能，有时还有热能)或进行收油和转油操作。按照所在位置不同，输油站分为首站、中间站与末站。

首站位于输油管道起点，接受油田来油，经过计量，加压(或同时加热)经管道输至下一输油站。因为包括了调节输送量的储罐区，所以首站规模较大。中间站分布在管道的全线. 只为输送原油加压(或同时加热)，没有较大的储罐区，规模较小。末站在管道的终点，往往靠近油港、炼油厂或铁路转运站。末站将管道输送的原油经计量后输送给炼油厂或转换成其他运输方式。一般情况下，末站都要包括相当容量的储罐区。首末站比较重要，中间站次之。

首站、末站、减压站和压力、热力不可逾越的中间(热)泵站比较重要，可作为重要电力用户，其余各类输油站作为次级重要供电用户。

3. 行业规范

输油管道行业规范有《输油管道工程设计规范》(GB 50253—2014)。

4. 输油工艺流程介绍

工艺流程是表示输油站(或加热站)中原油输送操作过程的简化图线。这些图线代表管线，它们连结输油站的主要输油设备(泵机组、储罐、加热炉等)和管件(阀门、三通等)。从工艺流程图可以知道输油站具有的各种设备与主要管件，还可以了解在不同条件下所进行的输油操作过程。制订输油方案，设计输油站的时候，一定要先设计工艺流程。工艺流程对施工和输油管理也有一定的作用。

以下按中间站和首、末站分别介绍工艺流程。

1)中间站工艺流程

按照国产设备的特点及多年积累的生产经验，泵站需要进行正输、反输、站内循环、油管器收发和全越站等操作。正输与反输操作又分别包括压力越站和热力越站操作。所谓压力超站是油流不经输油泵；热力越站是指油流不经加热炉。与国外同类管道相比，我国的流程增多了反输与站内循环两个操作。操作种类多，工艺流程就复杂。反输操作是为了投产前热水预热管道，另外在末站原油出路不畅通储罐装满，或首站油源不足而被迫借正、反输维持管道最低输量时采取的应急措施。在没有更好的防凝和预热方法以前，保留反输操作是必要的，但不必每座泵站都有反输流程。站内循环流程用于投产前输油泵试运转和加热炉烘炉。在使用新型衬里材料加热炉，并且输油泵制造厂能在泵出厂前做好泵的试运转工作情况下，站内循环流程可以取消。

管道的输送方式分为密闭输送(俗称泵到泵)和旁接输送。密闭输送是上站来油经加热炉加热后直接进入本站输油泵，加压后输往下站，不和储罐相通。旁接输送则在本站进输油泵之前借旁通管线与缓冲罐连通。这两种输送方式的工艺流程不相同。输油泵的串联或并联工作方式对工艺流程也有影响。

旁接输送流程包括正输(压力越站和热力越站)、反输(压力越站和热力越站)、站内循环、清管和全越站等全部操作流程。这是我国早期设计和采用的流程。泵站使用并联工作的输油泵和直接式加热炉。输油泵设在加热炉上游，输油泵输送低温油，加热炉承受较高压力。之所以这样安排是因为旁接输送条件下，加热炉设在泵前有一定困难。密闭输送流程取消了站内循环操作，使用串联式输油泵和间接加热系统，并将加热炉改在输油泵之前，较高温度的原油进泵可以提高泵的效率。

采用直接加热式加热炉时，为了减少炉管阻力损失，只能先使一部分原油进入炉管加热，然后把经过加热炉加热的热油与不经过加热炉的“冷油”掺和后输送。为了避免冷、热油掺和过程中节流造成动能损失．大口径管道有必要设置炉前泵。

2) 首站工艺流程

首站因为具有收油、储油、倒灌、反输(向油田)、加热、外输和清管等操作(有的还有计量操作)，流程比较复杂。

14.1.1.2　输油站重要负荷情况

电力是输油的主要动力源，为确保安全平稳输油，要求供电系统必须可靠安全。东北输油管道各输油站采用双电源，双回路供电。在供电困难的地区，也有采用柴油机、燃气轮机做动力。

《输油管道工程设计规范(2006 年版)》中有如下规定。

(1) 输油站场的电力负荷分级应符合下列规定。

①首站、末站、减压站和压力、热力不可逾越的中间(热)泵站应为一级负荷；其他各类输油站应为二级负荷。

②独立阴极保护站应为三级负荷。

③输油站场及远控线路截断阀室的自动化控制系统、通信系统、输油站的紧急切断阀及事故照明应为一级负荷中特别重要的负荷。

(2)输油站中自动化控制系统、通信系统及事故照明等特别重要的负荷应采用不间断电源(UPS)供电，蓄电池的后备时间不应少于2h。

1. 一级负荷

首站、末站、减压站和压力、热力不可逾越的中间(热)泵站：若首站突然跳泵，将造成首站储油罐油品液位过高，迫使油田来油降量，油井减产。若中间输油泵站或首站突然跳泵，将造成下一级输油泵站压力超低，甚至可能造成下一级输油泵站输油泵抽空，损坏输油泵机组。若中间输油泵站或末站突然跳泵，由于水击作用，将造成上一级输油泵站压力超高：出站管线薄弱地方将可能破裂而使油品泄漏；阀门憋压，可能造成阀门垫片损坏而漏油；当压力达到保护值时，出站高压泄压阀将开启向泄压罐泄放油品，由于中间输油泵站泄压罐容量小，很可能有溢罐的危险。上一级输油泵站保护仪表动作，顺序跳泵或全跳泵，这样将引发全线连锁跳泵，造成全线停输。如果冬季管线长时间停输，将可能造成凝管事故发生，一旦凝管，整条管线将报废，后果不堪设想。

锅炉房水泵：锅炉房的给水泵停电后有爆炸危险。

消防水泵：消防水泵停电将使火灾不能及时熄灭，甚至蔓延扩大，有爆炸危险。

输油站场及远控线路截断阀室的自动化控制系统、通信系统、输油站的紧急切断阀及事故照明、消防、仪表等。其中输油站中自动化控制系统、通信系统及事故照明、消防、仪表等为特别重要的负荷，采用不间断电源(UPS)供电，蓄电池的后备时间不应少于2h。

2. 二级负荷

除首站、末站、减压站和压力、热力不可逾越的中间(热)泵站外的其他各类输油站应为二级负荷；生产照明也为二级负荷。

3. 三级负荷

独立阴极保护站、办公室及居住区照明等。

14.1.1.3 供电方式及应急电源配置

1. 供电方式

《输油管道工程设计规范》中提到：一级负荷输油站应由两个独立电源供电；当条件受限制时，可由当地公共电网同一变电站不同母线段分别引出两个回路供电，但作为上级电源的变电站应具备至少两个电源进线和至少两台主变压器。输油站每一个电源(回路)的容量应满足输油站的全部计算负荷，两路架空供电线路不应同杆架设。

2. 内部接线

长输管道输油泵站变电所一般采用如图 14.1 所示的接线，35kV 侧和 6kV 侧接线均为单母线分段接线方式。电源 1、2 为两个独立电源，其中一个为工作电源，另一个为备用电源，工作电源带一台站变、一台主变及 6kV 高压电机等负载运行。

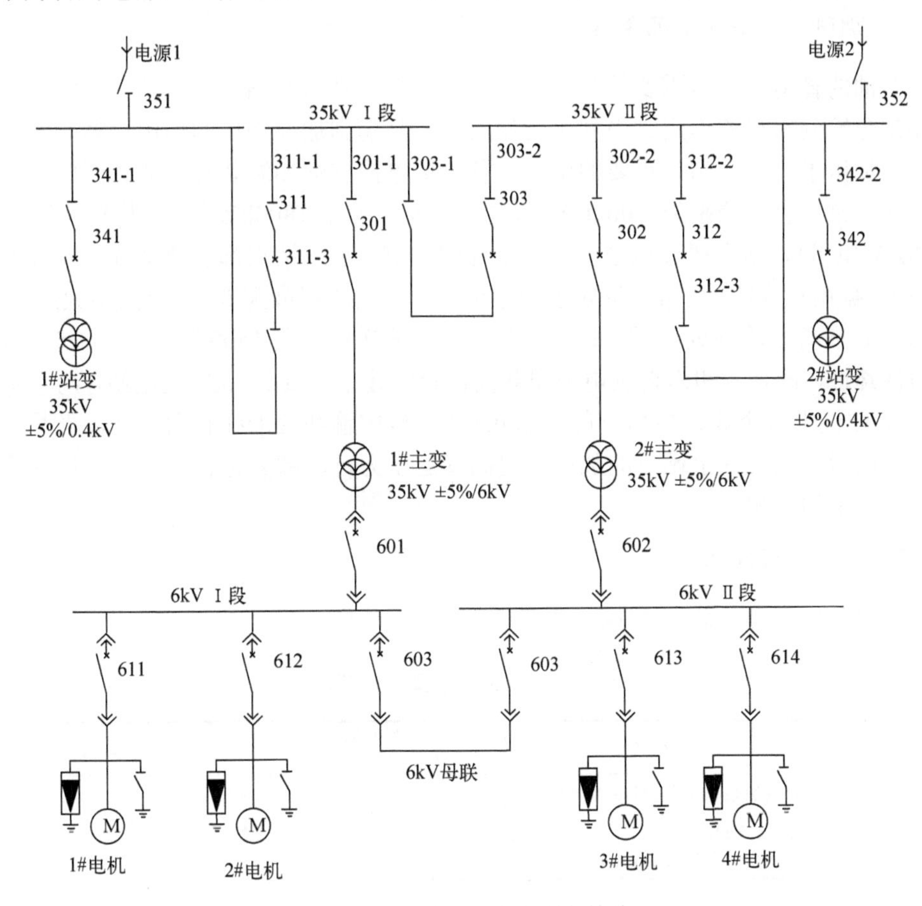

图 14.1　输油泵站变电所主接线

3. 应急电源配置

输油站中自动化控制系统、通信系统及事故照明、消防、仪表等为特别重要的负荷，采用不间断电源(UPS)供电，蓄电池的后备时间不应少于 2h。

14.1.1.4　配置实例

1. 调研单位概述

本书调研单位为中石化鲁宁输油处某站。鲁宁输油处是中石化管道储运(分)公司8个输油处之一，管道储运(分)公司连接着中石化上下游20余家企业的枢纽和桥梁，管辖着包括鲁宁、沪宁、仪长等23条原油管线，管网、油库、码头遍布全国。鲁宁输油处主干线北接山东胜利油田及青岛的黄岛油库，南送至南京的中石化各大炼化厂，干线上也可直接T接分输给用户。

2. 调研单位供电情况介绍

石油的管道运输最重要的是首站、末站，其次是中间站。首末站有储存罐，末站起到分输到用户的作用。中间站的作用主要是起到加温加压的作用。调研单位是集加温加压于一体的站，重要的电力设备包括电控燃油加温装置、6kV西门子四台输油加压泵、容量分别为1000kW和1450kW、两台1800kW(原来为国产的6台1600kW电机)，站内通过微波塔与调度部门通信，沿线站点都由调度统一安排加温或加压。据用户介绍，调研单位属于管道运输行业内的标准配置，站点间距大约50～70km，目前鲁宁输油处管道可以双向流通，年输送原油达1500万t。由于其电压等级的特殊性，该企业和六合供电公司共同在紧邻建了110/35/6kV变电站，两台主变的6kV侧仅供该企业，最高负荷为3600kW。鲁宁输油处沿线有六个站，当其中一个站停电后，通过其余站点的加压泵提高管道压力可以部分弥补，但是管道的输油量受到一定的影响。

3. 重要负荷情况

调研单位重要负荷如表14.2所示。

表14.2 管道运输重要负荷表

类型	负荷名称	允许停电时间(周波、秒、分钟)	断电影响
一级负荷	输油泵机组(电机带输油泵，4台，6kV)	不允许断电	本站如果断电后，上级泵站也必须停泵，全线都得停运
	加热炉系统(2台，380V)	10～20min	
二级负荷	电动阀门		

14.1.2 天然气管道输送

14.1.2.1 行业用电概述

1. 天然气管道输送概述

天然气输气系统的特点是气体在密闭线里进行连续的输送过程。从天然气井开采出来的天然气，或经油气分离站分离出来的油田伴生气，通过各种管网直接输送给用户，中途没有停顿、转运。因此，天然气输送系统中的各个环节是紧密联系，相互配合，相互影响的，在生产过程中应统一调配，使整个天然气输送系统能正常运行。管道输送天然气的输送量大，供应稳定，是一种较好的输送方式，为了提高管道的输气能力(通过量)，应当采用大口径的输气管线并提高输气压力。为此，输气管道多采用高强度薄壁钢管，压气站常用高效压缩机(如燃气轮机—离心式压缩机组)。管道输送天然气这一方式把天然气的采、输、供三个工序速成一个统一的整体；天然气从井中开采出来经气田集输管到净化厂，再通过输气干线输至城市配气管网、用户。在这样一个相互密切联系的采、输、供整体中，各工序之间不但相互制约而且相互影响，任何一个环节的故障都会造成天然气的供应中断。在输气管线的生产管理中应特别注意这一特点并采取相应的预防措施。

天然气输送一般是按以下流程进行的①气(油)井→②矿区集输管网→③天然气净化厂→④输气干线→⑤城市(用户)配气管网。

2. 天然气管道输送分级

输气管线根据其输气任务不同，一般可分为以下几类。

(1)矿场集气支线：气田各井口装置至集气站的管理。

(2)矿场集气干线：由集气站至天然气净管或至输气干线首站的管线。

(3)输气干线：由天然气净化厂或输气管线首站至城市、工矿企业一级输气站的管线。

(4)配气管线：干线一级输气站至城市配气站以及至各用户的管线。

输气干线长度较长，作用重大，本书将其列为重要电力用户。

3. 行业规范

天然气管道输送相关行业规范包括《输气管道工程设计规范》(GB50251—2015)、《供配电系统设计规范》(GB50052—2009)。

4. 输气管道系统的组成

长输管道系统的总流程见图 14.6。它的构成一般包括输气干管、首站、中间气体分输、干线截断阀室、中间气体接收站、清管站、障碍(江河、铁路、水利工程等)的穿跨越、末站(或称城市门站)、城市储配站及压气站。与管道输送系统同步建设的另外两个组成部分是通信系统和仪表自动化系统。

输气干线首站主要是对进入干线的气体质量进行检测控制并计量，同时具有分离、调压和清管球发送功能。

输气管道中间分输(或进气)站其功能和首站差不多，主要是给沿线城镇供气(或接收其他支线与气源来气)。

压气站是为提高输气压力而设的中间接力站，它由动力设备和辅助系统组成，它的设置远比其他站场复杂。

清管站通常和其他站场合建，清管的目的是定期清除管道中的杂物，如水、机械杂质和铁锈等。由于一次清管作业时间和清管的运行速度的限制，两清管收发筒之间距离不能太长，一般在 100～150km，因此在没有与其他站台建的可能时，需建立单独为清管而设的站场。

清管站除有清管球收发功能外，还设有分离器及排污装置。

输气管道末站通常和城市门站台建，除具有一般站场的分离、调压和计量功能外，还要给各类用户配气。为防止大用户用气的过度波动而影响整个系统的稳定，有时装有限流装置。

为了调峰的需要，输气干线有时也与地下储库和储配站连接，构成输气干管系统的一部分。与地下储库的连接，通常都需建压缩机站，用气低谷时把干线气压入地下构造，高峰时抽取库内气体压入干线，经过地下储存的天然气受地下环境的污染，必须重新进行净化处理后方能进入压缩机。

干线截断阀室是为了及时进行事故抢修、检修而设。根据线路所在地区类别，每隔一定距离设置。

输气管道的通信系统通常又作为自控的数传通道，它是输气管道系统进行日常管理、生产调查、事故抢修等必不可少的，是安全、可靠和平稳供气的保证。

通信系统分有线(架空明线、电缆、光纤)和无线(微波、卫星)两大类。

5. 各类站场的设置和工艺流程

1)各类站场的设立原则

(1)各类站的工艺流程必须满足其输气工艺要求，并有旁通、安全泄故、越站输送等功能。

(2)各类站的位置应符合线路总走向，并与周围建(构)筑物保持应有的安全距离。

(3)站址应是地质稳定、无不良工程地质情况、水电供应交通方便的地方。

(4)应尽量使不同功能的站场合并建设，以方便管理，节约投资。

2)各类站场的工艺设计

(1)除尘分离。一般站场都应设除尘分离设备，清管站由于清管时脏物较多，为防堵塞不应使用过滤分离器。压气站周围因压缩机对粉尘颗粒大小及含量要求极高，宜选用过滤分离。其他站场视具体情况而定。

(2)调压计量。凡是有进气(或分气)的站场均需设气体计量装置、气质检测仪表，有气体输出的还需设限流阀。流量计的量程范围应能覆盖最大工况波动范围，为了计量的准确性，可装设两个或多个流量计，以适应不同流量下运行的要求。

凡是下游管道最高压力有限制或要求输出压力较为稳定的站场，如分输站、末站等均应装设调压阀进行控制，配气站应对不同用户管线分别装设调压阀。调压阀最好选用自力式(即利用天然气本身压力能)的调压器，通常安装在计量前。

(3)清管工艺设计。为了避免大量气体放空，应采用不停气密闭清管流程，清管站和进出口管道上需装设清管球通过指示器，并能将指示信号传至站内控制盘。清管器的选择应根据清管作业的目的来决定，当有可能使用智能清管器时，应根据它的尺寸及转弯半径来确定收、发放筒的长度及弯头的曲率半径。

14.1.2.2　重要负荷情况

1. 一级负荷

根据现行的国家规范《输气管道工程设计规范》(GB50251—2015)、《供配电系统设计规范》(GB50052—2009)，压气站采用电机驱动时电力负荷为一级负荷，站内负荷中的自控、通信、计量、机组应急润滑油系统、应急照明等负荷为一级负荷中的特别重要负荷。

电机驱动压气站：就输气管道本身而言，压气站的生产过程为连续生产，输送介质天然气为易燃易爆物质，突然停电将严重影响输气量和输气压力，极端情况将使输气作业停止，造成重大经济损失和社会影响。不论燃驱压气站还是电驱压气站，停电都将导致压缩机组停运，实际应用时要根据输气管道工程本身的重要性(包括输量及压力等级、停电可能造成的影响等)，来决定相应的负荷等级及与之适应的供电方案。

当分输量较大时，各分输站的计量装置因停电或电能质量也可能造成经济纠纷和经济损失，应采取必要的措施保证计量装置供电。

2. 二级负荷情况

根据现行的国家规范《输气管道工程设计规范》(GB50251—2015)、《供配电系统设计规范》(GB50052—2009)，压气站采用燃机驱动时电力负荷宜为二级负荷；各输气分输站宜按二级负荷考虑。

14.1.2.3　供电方式及应急电源配置

1. 供电方式

根据电网情况及用电点的负荷性质，输气站场通常采取以下的供电方案。

(1)双回外电线路供电。

(2)采用一路外电源加一路自备电源的供电方式。

(3)无外电地区，完全自主发电。

从运行管理和工程扩建可能性考虑，外电源供电方式优于完全自发电方式。而且供配电系统可靠性是得到保障的，即使架空线路发生故障，其恢复供电的时间也较发电机组故障修复所需的时间短。运行实践经验证明，电力网较之单一发电机组可靠性更高，因此应尽可能采用电网电源。但近年来局部地区由于用电紧张限停电较多，加上输气站场绝大多数位于郊区或乡村，电网条件较差，要取得可靠的双回路电源也非常困难，因而采用一路外电源加一路自备电源的供电方式更为灵活和可靠。

2. 内部接线

主接线设计应满足用户对供电可靠性和电能质量的要求，技术先进且经济适用，并具有一定的灵活性，同时考虑工程发展和扩建的可能性。

(1)双电源供电的站，通常采用单母线分段或内桥接线的接线方式。正常时单台变压器运行或两台变压器分列运行，当一路电源或一台变压器有故障退出时，另一路电源或一台变压器提供站内全部一、二级负荷用电。关键是备用电源自投的方式，应根据双电源是否允许在本级变电所同期并列、停电对负载的影响来选择是采用母联备自投还是线路备自投，在备自投软硬件的设置上应便于现场调整和选择采用哪一种运行方式。

(2)采用单电源加一台备用自动化天然气发电机组，正常时由市电供电，当市电停电或变压器故障退出时，备用天然气发电机组自动投入向负荷供电。还需要注意的是，供电部门不允许自备发电机组并网运行，与外电源间应设联锁，不得并网运行，发电机组切换开关即 ATS 开关应采用四极开关，确保电气和机械隔离措施到位，包括中性点接地的方式也不应与变压器中性点直接相联。

(3)无电地区的输气站，需采用多台发电机组供电，发动机需经常进行定期维护保养，停机故障率较高，除了需考虑发电机组的高可靠性及高自动化性能外，接线方式应便于机组之间的切换和并列运行。

(4)作为实际运行的应急预案，常常运用移动式发电机组应急供电，应考虑移动发电机组便于接入以及防止反送电。

3. 应急电源配置

在单电源供电的输气站，应设置应急供电的保安电源。外电源停电后，保安电源应供电的负荷为自控、通信、应急照明、供水等。为确保输气生产的正常运行，通常选择发电机组作为保安电源。应急电源应是与电网在电气上独立的各种电源，例如蓄电池、柴油发电机、UPS 等。应急电源与工作电源之间采取可靠措施防止并列运行，保证应急电源的专用性，防止工作电源系统故障时应急电源向工作电源系统负荷送电而失去作用。对一级负荷中特别重要负荷，一旦因事故中断供电将造成重大的政治影响和经济损失，应考虑一电源系统检修或故障的同时另一电源又发生故障的严重情况，必须设置 UPS 作为应急电源，确保自控、通信、事故照明及压缩机组的紧急停机等负荷。

14.1.2.4　配置实例

本书以中国石油天然气股份有限公司管道华中输气分公司某站典型用户说明输气站负荷分类情况。

1. 中国石油天然气股份有限公司管道华中输气(湘潭输气站)概述

国内天然气储量最多的主要是两处气源，一处为西南的四川、重庆，一处为新疆。四川、重庆的天然气储量按每年供气 100 亿 m^3，可向长江中下游地区稳定供气 30 年以上。2000 年 3 月，西气东输工作正式启动。7 月，“川气入汉”作为 5 条管网之一，被纳入国家西气东输工程。因为入汉天然气的管道铺设起止点为重庆忠县—湖北武汉，所以川气入汉工程又叫“忠武线”工程。在忠县与武汉之间的输气管道约为 703km，年设计输气能力 30 亿 m^3，最大输气能力为 40 亿 m^3。加上潜江至湖南长沙、枝江至襄樊、武汉至黄石 3 条支线，“忠武线”主管道全长 1400km，总投资约 50 亿元。

华中输气分公司主要负责忠武管线的运行管理，忠武输气管道的线路走向为一干三支，一干指忠县与武汉之间的主要输气管道，三支指重庆、湖北、湖南的分支输气管道，调研单位是潜湘(湖南)支线的末站，忠武线上共 22 个输气计量站。调研单位日输送 100 万方气，负担着湘潭、醴陵、株洲、衡阳四个城市的天然气分输任务。

2. 调研单位供电情况介绍

调研单位由湘潭电业局供电，变压器容量为 100kV·A，电压 10kV，年最大负荷 60kW，年用电量为 12 万 kW·h，年输送气量为 3 亿 m^3。

3. 调研单位站接线情况介绍

调研单位由易客线 T 接供电，属于单电源供电。建议用户应该进行双电源改造。

4. 重要负荷情况

现场阀门是调研单位的一级负荷，阀门总容量为 60kV·A，工作人员需要时时检查管道压力情况，对阀门状态进行确认，保证所有阀门灵活好用，确保站场生产工艺操作不受影响。有时，由于用户用气不均衡、必须随时进行阀门调节操作。因此，这些阀门全部要求不允许断电，一旦断电，将无法对阀门进行计量，并且只能够手动操作将阀门关闭，湘潭、醴陵、株洲、衡阳四个城市的居民进行的天然气分输工作将被迫中断，直接影响人民的日常生活。同时，这些阀门对电能质量的要求很高，2007 年由于电压波动、闪变曾造成过一些电动执行器的控制电路板被烧损。

5. 应急电源配置

关于应急电源，忠武线上22个输气计量站都配置有法国SDMO自备发电机(燃料为天然气)。调研单位的发电机容量为68kV·A，能够满足一级负荷的容量，投切方式为自动投切，启动时间60s，持续供电时间能够维持2h，超出2h将申请中石油集团自己的应急发电车。

本站虽然对供电的要求很高，但断电情况下一般不会直接诱发爆炸，但长时间断电，会造成一定程度的天然气泄漏，会对大气造成污染。

14.2 机场类重要用户的电源配置

14.2.1 行业用电概述

1. 行业概述

机场，亦称飞机场、空港，较正式的名称是航空站，为专供飞机起降活动之飞行场。除了跑道之外，机场通常还设有塔台、停机坪、航空客运站、维修厂等设施，并提供机场管制服务、空中交通管制等其他服务。

机场分为空军军用机场和民用机场两种。飞机分为客机和货机两种。民用机场和军用机场各管各自的空域，混合区域归军用管理。

导航系统、油料公司和配餐，以及各航空公司都不在机场公司的管辖范围。导航系统归空管中心管理，空管中心管理的雷达站、导航台、塔台都配有发电机，同时空管中心还负责气象、通信部门的管理。

2. 行业分级

我国现有的民用机场按重要性分级可以分成国际性枢纽机场、地区性枢纽机场、大型机场和中小型机场。最重要的是四个国际航空枢纽：北京、上海、广州、香港。其对应的五个国际性枢纽机场是：北京首都机场、上海虹桥机场、上海浦东机场、广州白云机场、香港国际机场。其次是六个地区性枢纽机场：沈阳、武汉、成都、西安、乌鲁木齐、昆明。此外，每个省会在省会设有一个大型机场，大型机场的客流量一般可达到1000万以上(厦门、福建长乐机场虽然是市级机场，但由于客流量很大，也被设定为大型机场)。其他一些城市的机场，一般都为客流量在100万以上的中小型机场。除首都机场、西藏、拉萨由民航总局直管以外，其他机场都由地方管理。机场的分级情况如下。

特级(国际航空枢纽)：北京首都机场、上海虹桥机场、上海浦东机场、广州白云机场、香港国际机场。

一级(地区性枢纽机场)：沈阳、武汉、成都、西安、乌鲁木齐、昆明。

二级(大型机场)：各省会机场及厦门、福建长乐机场。

三级(中型机场)：地市级机场。

航空界还有一种分级方法，即按民航机场飞行区等级进行分级，分为干线机场和支线机场。北京首都、上海虹桥、上海浦东、广州白云、深圳宝安、厦门高崎等国内大机场是具备国内目前最高飞行区等级 4E 的机场，可供世界上除 A380 外，已投入商务运营的所有飞机起降。

飞行区等级用两个部分组成的编码来表示，第一部分是数字，表示飞机性能所相应的跑道性能和障碍物的限制。第二部分是字母，表示飞机的尺寸所要求的跑道和滑行道的宽度，因而对于跑道来说飞行区等级的第一个数字表示所需要的飞行场地长度(从 1 到 4 分别表示小于 800m 到 1800m 以上)，第二位的字母表示相应飞机的最大翼展和最大轮距宽度(从 A 到 E 分别表示飞机翼展小于 5m，飞机轮距小于 45m 到飞机翼展 52～60m，飞机轮距 9～14m)。

一般的干线机场都达到 4D 级(即跑道 1800m 以上，飞机翼展 36～52m，飞机轮距 9～14m)以上飞行等级，4D 级可满足除波音 747、空客 340、空客 300 以下的其他主要机型飞行，4E 级机场目前除了最新的空客 380 不是每个机场都可以降落外，其他大飞机都可以起降。4C 级只能最多满足波音 737 飞行，所以 4C 级一般只能作为支线机场使用了。

3. 行业规范

机场相关行业规范包括《民用建筑电气设计规范》(GB 51348—2019)、《民用机场飞行区技术标准》(MH5001—2021)。

14.2.2　重要负荷情况

最新《民用建筑电气设计规范》(GB 51348—2019)中规定了民用机场负荷组成。

一级负荷中的特别重要负荷：航空管制、导航、通信、气象、助航灯光系统设施和台站电源；边防、海关的安全检查设备的电源；航班预报设备的电源；三级以上油库的电源；为飞行及旅客服务的办公用房及旅客活动场所的应急照明。

一级负荷：候机楼、外航驻机场办事处、机场宾馆及旅客过夜用房、站坪照明、站坪机务用电。

除上述一级负荷及一级负荷中特别重要负荷这两项以外的其他用电负荷项。

14.2.3　供电电源及自备应急电源配置

关于机场的供电有一些相关的规范要求，民航行业的《民用机场飞行区技术标准》(MH5001—2006)中对助航灯光的允许断电时间、切换时间及双电源都有明确规定。要求双电源需从不同方向进线，助航灯光灯光断电切换最长时间不大于15s。

机场分为民用和军用机场两种，各管各自区域，混合区域归军用管。机场供电有规范的要求，要求双电源(不同方向)，起降方面，助航灯光很重要(分一类、二类负荷，根据能见度，一类要求发电机15s投上，二类要求1min，很多先进机场用UPS，三台发电机)、旅客部分(机场内部运作部分，电梯、2台1700发电机，1套UPS80kV·A)；导航归空管中心管理，管理更加严格。

1. 供电方式

国际大型枢纽机场可采用两路电源互供互备，任一路电源都能带满负荷，而且应尽量配置备用电源自动投切装置。

地区性枢纽机场可采用专线主供、公网热备运行方式，主供电源失电后，公网热备电源自动投切，两路电源应装有可靠的电气、机械闭锁装置。

普通机场可采用两路电源互供互备，任一路电源都能带满负荷，而且应尽量配置备用电源自动投切装置。

2. 内部接线

国际大型枢纽机场可采用电源(不同方向变电站)专线供电。

地区性枢纽机场可采用双电源(不同方向变电站)一路专线、一路辐射公网供电。

普通机场可采用双回路专线供电。

3. 应急电源配置

民用运输机场的指挥调度、安保监控的允许停电时间≤800ms，可配置自备应急电源UPS，工作方式可采用在线/热备，后备时间>60min，切换时间<200ms，切换方式为在线。

助航灯光的允许停电时间1s，可配置自备应急电源UPS，工作方式可采用在线/热备，后备时间>60min，切换时间<200ms，切换方式为在线。

航站楼、空中交通管制、导航、通信、气象、助航灯光系统设施和台站电源、站坪照明；边防、海关的安全检查设备的电源；航班预报设备的电源；三级以上油库的电源；为飞行及旅客服务的办公用房及旅客活动场所的应急照明的允许停电时间≤1min，可配置自备应急电源UPS/EPS，工作方式可采用热备/冷备，后备时间>30min，切换时间<5s，切换方式为ATS。

14.2.4 配置实例

1. 调研单位概述

以南京某机场为例，介绍一个省会级大型机场的整体情况，调研单位可被认为是二级重要用户。

调研单位位于江苏省南京市东南部，距南京市中心直线距离为 35.8km，1997 年 7 月 1 日正式通航。同年 11 月，经国务院批准，该机场对外国籍飞机开放。南京机场目前已开通了 42 个国内主要城市、19 个国际和 2 个地区城市的近 120 条航线。

调研单位是中国重要的干线机场，是华东地区的主要货运机场，与上海虹桥机场、浦东机场互为备降机场。总体规划为年飞行 36 万架次，年旅客吞吐量 4000 万人次，货邮吞吐量 100 万吨。目前的设计能力可满足年飞行 6.96 万架次(日飞行 190 架次)，高峰小时 5555 人次，年旅客吞吐量 1200 万人次(日 32876 人次)，年处理货物能力 40 万吨(日处理货物能力 1096 吨)。目前，调研单位旅客吞吐量排名全国机场第 14 位，货邮吞吐量排名全国机场第 10 位。

机场建有一条长 3600m、宽 60m 的跑道和一条 3600m、宽 45m 的滑行道，以及相应助航灯光设施，飞行区按照 4E 级规模设计建设；候机楼建筑面积 13.2 万 m^2，实行进出港分流；机场货运仓库 4.1 万 m^2，货棚 1800m^2，货物处理场地 20000m^2，具备特殊货物处理能力；机坪面积 44.7 万 m^2，其中货机坪 4.7 万 m^2。

2. 调研单位供电情况介绍

调研单位的供电电压为 35kV，配变容量约为 32000kV·A，最高负荷 8000～10000kW，年用电量 3500 万～4000 万 kW·h，年生产总值 0.6 亿元。①保安负荷：指挥调度、安保监控(摄像头)、站坪(停机坪)的照明；② I 、II 级负荷：助航灯光，容量为 700～800kV·A。

调研单位由双电源双回路供电，机场 1 号线和机场 2 号线都为 10kV 专线架空电缆混合进线。共 2 台变压器，变电容量为 16000kV·A×2=32000kV·A，最高负荷约 8000～10000kW，年用电量为 3500 万～4000 万 kW·h。这两路电源从 2006 年至今各出现过 1 次瞬间断电事故，都经重合闸转换成功。

3. 重要负荷情况

1) 飞行区一级负荷

(1) 助航灯光：4 E 级跑道和滑行道的助航灯光是一级负荷，为 II 类精密进近灯光系统，负荷在 700～800kV·A，断电切换最长时间不大于 15s。

(2) 停机坪的高杆灯照明：45 万 m^2 停机坪的照明，配有 80kV·A 的在线 UPS。

(3) 航站楼(候机楼)系统一级负荷：航站楼属重要公共建筑，有大量的一级负荷和重要的用电设备。

(4) 指挥调度系统：负责飞机在停机坪里的安排、航班预报。

(5) 联检单位用电：海关、边防检查、安全检查、中心控制室、闭路电视及 x 光等检查设备。

(6) 安保监控系统(摄像头)。

(7)消防控制中心及消防设备用电：电话、火灾报警、排烟风机。

(8)航站楼的主要照明、障碍照明、应急照明、疏散标志；539kV·A。

(9)广播呼叫系统。

(10)门禁系统。

(11)登机桥(廊桥)系统(楼内15个)。

(12)离港系统、到港系统、航班动态显示系统：(3组办票柜台(每组20个旅客办票柜台)的三个离港系统、四个到港系统(旅客的信息、飞机的进出信息)。

(13)楼宇控制系统(控制通风、供水、照明，后备UPS)。

(14)为上述重要用电设备服务的专用空调设施。

(15)行李输送系统：共14条传送带，3台分检转盘，4台提取转盘，一个超大件转盘。

(16)垂直电梯、自动扶梯。

(17)航站楼面积13.2万m^2，总体负荷在2100kV·A左右。

2)保安负荷

一级负荷中的保安负荷包括：指挥调度系统、助航灯光系统、安保监控系统(摄像头)、安检系统、站坪(停机坪)的照明、广播呼叫系统、应急照明、消防用电。

3)关键负荷

除保安负荷外，一级负荷中的关键负荷还包括：楼宇系统、到港离港系统、登机桥、门禁系统。

4)二级负荷

机场的二级负荷包括：扶梯、自动步道、航站楼的普通照明(1258kV·A)、停车场照明、办公用电、空调(350kV·A)、制冷系统(包括通风)(2150kV·A)、供水、污水处理、防汛排涝系统，负荷占到50%，为4000～5000kW，允许断电时间为1min。

5)三级负荷

机场的三级负荷包括标志牌、商业用电、广告用电等负荷。

此外，空管中心管理的雷达站、导航台、塔台、气象、通信等部门；油料公司的油库；以及各航空公司的导航系统，虽然都不在机场公司的管辖范围，但也属于一级，甚至是更重要的负荷，且在机场范围内。

(1)航管楼及塔台、气象保障系统(空管中心)：航管塔塔台建筑面积907m^2，总高66.1m。航管气象综合楼2752m^2。导航系统为双向仪表着陆系统，主降方向按Ⅱ类配置。气象保障系统负责机场跑道能见度、云层、雷雨等方面的预报，包括芬兰Vaisala自动观察系统一套和CTL-88B五公分常规气象雷达一部，可探测400km^2范围内的云体，降水，雷暴，冰雹和台风等气象目标。空管中心为这些一级负荷配有自备发电机。

(2)油库：67.5公里的输油管线连接着南京炼油厂内的中转油库和禄口机场的使用油库。机场的使用油库设计总容量为8万m^3。现已建好3个1万m^3的航煤油罐，2 个 100m^3 的污油罐，同时建设的完成有使用油库到航空加油站及停机坪地井加油管线系统，最大加油量 6000m^3/h，可同时为 8 架大、中型飞机加油。

(3) 停车场：采用荷兰 WPS 停车收费系统和电脑监控装置，实行自动计时收费。

4. 用户供电可靠性情况

机场如果断电会造成严重的后果。首先，助航灯光如果断电会对飞机行驶安全、人身安全造成威胁，每架飞机的平均价格在 1 亿～2 亿美元。其次，如果机场断电，一般被认为是政治事故，因会造成人员的心里恐慌、人员拥堵、人员踩踏、约 2 万人的滞留，及每天起降 270～280 架飞机的起降费用，同时还有一些污水无法处理，其重要负荷表如表 14.3 所示。

表 14.3　某机场重要负荷表

<table>
<tr><th>类型</th><th>负荷名称</th></tr>
<tr><td>保安负荷</td><td>指挥调度系统、助航灯光系统、安保监控系统、安检系统、停机坪照明、广播呼叫系统、应急照明、消防用电</td></tr>
<tr><td>最关键负荷</td><td>指挥调度系统、助航灯光系统、安保监控系统(摄像头)、安检系统、站坪(停机坪)的照明、广播呼叫系统、应急照明、消防用电、楼宇系统、到港离港系统、登机桥、门禁系统</td></tr>
<tr><td rowspan="16">一级负荷</td><td>助航灯光</td></tr>
<tr><td>停机坪的高杆灯照明</td></tr>
<tr><td>指挥调度系统：负责飞机在停机坪里的安排、航班预报(UPS)</td></tr>
<tr><td>联检单位用电：海关、边防检查、安全检查、中心控制室、闭路电视及 x 光等检查设备。(UPS)</td></tr>
<tr><td>安保监控系统(摄像头)(UPS)</td></tr>
<tr><td>消防控制中心及消防设备用电：电话、火灾报警、排烟风机</td></tr>
<tr><td>航站楼的主要照明、障碍照明、应急照明、疏散标志(UPS)</td></tr>
<tr><td>广播呼叫系统(UPS)</td></tr>
<tr><td>门禁系统</td></tr>
<tr><td>登机桥(廊桥)系统(楼内 15 个)</td></tr>
<tr><td>离港系统、到港系统、航班动态显示系统：3 组办票柜台(每组 20 个旅客办票柜台)的三个离港系统、四个到港系统(旅客的信息、飞机的进出信息)(UPS)</td></tr>
<tr><td>楼宇控制系统(控制通风、供水、照明)(UPS)</td></tr>
<tr><td>专用空调设施</td></tr>
<tr><td>行李输送系统：共 14 条传送带，3 台分检转盘，4 台提取转盘，一个超大件转盘</td></tr>
<tr><td>垂直电梯、自动扶梯</td></tr>
</table>

<table>
<tr><td rowspan="6">二级负荷</td><td>自动步道</td></tr>
<tr><td>普通照明、停车场照明</td></tr>
<tr><td>办公空调</td></tr>
<tr><td>制冷系统(包括通风)</td></tr>
<tr><td>办公用电</td></tr>
<tr><td>供水、污水处理、防汛排涝系统</td></tr>
</table>

14.3 铁路运输类重要用户的电源配置

14.3.1 行业用电概述

1. 铁路概述

铁路运输是一种陆上运输方式，以机车牵引列车在两条平行的铁轨上行走。广义的铁路运输尚包括磁悬浮列车、缆车、索道等非钢轮行进的方式，或称轨道运输。

铁路的类型有：轻铁、重铁和高速铁路，另外还有单轨铁路、橡胶车轮轨道系统和磁浮铁路等，火车动力主要用电力，需要电气化的系统，最普遍的是高架电缆及轨道供电。

铁路供电系统分为电力供电系统和牵引供电系统，本书通过调研广铁集团长沙供电段株洲供电车间和郑州铁路局郑州供电段圃田牵引变电所，分别对铁路实际的这两个供电系统进行了研究说明。

2. 铁路供电系统分级

铁路供电系统是指铁道部、铁路局、铁路分局、铁路段各级所属的供电部门。铁路供电系统由电力供电系统与牵引供电系统两部分组成，一部分为承担牵引供电以外所有铁路负荷的供电任务，包括信号系统、生产、车站、供水系统及生活等铁路用电负荷，一部分为提供铁路行车、提供电源的牵引供电系统。

根据铁路供电系统的分类不同，铁路负荷相应地也主要分为供电段负荷和牵引段负荷两大类。

铁路供电系统由于应用的特殊性，在系统构成和功能上都有一些有别于电力系统的特点，主要体现在 3 个方面。

1) 电压等级低，变(配)电所结构单一

从电力系统的角度看，铁路负荷属于终端负荷，直接面对最终用户，所以铁路供电系统中绝大多数为 10kV 配电所和 35kV 变电所，这取决于地方供电系统电源的情况和铁路就地负荷的要求，只有在极个别的地方，存在有 110kV 的变电所，但数量很少。

由于功能要求、应用范围基本相同，所以铁路供电系统中的变(配)电所构成基本相同，功配置也变化不大。根据铁路变(配)电所结构与功能标准化的特点，在进行铁路供电系统配网自动化设计时，可以将变(配)电所的功能作为一个标准实现方式统一考虑。

2) 系统接线形式简单

铁路供电系统的接线就像铁路一样，是一个沿铁路敷设的单一辐射网，各变(配)

电所沿线基本均匀分布，并且互相连接，构成手拉手供电方式。连接线有两种，一种是自闭线，还有一种是贯通线，实际系统中，可能两种连接线都有，也可能只有二者之一，连接线除了实现相邻所之间的电气连接外，还为铁路供电最重要的负荷(自动闭塞信号)提供电源，其接线形式如图 14.2 示。

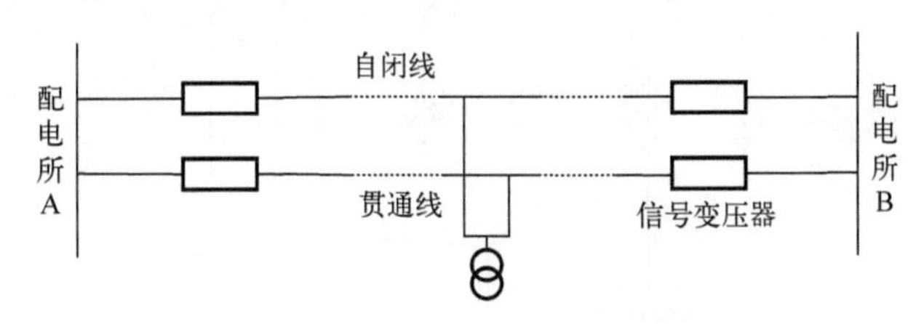

图 14.2 铁路供电系统图

3) 供电可靠性要求高

铁路供电系统虽然电压等级低，接线方式简单，但对供电可靠性的要求却很高，从理论而言，其负荷(自动闭塞信号)的供电中断时间不能超过 150ms，否则，将会导致所有供电区间的自动闭塞信号灯变为红灯，影响铁路的正常运输。

通过采用双电源供电和安装备用电源自动投入装置来保证电源的供电可靠性。相邻配电所之间的连接线尽可能实现自闭线和贯通线两种连接方式，从一次设备的角度提高连接的可靠性。在相邻配电所的贯通线路保护装置与自闭线路保护装置增加失压自投保护功能，在连接线因为主供所不能供电而失电时，自动投入相临备用所线路开关，迅速恢复供电。

3. 行业规范

铁路供电行业规范包括《高速铁路电力管理规则》(〔2015〕49 号)、《铁路电力安全工作规程补充规定》(铁总运〔2015〕51 号)。

4. 业务流程

铁路供电系统由电力供电系统与牵引供电系统两部分组成。

1) 电力供电系统

铁路电力供电系统为除列车牵引供电以外的所有铁路设施供电。铁路供配电系统是从地方变电站接引两路 10kV(35kV) 电源，通过铁路变配电所向铁路车站、区间负荷供电。铁路变配电所的间距 40～60km，个别区段长达 80～90km。高速铁路区间每隔 3km 左右有一处负荷点，负荷类型为通信、信号、防灾设备等一级负荷及区间摄像机等二级负荷。从变配电所馈出 2 条 10kV 电力线路，沿铁路敷设向其供电，该电力线路被称为贯通线，一条称一级负荷贯通线，另一条称综合负荷贯通线。贯通线两端的铁路变配电所通过贯通馈线高压开关柜内电压互感器与断路器联锁均能为其供电。为了保证长距离、轻负荷的区间贯通线供电质量，铁路变配电所设有专用 10/10kV 的调压器，经过调压器向贯通线供电。铁路 10kV 配电所主接线图如图 14.3 所示。

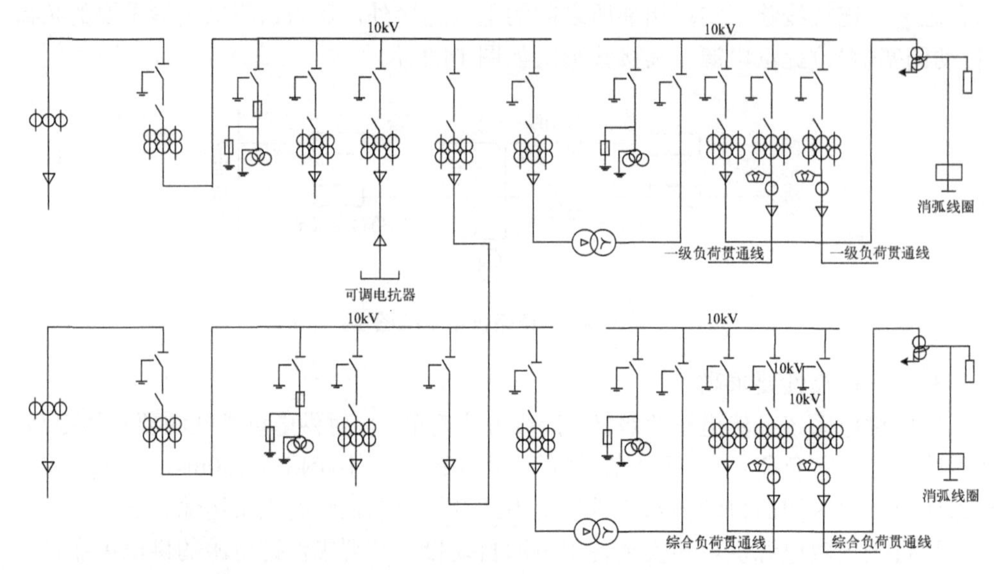

图 14.3 铁路 10kV 配电所主接线图

2) 牵引供电系统

牵引供电系统是指电气化铁路从电力系统接入电源，经特殊变压器降压将 110kV 电压转换为 27.5kV 单相交流电后给电力机车供电的电力网络。它的任务是向电力机车供电，它由牵引变电站和牵引网两部分组成。通常将接触网、钢轨回路(包括大地)、馈电线和回流线组成的供电网称为牵引网。牵引供电系统由以下几部分组成：地方变电站、110kV 输电线、牵引变电所、27.5kV 馈电线、接触网、电力机车、轨回流线、地回流线。

以动车为例，其牵引供电系统如图 14.4 所示。

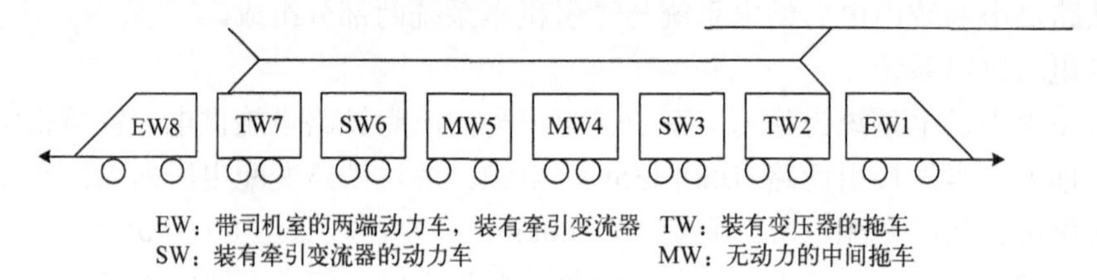

图 14.4 动车的牵引供电系统

铁路对应 10kV 配电所主接线图如图 14.5 所示，接触网是直接向运行中的电力机车供电的设备，它由接触导线、承力索、定位器等组成，接触网悬挂形式。我国电气化铁路基本上都采用全补偿简单链形悬挂。

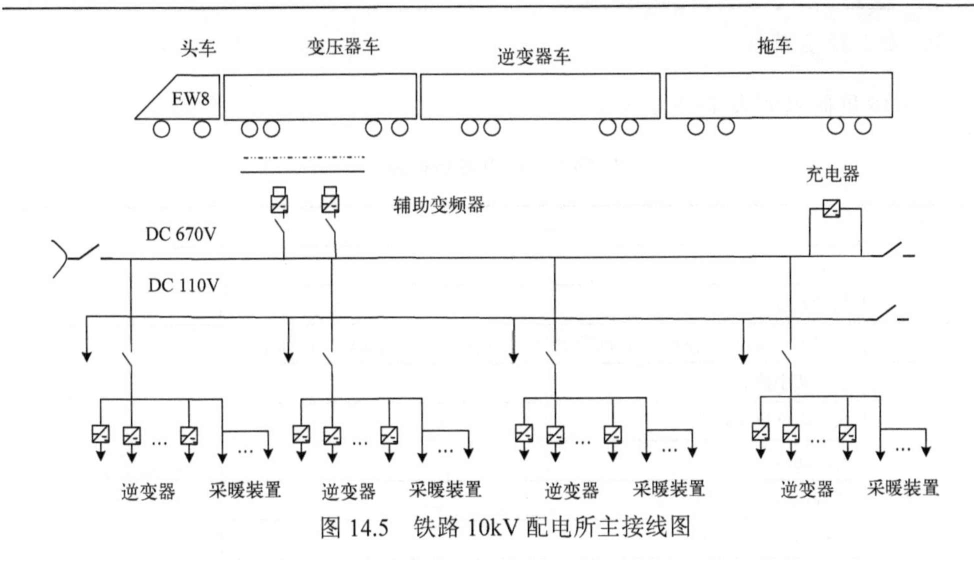

图 14.5　铁路 10kV 配电所主接线图

14.3.2　重要负荷情况

根据用电设备的重要程度，电力负荷分为两级。

1. 供电段负荷

供电段负荷表如表 14.4 所示。

表 14.4　供电段负荷表

类型	负荷名称	备注
应急负荷	应急照明	—
	信号系统	
保安负荷	变电所自用电，消防系统，应急照明，通信系统，信号系统，广播系统	停电时间不得多于 0.15s
一级负荷	局通信枢纽及以上的电源室	
	中心医院的外科和妇科的手术室	
	特等站和国境站的旅客站房、站台、天桥、地道及设有国际换装设备的用电设备	
	局电子计算中心站	
二级负荷	机车、车辆检修	—
	整备设备、给水所	
	分局通信枢纽及以下电源室	
	调度通信机械室	
	编组站、区段站、洗罐站、大、中型客(货)运站、隧道通风设备、加冰所、医院、红外线轴温测试装置、道口信号	
三级负荷	一级、二级负荷以外的铁路负荷	—

2. 牵引段负荷

牵引段负荷表如表 14.5 所示。

表 14.5 牵引段负荷表

类型	负荷名称	备注
应急负荷	应急照明	—
	信号系统	
保安负荷	变电所自用电，消防系统，应急照明，通信系统，信号系统，广播系统	停电时间不得多于0.15s
一级负荷	调度集中控制	
	大站电气集中联锁	
	自动闭塞	
	驼峰电气集中联锁	
	驼峰道岔自动集中	
	机械化驼峰的空压机及驼峰区照明	
	内燃机车电动上油机械(无其他上油设备时)	
二级负荷	机车、车辆检修	—
	非自动闭塞区段的小站电气集中联锁	
	色灯电联锁器联锁	
	分局通信枢纽及以下电源室、调度通信机械室、道口信号	
三级负荷	一级、二级负荷以外的铁路负荷	—

3. 一级负荷允许断电时间及影响

一级负荷由于信号装置的特殊要求，停电时间不得大于 0.15s，否则，有可能发生行车事故或打乱运输秩序。站内通信、信号、照明等附属设备对电源要求高，这些设备一旦断电将直接影响到车站正常运营秩序，造成严重的交通混乱和较大的经济损失及政治影响。

14.3.3 供电电源及自备应急电源配置

1. 供电方式

自动闭塞电力线路必须保证行车信号用电，原则上不准供给其他负荷用电。

自动闭塞信号备用电源；中间站信号、小站电气集中、无线列调、车站电台、通信机械室等与行车直接相关的小容量设备；红外线轴温探测设备；车站信号室、通信机械室等处的重要照明设备；道口报警设备。供电能力允许时，可对其他重要的小容量二级负荷供电。

为大站电气集中、驼峰等一级负荷设置的两路独立电源，正常情况下，应保持两路经常供电。当一路停电时，另一路应保证供电。

两路电源的用户严禁两路电源并列运行。电源互投转换装置由用户自行负责运行维护，除信号、医院等对转换时间有要求的部门可装设自动转换装置外，其他用户只允许装设手动转换装置。

重要铁路牵引站可采用两路电源互供互备，任一路电源都能带满负荷，而且应尽量配置备用电源自动投切装置。

国家级铁路干线枢纽站可采用专线主供、公网热备运行方式，主供电源失电后，公网热备电源自动投切，两路电源应装有可靠的电气、机械闭锁装置。

铁路大型客运站可采用双电源各带一台变压器，低压母线分段运行方式，双电源互供互备，要求每台变压器在峰荷时至少能够带满全部的一、二级负荷。

2. 内部接线

对室内用电设备的供电，可以有以下两种方式。

(1) 采用架空引入方式。

(2) 采用电缆引入方式，信号机械室为进线口附近室内开关箱中的电源端子。

对区间用电设备的供电，可以有以下两种方式。

(1) 单回路供电区段。

(2) 双回路供电区段，两路电源应分别引至用户电源箱。

重要铁路牵引站可采用双电源(不同方向变电站)专线供电。

国家级铁路干线枢纽站可采用双电源(不同方向变电站)一路专线、一路环网公网供电。

铁路大型客运站可采用双电源(不同方向变电站)两路环网公网供电进线。

3. 应急电源配置

铁路牵引负荷、自用变、通信终端、信号、控制系统、电动岔道的允许停电时间≤800ms，可配置自备应急电源 UPS，工作方式可采用在线/热备，后备时间 30～120min，切换时间<200ms，切换方式为在线。

14.3.4 配置实例

1. 电力供电系统调研——某集团长沙供电段某市供电车间

长沙供电段某市供电车间管辖的 110kV 变电站是向京广线沿株洲的信号及铁路部门附属单位供电，由桂铁、株铁两回进线，变电容量为两台 12500kV·A 变压器。最高负荷为 12500kW，年用电量为 4000 万 kW·h。

铁路系统相对独立，各方面都有一套比较完整的规程。按照铁道部 2014 年 11

月1日颁布的《铁路技术管理规程》，其中第5章对铁路系统的供电提出了自身行业内部的需求。

和其他铁路系统的供电段类似，长沙供电段株洲供电车间负责为沿线铁路站点及附近铁路居民区、医院、供水等供电。其中保安负荷包括信号楼、电动道岔，I类负荷包括货场照明、编组、铁路医院、生活用水等。信号楼尤其重要，停电后影响京广、湘黔、浙赣线的运输，而且有可能造成火车相撞严重事件，自身配有蓄电池，能够维持1～2h的供电。另外，铁路系统还配有移动发电车，2008年1月25日因湖南郴州地区供电网断电，京广铁路南段的信号机的电源断电，严重影响列车安全运行。广铁集团公司共调集72台发电机，20辆发电车及时配置到京广线南段受灾最严重的49个中间小站，作为铁路信号的供电电源，临时恢复了铁路信号电源。

2. *牵引供电系统调研——郑州铁路局郑州供电段某牵引变电所*

郑州供电段某牵引变电所负责陇海铁路在圃田附近的机车牵引供电，位于中牟和郑州客两牵引站之间。郑州供电段共有19个牵引站，其中有包括调研单位的4个牵引站由郑州电业局供电。

我国电气化铁路采用工频单相交流制，向电气化铁路供电的牵引供电系统由分布在铁路沿线的牵引变电所及沿铁路架设的牵引网组成。牵引变电所的功能是将三相的110kV高压交流电变换为两个单相27.5kV的交流电，然后向铁路上、下行两个方向的接触网(额定电压为25kV)供电，牵引变电所每一侧的接触网都称做供电臂。该两臂的接触网电压相位是不同相的，一般是用耐磨的分相绝缘器。相邻牵引变电所间的接触网电压一般为同相的，其间除用分相绝缘器隔离外，还设置了分区亭，通过分区亭断路器(或负荷开关)的操作，实行双边(或单边)供电。

调研单位由供电公司圃支、谢圃两条110kV架空进线，两台31500kV·A牵引变压器，由于牵引变压器为铁路电力机车专用变压器，其绕组和电力系统用的有较大区别。

调研单位电气主接线和电力系统类似，调研单位有操作电源用的浮充蓄电池，当系统全停后作为开关操作用电源，另外还从附近进来独立的10kV线路作为备用电源。系统停电后，对陇海铁路全线及京广线造成一定的影响。

按照《铁路技术管理规程》第5章第119条的规定，牵引供电设备应保证不间断行车可靠供电。牵引变电所需具备双电源、双回路受电。当一个牵引变电所停电时，相邻的牵引变电所能越区供电。即铁路部门从牵引变的相对距离上已经考虑到了相邻牵引变越区供电，进一步增加了铁路运输的可靠性。

第 15 章

医疗卫生类重要用户的电源配置

医疗卫生类重要电力用户一般指的是三级医院，断电可能引发人身伤亡、造成社会影响和公共秩序混乱。

15.1 行业用电概述

15.1.1 医疗卫生行业

我国的医疗卫生行业作为与国民经济和人民生活密切相关的基础性行业，是一个极其重要的大众性服务行业，拥有大量医疗机构，每年都创造出巨大的社会价值和经济价值。

15.1.2 行业分级

对医院分级管理的依据是医院的功能、任务、设施条件、技术建设、医疗服务质量和科学管理的综合水平。医院分级管理的实质是按照现代医院管理的原理，遵照医疗卫生服务工作的科学规律与特点所实行的医院标准化管理和目标管理。医院的设置与分级，应在保证城乡医疗卫生网的合理结构和整体功能的原则。

(1) 三级医院是向几个地区提供高水平专科性医疗卫生服务和执行高等教学、科研任务的区域性以上的医院。主要指全国、省、市直属的市级大医院及医学院校的附属医院。

(2) 二级医院是向多个社区提供综合医疗卫生服务和承担一定教学、科研任务的地区性医院。主要指一般市、县医院及省辖市的区级医院，以及相当规模的工矿、企事业单位的职工医院。

(3) 一级医院是直接向一定人口的社区提供预防、医疗、保健、康复服务的基层医院、卫生院。主要指农村乡、镇卫生院和城市街道医院。

各级医院经过评审，按照《医院分级管理标准》确定为甲、乙、丙三等，三级医院增设特等，共三级十等。

15.1.3 行业规范

医院尤其是一些大型综合性医院，其门诊、内科、外科和医技科室一般分散形成高层建筑和多层建筑。最新《民用建筑电气设计规范》(GB51348—2019)中规定了医院的相关电气要求。

15.1.4 不同级别实验室仪器配置

卫生部门关于不同级别实验室仪器配置的规定。

三级医院：离心机、冰箱、水浴箱、孵育箱、烤箱、自动尿液分析仪、自动血细胞分析仪、自动生化分析仪、自动酶标仪、细菌培养箱、血凝仪、流式细胞仪、微量蛋白分析仪、细菌鉴定仪、分子生物学检测仪等，应建立完善的实验室信息管理系统。

二级医院：离心机、显微镜、冰箱、水浴箱、孵育箱、尿液分析仪、自动血细胞分析仪、生化分析仪、酶标仪、细菌培养箱、凝血分析仪等，还应建立实验室信息管理系统。

一级医院：离心机、显微镜、冰箱、水浴箱、天平、分光光度计等基本仪器，有条件的还应配置尿液分析仪、血细胞分析仪、生化分析仪、酶标仪、细菌培养箱等。

乡镇卫生院参照一级医院的要求执行。其他医疗机构临床实验室应有与其功能任务相匹配的专业技术人员、场所、设施、设备等条件。

15.2 重要负荷情况

15.2.1 一级负荷

(1)大型手术室：呼吸机、麻醉机、监视仪、电刀、无影灯、磁导航净化设备、脉搏仪、负压、中心供氧等。

(2)重症监护室：呼吸机、监视仪、脉搏仪、负压(重症呼吸道感染区的通风系统电源)、中心供氧等。

(3)血透透析室：血透仪。

(4)分娩室、婴儿室：保温箱。

(5)氧气站：泵(让氧气循环)。

(6)重要设备：PET-CT 扫描仪系统、核磁共振仪、双源 CT、分子加速器(放射科)、心血管 DSA、磁导航。

(7)血库(输血、手术用血)：低温冰箱。

(8)实验室(基因研究 DNA、生化、血液科、生殖中心、心脏科)：低温冰箱、培养箱、恒温箱、烤箱、离心机、病理切片分析、其他高科技设备。

(9)计算机系统(开药、挂号、处方)：机房、交换机。

(10)太平间动力。

其中，应急负荷包括：消防、应急照明、疏散照明；保安负荷包括：大型手术室、重症监护室、血透透析室、分娩室、婴儿室及氧气站的相关负荷。

15.2.2　二级负荷

普通病房照明、手术室空调系统电源；电子显微镜、一般诊断用 CT 及 X 光机电源，高级病房、肢体伤；残康复病房照明，客梯电力、供水、食堂、照明，生活用电，门禁系统，公用设施等。

医用负荷情况表如表 15.1 所示。

表 15.1　医用负荷情况表

<table>
<tr><th colspan="2">类型</th><th>负荷名称</th><th>断电后果</th><th>允许断电时间</th></tr>
<tr><td rowspan="11">一级负荷</td><td rowspan="2">应急负荷</td><td>消防设施</td><td>若失负荷则有可能导致事故面蔓延</td><td>不允许断电</td></tr>
<tr><td>应急照明及疏散照明</td><td>在发生事故的情况下无法及时疏散现场人员</td><td>切换时间小于 2s</td></tr>
<tr><td rowspan="5">保安负荷</td><td>大型手术室：呼吸机、麻醉机、监视仪、电刀、无影灯、磁导航净化设备、脉搏仪、负压、中心供氧等</td><td>如果断电时有正在进行手术的病人，病人的生命将非常危险</td><td>切换时间小于 2s</td></tr>
<tr><td>重症监护室：呼吸机、监视仪、脉搏仪、负压(重症呼吸道感染区的通风系统电源)、中心供氧等</td><td>严重威胁病人的生命，病人的生命将非常危险</td><td>切换时间小于 2s</td></tr>
<tr><td>血透透析室：血透仪</td><td>如果断电时有正在进行透析的病人，病人的生命将非常危险</td><td>切换时间小于 2s</td></tr>
<tr><td>分娩室、婴儿室：保温箱</td><td>威胁孕妇及胎儿的生命</td><td>切换时间小于 2s</td></tr>
<tr><td>氧气站：泵(让氧气循环)</td><td>氧气站是全院氧气的中心存储和分输站，关系患者人身安全</td><td>切换时间小于 2s</td></tr>
<tr><td rowspan="2">其他一级负荷</td><td>重要设备：PET-CT 扫描仪系统、核磁共振仪、双源 CT、分子加速器(放射科)、心血管 DSA、磁导航</td><td>突然断电主要会对标本及病理切片造成比较大的影响，有可能造成测量不准确、坏败等。其中 PET-CT 扫描仪对电压要求很高，电压下降 5V，所有数据将丢失，系统需重新恢复，程序重新设置的花费为 2 万元</td><td>10～20min</td></tr>
<tr><td>血库(输血、手术用血)：低温冰箱</td><td>血液应在 2～6℃环境下保存，不可用已离开冰箱 30 分钟以上的血液</td><td>10～20min</td></tr>
</table>

续表

类型		负荷名称	断电后果	允许断电时间
一级负荷	其他一级负荷	实验室(基因研究 DNA、生化、血液科、生殖中心、心脏科)：低温冰箱、培养箱、恒温箱、烤箱、离心机、病理切片分析、其他高科技设备	突然断电主要会对标本及病理切片造成比较大的影响，有可能造成测量不准确、坏败等	10～20min
		计算机系统(开药、挂号、处方)：机房、交换机	手术、开药、挂号、处方都离不开计算机，将造成医院瘫痪	10～20min
		太平间动力		10～20min
二级负荷		普通病房照明、手术室空调系统电源；电子显微镜、一般诊断用 CT 及 X 光机电源，高级病房、肢体伤；残康复病房照明，客梯电力、供水、食堂		无特殊规定
		照明，生活用电，门禁系统，公用设施等		无特殊规定

15.3 供电电源及自备应急电源配置

15.3.1 供电方式

一级负荷应由两个电源供电，当一个电源发生故障时，另一个电源不应同时受到损坏。

一级负荷容量较大或有高压用电设备时，应采用两路高压电源。如一级负荷容量不大时，应优先采用从电力系统或临近单位取得第二低压电源，亦可采用应急发电机组，如一级负荷仅为照明或电话站负荷，宜采用蓄电池组作为备用电源。

一级负荷中特别重要负荷，除上述两个电源外，还必须增设应急电源。为保证对特别重要负荷的供电，严禁将其他负荷接入应急供电系统。

三级甲等医院可采用两路电源互供互备，任一路电源都能带满负荷，而且应尽量配置备用电源自动投切装置。

二级医院可采用两路电源互供互备，任一路电源都能带满负荷，而且应尽量配置备用电源自动投切装置。

15.3.2 内部接线

三级甲等医院可采用双电源(不同方向变电站)专线供电。

二级医院可采用双回路一路专线、一路环网公网进线供电。

15.3.3 应急电源配置

医院的下列场所和设施宜设有备用电源。

(1)急诊室的所有用房。

(2)监护病房、产房、婴儿室、血液病房的净化室、血液透析室、手术部、CT扫描室、加速器机房和治疗室、配血室。

(3)培养箱、冰箱、恒温箱及必须持续供电的精密医疗装备。

应急照明、疏散照明的允许停电时间≤1min，可配置自备应急电源蓄电池/UPS/EPS，工作方式可采用热备/冷备，后备时间>30min，切换时间<5s，切换方式为ATS。

消防设施的允许停电时间≤1min，可配置自备应急电源EPS/柴油发电机组，工作方式可采用热备/冷备，后备时间>60min，切换时间<30s，切换方式为ATS。

手术部的手术室、术前准备、术后复苏、麻醉、急诊抢救、血液病房净化室、产房、早产儿室、重症监护、血液透析、心血管DSA，上述环境的照明及生命支持系统的允许停电时间≤0.5s，可配置自备应急电源UPS+发电机，工作方式可采用在线/热备，后备时间持续到恢复供电，切换时间<0.5s，切换方式为在线。

上条所述环境及急诊诊室、急诊观察处置、手术部的护士站、麻醉办、石膏室、冰冻切片、辅料制作消毒辅料、功能检查、内窥镜检查、泌尿科、影像科大型设备、放射治疗设备、核医学设备及试剂储存、分装、计量等、高压氧舱、输血科贮血、病理科取材、制片、镜检、医用气体供应系统的允许停电时间≤15s，可配置自备应急电源发电机，工作方式可采用冷备，后备时间持续到恢复供电，切换时间<15s，切换方式为ATS。

大型生化仪器的允许停电时间≤0.5s，可配置自备应急电源UPS+发电机，工作方式可采用在线/热备，后备时间持续到恢复供电，切换时间<0.5s，切换方式为在线。

计算机系统(开药、挂号、处方)，机房交换机的允许停电时间≤1min，可配置自备应急电源UPS，工作方式可采用在线/热备，后备时间30～120min，切换时间≤800ms，切换方式为在线/STS。

太平柜、焚烧炉、锅炉房、药剂科贵重冷库、中心(消毒)供应、空气净化机组、电梯等动力负荷的允许停电时间≤30s，可配置自备应急电源发电机，工作方式可采用冷备，后备时间持续到恢复供电，切换时间<30s，切换方式为ATS。

15.4 配置实例

15.4.1 江苏省某医院的整体情况

1. 调研单位概述

江苏省某医院目前是江苏省四家规模最大的综合性医院之一，担负着全省医疗、教学和科研三项中心任务，属于江苏省的三级甲等医院、省级医院。

医院有 3 个省级重点学科.分别是内科、普外科、皮肤性病科；省级“135”重点学科 15 个，分别是心血管内科、内分泌科、呼吸内科、消化内科、肾脏内科、老年医学科、普外科、肝脏外科、泌尿外科、皮肤与性病学科、感染病科、耳科学与听力学科、临床生殖医学、麻醉科、临床生物学诊断与治疗实验室；省级重点临床专科 24 个。省级医疗诊治中心 4 个，分别是江苏省心脏介入中心、江苏省肝脏移植中心、江苏省急诊医学中心、江苏省耳科疾病与听力障碍诊治中心。

医院现有 3 个研究所，19 个研究室。是国家药品临床研究基地，省心肌病定向科研基地。

医院是全国首批获准开展辅助生殖技术和人类精子库的单位。

2. 调研单位供电情况介绍

江苏省某医院由郑州供电公司双电源双回路供电，省人医 I 和省人医 II 都为专线电缆进线。共 14 台变压器，变电容量为 1250×6+800×2+630×2+1600+2000+50×2=14060kV·A，最高负荷约 6000kW，年用电量为 1700 万 kW·h。

3. 重要负荷情况

由于江苏省某医院属于是江苏省的省级综合性医院，且担负着南京医科大学教学和科研的科研任务，故除常规的医疗功能外，还有 19 个重点学科的研究室，并设有 DNA 技术鉴定和精子库。一类负荷的种类复杂重要，常规甲级医院的重要负荷包括：医疗手术室、重症监护室、血透透析、血库、婴儿室、重要医疗设备、氧气站、计算机系统、太平间动力、消防安全设施、应急疏散照明、电梯等；教学研究的一类负荷包括：重要研究实验室的低温冰箱、烤箱、显微镜、离心机等。

该医院的大型手术室共 3 处，其中一处(外科大楼)的 28 个手术间为最主要的手术室。除大多数需要电刀开刀的手术室，还包括一些科室的介入手术室。每个手术室的基本保安负荷(一级负荷)包括：呼吸机、麻醉机、监视仪、电刀、无影灯、磁导航净化设备(分为万级、千级、百级净度)、脉搏仪、负压设施(为伴有传染病的患者手术时，应建立负压洁净手术室。采取增设排风机等有效手段以调节排风量.使洁净手术室由正压变成负压。在洁净区域内用空气负压差来控制气流，吸收有害气体，洁净室内空气)、中心供氧等设施。这些关系患者人身安全的重要的生命设施的种类很多，但用电量都不大，都为几百瓦，每个手术室共约 10～20kW，按每间手术室平均 15kW 保安负荷，28 间重要手术室计算，手术室的总体保安负荷约为 420kW。其中呼吸机、麻醉机、监视仪自带 UPS，其他如无影灯、电刀、净化设备等设备没有自带 UPS，也没有自备应急电源，只有靠双电源的自动切换，切换时间 1～2s。在外电源彻底失去也没有应急电源的情况下，为保障手术的进行，如果呼吸机不能使用，会有皮球为人供氧(但供氧量和效果一般)，并使用手持应急灯，和常规器械刀具完成手术。

医院的另外一类重要的负荷是 ICU 即重症监护室的负荷。该医院共有 7 处重要的重症监护室(胸外、心脏、高干病房(相当一个小型医院，包括检查、ICU、手术室等)、呼吸、急诊、血液科的净化仓(白血病)、烧伤外科)，每个重症监护室大致有 20 个床位，每个床位配一套呼吸机(UPS)、监视仪(UPS)、脉搏仪、负压、中心供氧等设备，按每个重症监护室容量大致 20kW 算，ICU 的总体保安负荷约为 140kW。

此外，医院中的血液透析、血库和氧气泵站也是医院的一级负荷。该医院共有 1 个血透室，配有血液透析机 30 台左右，负荷在 50kW 左右，如果断电时有正在进行透析的病人，病人的生命将非常危险，如果提前通知计划断电，病人则可另行安排时间进行透析。血库的存血量不大，每天由血液中心配送，主要为病人进行输血和手术用血，一级负荷为低温冰箱，负荷约 100kW，血液应在 2～6℃环境下保存，不可用已离开冰箱 30min 以上的血液。氧气站是全院氧气的中心存储和分输站，主要负荷是氧气泵，让氧气循环，容量为 10kV·A。

承担教学任务的大学附属医院一般都会有重点实验室，实验室中有一些重要的标本和实验设备。该医院的重点实验室有基因研究 DNA、生化、血液科、生殖中心(人工受精，精子库)、心脏科。实验室中比较通用一级负荷包括：低温冰箱(允许断电时间 30min)、干烤箱、显微镜和离心机。还根据不同科室配有不同的其他高科技设备，如高压蒸汽灭菌器、恒温培养箱、洁净工作台等。突然断电主要会对标本及病理切片造成比较大的影响，有可能造成测量不准确、坏败等。

大型的综合医院还都会配备一些非常先进的医疗设备，如该医院的 PET-CT 扫描仪系统、核磁共振仪、双源 CT、分子加速器(放射科)、心血管 DSA、磁导航等，重要设备的容量大致在 150～200kV·A。其中 PET-CT 扫描仪对电压要求很高，电压下降 5V，所有数据将丢失，系统需重新恢复，程序重新设置的花费为 2 万元。

此外，对医院来讲非常重要的一级负荷就是计算机系统，现代化的医院对计算机的依赖也越来越高，手术、开药、挂号、处方都离不开计算机，因此，该医院共设了 2 个机房，其中一处是江苏省卫生系统的应急指挥中心，交换机的容量约为 150～200kV·A。

其他的生命线负荷就包含消防泵等消防安全设施、应急照明、疏散照明等、电梯、等动力负荷。

该医院重要负荷容量表如表 15.2 所示。

4. 用户供电可靠性情况

作为江苏省最大最权威的甲级、省级医院，应该为手术室、ICU、急诊、透析、血库、重要实验室、重要设备及高干病房配有应急发电机，这样才能保证在断电情况下人民的生命安全，不造成病人的心里恐慌，防止心情烦躁的病人家属骚乱、杜绝医疗纠纷和赔偿。

表 15.2 江苏省某医院重要负荷容量表

类型	负荷名称
保安负荷	手术室、重症监护室、血透、婴儿室、氧气站、应急照明、消防照明
一级负荷	大型手术室(28 个手术间，每个 10～20kW)：呼吸机、麻醉机、监视仪、电刀、无影灯、磁导航净化设备、脉搏仪、负压、中心供氧等
	重症监护室(8 间，每间 20kW)：呼吸机、监视仪、脉搏仪、负压(重症呼吸道感染区的通风系统电源)、中心供氧等
	分娩室、婴儿室(保温箱)
	血透透析室(1 个，30 台血透仪)
	血库(输血、手术用血)：低温冰箱
	实验室(基因研究 DNA、生化、血液科、生殖中心、心脏科)：低温冰箱、培养箱、恒温箱、烤箱、离心机、病理切片分析、其他高科技设备
	氧气站(泵，让氧气循环)
	重要设备(PET-CT 扫描仪系统 1 个、核磁共振仪、双源 CT、分子加速器(放射科)、心血管 DSA、磁导航)
	计算机系统(开药、挂号、处方)：机房、交换机
	太平间动力、消防泵等消防安全设施、应急照明、疏散照明等、电梯、等动力负荷
二级负荷	普通病房照明、手术室空调系统电源；电子显微镜、一般诊断用 CT 及 X 光机电源，高级病房、肢体伤；残康复病房照明，客梯电力、供水、食堂

5. 应急电源配置

调研单位的应急电源情况，手术室及 ICU 的呼吸机、麻醉仪、监视仪及一些重要医疗设备自己配有分散 UPS，医院为计算机系统配有容量相当的 UPS，能保证计算机系统的 30 分钟供电。调研单位由于扩建工程及发电机占地等原因，提出一种方案，由医院出资购买一台发电机，平时存放在供电局使用，医院需要时由医院调用，同时做好发电机接口和专用车位(14～16m 长)。

15.4.2 苏州某儿童医院

1. 调研单位概述

苏州某儿童医院现已发展成为一所集医疗、教学、科研、预防保健为一体的综合性三级儿童医院。

儿童医院的服务群体主要是 1 月以内的新生儿至 13 周岁的儿童，不包含妇产科。重点专科为，骨科、新生儿科、血液科、小儿普外科、小儿肾脏科和呼吸科，其中血液科和骨科是全国最好的专科治疗单位。此外还有康复科(脑瘫患儿)、脑外、心脏等科室。

医院目前在研国家自然科学基金课题、省级课题、国际科研合作课题多项。每年承担着四十余名硕、博士研究生和数百名儿科医学本科生教学任务以及临床、实习的带教任务。是江、浙、沪、皖地区儿科医师的进修和培训基地。

医院现有职工 600 余名，目前占地面积 18170m^2，实际开放床位 362 张。2005 年完成门急诊 46 万余人次，平均每天门诊量 1260 人次，收治病人近 1.7 万，完成手术例数 2300 余台，平均每天手术 6～7 台。

固定资产 1.59 亿元：拥有磁共振、多层螺旋 CT、DSA 和三级医院必备的医疗设备。

2. 调研单位供电情况介绍

该儿童医院由双电源双回路供电，儿医线和南新线都为 10kV 专线电缆进线。共 2 台变压器，变电容量为 2000kV·A×2=4000kV·A，最高负荷约 2200～2300kW，年用电量为 86 万 kW·h。夏季空调负荷最大，占到总体负荷的 25%；办公楼、食堂的用电占到 10%；一级负荷的容量约有 300～400kW，约占 20%。

3. 重要负荷情况

该儿童医院属于儿童疾患的专科医院，与常规的三级综合性医院相比，科室的设定与成人基本一致，但由于儿童体质与成年人的区别，除一些儿童专用的医疗设备外，一般的设备要求都比成人要高，比如儿童血液科的净化仓(白血病)，此外儿童医院还设有不满一个月的新生儿科。一类负荷包括：医疗手术室、重症监护室、血透透析、血库、婴儿室、重要医疗设备、计算机系统、消防安全设施、应急疏散照明、电梯等；教学研究的一类负荷包括：重要研究实验室的蓝光箱，暖箱，低温冰箱、烤箱、显微镜、离心机等。

儿童医院的常用手术室 3 处，共 5 间，每间手术室约 10～20kW，按每间手术室平均 15kW 保安负荷，5 间重要手术室计算，手术室的总体保安负荷约为 75kW，考虑到负荷的不连续性，手术室的保安负荷约占总体负荷的 5%。这些保安负荷包括：呼吸机、麻醉机、监视仪、电刀、无影灯、净化设备、负压设施、中心供氧等设施。其中仅有部分呼吸机、麻醉机、监视仪自带 UPS，其他重要负荷都没有自带 UPS，也没有自备应急电源，只有靠双电源的自动切换，切换时间约 1～2s。

儿童医院的重症监护室分为两种，一种是出生 30 天以内的新生儿的重症监护室(30 张床位)、另一种是一个月以上 16 周岁以下的儿童的重症监护室(10 张床位)。每个床位配一套呼吸机(UPS)、监视仪(UPS)等设备，其中新生儿 ICU 每个床位还配有蓝光箱，暖箱。按每个床位的一级负荷大致为 1kW 计算，重症监护室的总体保安负荷约为 50kW，考虑到负荷的不连续性，平时 ICU 的保安负荷约占总体负荷的 7%。

儿童医院中的血液透析和透析前的净化仓是本医院的重点单位，因为苏州儿童医院属于全国最好的血液科，每天要进行透析的患儿很多，儿童医院共有 1 个血透室，配有血液透析机 20 台左右，负荷在 40kW 左右，对于一些尿毒症患者和白血病患者，需要进行长期连续透析，透析室每天至少要为 30 名病患进行透析，如果病人正在进行透析时突然断电，病人的生命将非常危险。透析前的净化仓的负荷为 30～40kW。此外，血库也是医院的一级负荷。一级负荷为低温冰箱，负荷约 50kW，血液应在 2～6℃环境下保存，不可用已离开冰箱 30 分钟以上的血液。儿童医院没有氧气泵站，由一个氧气罐为是全院提供氧气。

儿童医院设有血液科重点实验室，实验室中的一级负荷包括：低温冰箱（允许断电时间 30min）、生物显微镜、离心机和孵育箱。突然断电主要会对标本及病理分析造成比较大的影响，有可能造成测量不准确、坏败等。实验室的保安负荷约占总体负荷的 5%。

儿童医院的重要医疗设备包括：拥有螺旋 CT、儿童重症监护仪、常频和高频呼吸机、肺功能仪、五分类血球仪、视频脑电图、多普勒彩超、床边 X 线摄片机、C 臂 X 光机、图像分析系统等先进专科仪器设备，共 60 余台件，为抢救患儿提供了设备上的保证。大型重要设备的最大功率一般在 1～3kW，小型设备的功率一般在 100W 以内，平均下来 60 台重要设备的容量在 30～40kV·A。

此外，儿童医院的计算机系统也为一级负荷，负荷约为 15kW。

其他的生命线负荷就包含消防泵等消防安全设施、应急照明、疏散照明等、电梯、等动力负荷，负荷容量表如表 15.3 所示。

表 15.3　苏州某儿童医院负荷表

类型	负荷名称
保安负荷	手术室、重症监护室、血透、婴儿室、氧气站、应急照明、消防照明
一级负荷	大型手术室（5 个手术间，每个 10～20kW）：呼吸机、麻醉机、监视仪、电刀、无影灯、磁导航净化设备、脉搏仪、负压、中心供氧等
	重症监护室（40 床，每间 1kW）：呼吸机、监视仪、脉搏仪、负压（重症呼吸道感染区的通风系统电源）、中心供氧等
	血透透析室（20 台血透仪）
	血库（输血、手术用血）：低温冰箱
	实验室（基因研究 DNA、生化、血液科、生殖中心、心脏科）：低温冰箱、培养箱、恒温箱、烤箱、离心机、病理切片分析、其他高科技设备
	重要设备（PET-CT 扫描仪系统 1 个、核磁共振仪、双源 CT、分子加速器（放射科）、心血管 DSA、磁导航）
	计算机系统（开药、挂号、处方）：机房、交换机
二级负荷	普通病房照明、手术室空调系统电源；电子显微镜、一般诊断用 CT 及 X 光机电源，高级病房、肢体伤；残康复病房照明，客梯电力、供水、食堂

4. 用户供电可靠性情况

其中儿医线从 2006 年至今有过 2 次瞬时断电事故，每次都是 1～2s，重合闸成功。

5. 应急电源配置

儿童医院的应急电源情况，手术室及 ICU 的部分呼吸机、麻醉仪、监视仪自己配有分散 UPS，医院为计算机系统配有 15kW 的 UPS，为化验室配有 3kW 的 UPS，能保证 30min 供电。

由以上调研情况看来，医疗卫生部门的应急电源情况非常不乐观，像苏州某儿童医院这样的三级儿童专科医院，每天涉及到 2000 多名患儿的生命部门，对应急电源的认知度还非常低。

第 16 章

高层商业办公楼类重要用户的电源配置

高层商业办公楼指的是高度超过 100m 的特别重要的商业办公楼、商务公寓、购物中心，断电可能引发人身伤亡和社会公共秩序混乱。

16.1 行业用电概述

16.1.1 行业概述

重要商业中心包括：一、二级宾馆酒店（饭店/酒店）、重要办公大楼或高档写字楼、涉外公寓、大型购物中心和百货店等。

随着国民经济迅速发展和建筑科学水平不断提高，我国各类商业建筑中高档、多层建筑发展十分迅速，而且规模也越来越大，使用功能日益复杂，各种现代化的设施也日益完善。在商业建筑中，应急电源或备用电源几乎毫无例外地选择柴油发电机。柴油发电机关系着建筑物中人身的安全、商家的资产及建筑物本身和其设施的安危，因此为高层商业建筑合理配置柴油发电机组具有重要的意义。

16.1.2 行业分级

1）各国的规定

德国：不分建筑物类型，从地面开始，建筑物高度超过 22m 的就称为高层建筑。

法国：8 层以上为高层建筑，超过 31m 的住宅为高层住宅，10 层以上为超高层住宅。

俄罗斯：住宅建筑 10 层以上的就认为是高层住宅。

联合国教科文组织所属世界高层建筑委员会，建议按高层建筑物的高度（包括住宅建筑）分成四类：第一类 9～16 层，最高到 50m；第二类 17～25 层，最高到 70m；第三类 26～40 层，最高到 100m；第四类 40 层以上，即超高层建筑。

我国的规定：我国《建筑设计防火规范》(GB50016—2014)规定，十层及十层以上的住宅建筑以及建筑高度超过 24m 的其他民用建筑是高层建筑。由此推论，超过 100m 的建筑物可称为超高层建筑。超高层建筑物的防火设计还应考虑下列几项设屋顶直升飞机的停机坪。设避难层；设安全保护灭火系统；设有消防功能的消防电梯；设置完善的消防控制中心；室内装修采用非燃或难燃材料。

2) 分级

高层民用建筑根据其使用性质、火灾危险性。疏散和扑救难度等分为两类。本书着重于高层商业办公楼、高层商务公寓、购物中心及高度超过 50m 的办公楼等属一级用户的建筑物，不涉及高层普通居民建筑。

一级用户：特别重要的商业办公楼、商务公寓、购物中心；高度超过 50m 的商用高层建筑等属一级用户的建筑物。

二级用户：比较重要的商业办公楼、商务公寓、购物中心；高度超过 24m，低于 50m 的商用高层建筑等属二级用户的建筑物。

16.1.3　行业规范

相关行业规范包括《民用建筑电气设计规范》(GB51348—2019)、《供配电系统设计规范》(GB50052—2009)。

16.2　重要负荷情况

商业建筑是电能消费型建筑，如空调、电梯和给排水等电气设备较多，动力负荷大。同时各种电气设备的运行状况均与人的活动状态、季节等因素有关。根据国内一些新建高层建筑负荷资料统计，照明负荷一般随时间变化，动力负荷随时间和季节变化，其中空调系统不仅年负荷变化很大，而且日负荷变化也很大，通常称为季节性负荷。消防设备，除消防电梯等在正常情况下参与运行外，其他设备均处于准备工作状态。购物中心、酒店、高档写字楼等重要商业建筑，虽然由于功能业务不同，在照明负荷、空调负荷等重要负荷的多少上会有所区别，但都属于高层建筑，本书在介绍负荷特点时统一论述。

16.2.1　照明负荷

照明负荷主要指重要会议室、营业厅、办公室、及酒店客房的照明设备（包括插座)。民用建筑的插座，在无具体设备连接时，每个可按 100W 计算。同时，计算整个建筑的各级照明负荷时必需乘以同时系数。

16.2.2　电梯负荷

高层建筑电梯的数量取决于建筑物的规模、面积和客流量，由几台至几十台不等。电梯样本上给出的额定功率是指在额定载重量和额定速度时的数值。实际上电梯长期在额定值下工作的几率并不高，特别是多台电梯运行的情况下。因此在计算电梯负荷时要考虑其运行特点，取较小的需要系数值。

16.2.3 水泵房负荷

高层建筑的泵房内一般设置多台生活水泵，还有排水泵、排污泵等，它们大多根据塔楼水箱水位和集水井水位实现自动控制。

16.2.4 制冷负荷

冷冻站负荷在高层建筑总负荷中约占 40%，但其运行时间受季节影响，一般只有 5～6 个月。冷冻站的设备往往组成设备组运行，在计算负荷时应考虑最大工作设备组数，为避免计算结果偏大。

16.3 供电电源及自备应急电源配置

16.3.1 供电方式

专线供电是目前常用方案，国内的高层建筑几乎都采用两个独立电源进线，供电电压大多数为 10kV 级供电，在高压侧设母联开关，用手切或自切。民用建筑多采用手切方式。少数也有不设母联开关的。此外，增设自备应急电源的也不多。

高度超过 100 米的特别重要的商业办公楼由于该类用户一般容量不大，可采用两路电源互供互备，任一路电源都能带满负荷，且应尽量配置备用电源自动投切装置。

16.3.2 内部接线

高度超过 100m 的特别重要的商业办公楼可采用双回路两路辐射公网进线供电。

16.3.3 应急电源配置

根据《民用建筑电气设计标准》(GB 51348—2019)和《供配电系统设计规范》(GB 50052—2009)，为了保证高层建筑对供电的高可靠性，需要由两个电源供电。因此，设置柴油发电机组的原则如下。

(1)对于一级用户，即特别重要的高层商业建筑(如超高层建筑、四星级及以上酒店、大中型购物中心等)，其内部含有特别重要的负荷，应由电网提供两个独立电源为其供电，同时应考虑一电源系统检修或故障时，另一电源系统又发生故障的严重情况。因此，即使有两路或以上电源供电，也应为重要负荷设置应急电源。

(2)对于二级用户，对电网能够提供两个独立电源的高层商业建筑，按规范已经满足了一、二级负荷的要求，原则上可不设柴油发电机组。对于当地电网只能提供一路电源或取得第二电源有困难或不经济合理的高层商业建筑，应设柴油发电机组提供第二电源。此时，柴油发电机组是作为备用电源使用，不仅仅是应急用。

1. 应急电源选择

为确保民用建筑中消防及其他重要设备(如智能化设备、通信设备等)的可靠供电，一般都设置柴油发电机组作为应急电源。选择蓄电池作为应急照明的应急电源。

2. 应急电源启动方式

在高层商业建筑中宜采用电启动方式，避免采用压缩空气启动方式，一般采用 24V 蓄电池组作为启动电源。

一级用户选用的机组应装快速自启动及电源自动切换装置，并应具有连续 3 次自启动的功能。一旦市网供电中断，必须在 15s 内供电（《高层民用建筑设计防火规范》要求为 30s)。

二级用户有条件时，也宜采用带自启动装置的机组，有困难时也可采用手动启动装置。

3. 应急电源运行

由于柴油发电机组是第二电源或第三电源，就不必再设“备用”，也就是说一个工程可以只设一台。如果容量过大，可以设两台，这两台可并车运行，并可互为备用。但当用电动机启动容量来选择发电机组的容量时，发电机台数不能多，因为台数增加，单机容量小，有可能满足不了电动机的启动要求。

一般当容量不超过 1000kW 时，选用单机为好。

当容量大于或等于 1000kW 时，宜选择两台，且两台机组的各种物理参数应相同，便于机组并车运行。但必须注意，严禁将自备电源与市电并网。

4. 配置原则

如果柴油发电机组是第三电源，可按能满足本重要用户中的全部一级负荷设备及一级负荷中特别重要负荷设备的总计算容量的供电要求设计。

如果柴油发电机组是第二电源，宜满足全部一级负荷和二级负荷计算容量的要求。

当电动机为全压启动时，所需柴油发电机组容量一般为电动机容量的 7～10 倍。

如果电动机采用星三角或自耦变压器降压启动时，则所需发电机的容量约为电动机全压启动所需容量的 1/3，此时柴油发电机组容量可为最大单台电动机容量的 3～4 倍。

如果电动机采用软启动装置，柴油发电机的容量可略小于电动机容量的 3 倍。

16.4 配置实例

某饭店冷冻站的用电设备有 5×125kW 冷冻机、5×22kW 冷却水泵、5×13kW 冷却塔风机、3×40kW 冷冻水泵、1×1.1kW 排风扇、2×1kW 排水泵。若按工业供配电的负荷计算方法可将冷冻站的用电设备分成冷冻机组、风机组、水泵组进行计算。但民用建筑中的空调系统的冷负荷受人的活动变化，气温的变化影响较大，一般冷冻站的设备不会全部使用。如北京某饭店冷冻站有 5 台冷冻机，实际上最大负荷时只使用了 3 台。一台冷冻机投入运行时，相应的冷却水泵、冷却塔风机必须配合工作，因此可将它们视为一个设备组。由于各台设备的电动机不可能与生产机械完全匹配，在计算设备时应乘以需要系数. 几组设备同时工作又不可能同时在计算负荷下运行，因此还应乘以同时系数，冷水泵、排风扇、排水泵等无论一组或几组设备运行时，它们均应投入运行，可将它作为一组设备列入总负荷计算。

计算冷冻站负荷应考虑最大工作台数，否则计算结果将偏大。

1) 空调负荷

空调负荷包括送、回风机、风机盘管等。

2) 锅炉房负荷

锅炉房负荷的计算方法也应像冷冻站一样，将一台锅炉作为一个设备组进行负荷计算，然后将各组乘以同时系数后作为锅炉房的总负荷。就锅炉而言，它既有维持人们正常生活的生活锅炉，也有仅在冬季采暖用的锅炉，因此锅炉房计算负荷的总台数应由冬季采暖锅炉的台数来决定。

3) 电子设备负荷

主要指经营管理用计算机系统电源、写字楼中企业的计算机系统、重要会议室(宴会厅)的计算机设备、重要会议室(宴会厅)的电声、新闻摄像、录像等电子设备等。

4) 厨房用电负荷

以上海某宾馆为例。中餐厅厨房有洗碗机 1×3kW、小冰箱 4×1.1kW、冷库 1×11kW、抽风机 1×3kW、排风扇 5×0.75kW、绞肉机 1×1.1kW、磨刀机 1×1.1kW、压面机 1×3kW、合面机 1×3kW，西餐厅厨房有咖啡炉 1×3kW、冷库 1×6kW、冰淇淋 1×8.6kW、冰箱 1×1kW +1×3kW。将两种厨房的用电设备进行分组具体分析如下。

中餐厅：冰箱和冷库的设备容量为 15.4kW，风机、风扇设备容量为 6.57kW，炊事机械合计为 11.2kW，全厨房用电设备总容量 33.35kW。其中冰箱冷库占 46%，风扇占 20%，炊事机械占 34%。一般厨房用电负荷为 30kW 左右。

西餐厅：冰箱、冷库、冰淇淋机总容量为 18.6kW，占 86%。西餐厅用电负荷 15kW 左右。

冰箱和冷库是间断工作，一般工作几分钟要停歇 20 多分钟。风机、风扇是连续工作，各种炊事机械同时工作的几率更小。计算餐厅负荷时应考虑设备组成及比例和它们的运行特点取适当的系数。

5）弱电设备

弱电设备包括电话站、广播站、消防中心、电视监控室、电脑监控室等用电设备。

6）消防系统负荷

消防设备在高层建筑火灾时异常重要，消防水泵、消防电梯、排烟风机、正压风机和疏散诱导照明及安全照明等，在大楼发生火灾时，除备用设备外均全部投入运行，因此其负荷计算应是设备容量之和。此外，消防电梯等设备在正常情况下一般也投入运行，因此可计入电梯负荷。

根据以上负荷的运行特点和在人们生活中所起的不同作用可归纳如下。

维持人们正常生活的负荷，即保障型负荷。

给人们创造舒适性环境的负荷，即舒适型负荷。

保障建筑物、设备和人身安全的负荷，即保安负荷。

保障型负荷是维持人们正常生活不能缺少的用电负荷。如高层建筑内的照明、客梯、货梯、生活水泵、排水泵、生活锅炉等、洗衣房、厨房、客房中的各种用电设备，电话站、广播站、各种控制室内的用电设备等均是维持人们正常生活不可缺少的用电设备，应属于保障型负荷。这些用电设备除了电力部门停电检修或电力系统故障情况下可不运行外，其他情况下人们要求在需要它时就能立即投入运行。在这些负荷中，餐厅、厨房、楼梯走道等处的少数用电设备，即使在电气系统停电时也希望供给少量的电能，以维持人们最基本的生活需要。电话站、消防控制中心、计算中心等处，在任何情况下均要求可靠地供给电能。

保安型负荷是保证大楼安全、人身安全的各种用电设备、如高层建筑内的消防水泵、消防电梯、疏散诱导照明、红外线探测、电视监视等保安设备等，其运行特点是在正常情况下不使用，当发生火灾时，指令一到立即投入运行，这类负荷要求电源应特别可靠，一般情况下它是由柴油发电机作备用电源保证供电的可靠性。

舒适型负荷是给人们创造舒适的生活、工作、学习和娱乐环境的各种用电设备。如高层建筑空调系统的冷冻站和锅炉房内采暖锅炉的各种用电设备。这是科学技术的发展和人们生活水平提高后所提出的要求，在每年的 5～9 月，环境温度高于人们的舒适要求时，就需要用冷冻站产生的冷源送入空调系统来降低环境温度。而其他时间停止使用或很少使用。到冬季环境温度低于人们舒适性要求时，就需要锅炉房内的采暖锅炉产生的热源（或城市热源）送入空调系统或采暖系统来提高环境温度。由此可知，冷源和热源是不会同时使用的。在春秋季节，环境温度已满足人们的舒适性要求了，因此空调系统停止工作，冷源和热源均停止使用。因而舒适型负荷是随气温变化的，一般称做季节性负荷。其冷冻站负荷占全大楼用电量的 40%左右、采暖锅炉的电量仅占全大楼用电量的 5%左右。

除保安负荷外，在电力系统因故停电时，为不造成电子设备断电造成的业务损失、不造成重要会议的中断、不造成人员疏散困难，以及不严重影响人们的正常生活，一些重要动力设备、公共场所照明以及通信广播系统也应看作保安型负荷，也作为选择柴油发电机的依据。

根据以上总结及《建筑电气设计技术规程》(JGJ/T 16—1992)的负荷分级及供电要求，商业类重要用户可分为以下几类。

一、二级宾馆酒店的一级负荷：经营管理用计算机系统电源、承接省市级政府会议的宴会厅电力(电声、新闻摄像、录像电源、照明)、高级客房、餐厅、娱乐厅、厨房、主要通道及部分电梯、消防、应急照明、门厅及营业厅部分照明。即宾馆的大部分用电负荷属一级负荷。要求两个电源中任一电源发生事故时，仍应保证其正常营业活动。

重要办公楼及高档商务楼的一级负荷：按2019年新修改的《民用建筑电气设计规范》，客梯、计算机系统、重要办公室、会议室、总值班室、档案室及主要通道、消防、应急照明等为一级负荷。供电范围比较广。

涉外商务公寓的一级负荷：其中居住的人都是从事商务活动的．且多为涉外商事，一旦发生供电事故而严重影响其正常商事活动和国际影响。致使整幢大厦的安全信誉大受影响。因此涉外公寓的计算机、水泵房、电梯、空调、消防、疏散照明为一级负荷。

大型购物中心的一级负荷：经营管理用计算机系统电源、营业厅部分照明电梯、消防、应急疏散照明。

二级负荷：自动扶梯、自动人形道、客梯、大部分空调电力。

对于以上这些类建筑，目前多数设计人员和业主都要求有两个电源供电，确保大厦能正常活动，是不无道理的。当今不少国外的高层建筑物，在供电可靠性上所采取的措施．往往超过了国内的设计水平。据了解，不少日本的高层或超高层建筑多以20kV或60kV电压供电，供电系统采用环网或点网，也有少数用干线和备用线供电的(一常用一备用的供电方式)。但不管哪种供电方式，几乎全部都设有自备应急柴油发电机组率确保一级负荷中特别重要的负荷的供电。对比之下，国内设有自备应急电源装置要少得多。有些建设单位还认为，如果平时管理不善，等于虚设，而且又增加不少投资，某酒店重要负荷表如表16.1所示。

表16.1 某酒店重要负荷表

类型	负荷名称
保安负荷	消防水泵、消防电梯、疏散诱导照明、红外线探测、电视监视、部分电梯、门厅、主要通道照明、应急照明

续表

类型	负荷名称
最关键负荷	经营管理用计算机系统电源、宴会厅电力、高级客房、水泵房、弱电设备、部分电梯、门厅、主要通道及营业厅部分照明、消防、应急照明
一级负荷	宴会厅用电(照明、电声、新闻摄像、录像电源)
	高级客房、餐厅、娱乐厅、厨房用电
	门厅、营业厅、主要通道的照明
	经营管理用计算机系统
	弱电设备：电话站、广播站、消防中心、电视监控室、电脑监控室等用电设备
	水泵房
	部分电梯
	消防泵房、紧急照明负荷
二级负荷	制冷机和空调负荷
	锅炉
	自动扶梯、客梯
	其他照明负荷